NETWORK

中等职业学校计算机系列教材

网络专业 zhongdeng zhiye xuexiao jisuanji xilie jiaocai

网络服务器配置与管理
——Windows Server 2003

Wangluo Fuwuqi Peizhi Yu Guanli

◎ 李红 主编

◎ 张海建 马东波 田伟 副主编

人民邮电出版社

北京

图书在版编目（CIP）数据

网络服务器配置与管理 : Windows Server 2003 / 李红主编. -- 北京 : 人民邮电出版社, 2012.10(2018.2 重印)
中等职业学校计算机系列教材
ISBN 978-7-115-28448-8

Ⅰ. ①网… Ⅱ. ①李… Ⅲ. ①Windows操作系统－网络服务器－中等专业学校－教材 Ⅳ. ①TP316.86

中国版本图书馆CIP数据核字(2012)第165496号

内 容 提 要

本书采用项目形式编写，详细地介绍了如何使用 Windows Server 2003 操作系统架设各种网络服务器，以及对这些服务器进行安全管理和配置。全书共两个项目，第一个项目是使用 Windows Server 2003 组建基于工作组的小型企业局域网络，包括 4 个任务，详细地介绍了 Windows Server 2003 安装与配置、用户和文件管理、磁盘的管理和配置、连接 Internet 等内容；第二个项目是管理和配置基于域的企业网络，包括 10 个任务，详细地介绍了域的规划与设计、各种网络服务器的配置和管理等内容。

每个任务都通过“知识链接”的方式介绍与该任务相关联的理论知识，针对每个任务提出相关问题，确定明确的“技能目标”，结合“项目案例”进行讲解，注重实践应用，基础理论适用、够用，体现了因材施教、以人为本的教学思路。

本书可作为职业院校计算机专业和相关专业的教材，也可以作为企业网络管理技术人员、IT 从业人员的参考用书。

中等职业学校计算机系列教材

网络服务器配置与管理——Windows Server 2003

◆ 主　　编　李　红
副 主 编　张海建　马东波　田　伟
责任编辑　王　平
◆ 人民邮电出版社出版发行　　北京市丰台区成寿寺路 11 号
邮编　100164　　电子邮件　315@ptpress.com.cn
网址　http://www.ptpress.com.cn
中国铁道出版社印刷厂印刷
◆ 开本：787×1092　1/16
印张：14.75　　　2012 年 10 月第 1 版
字数：370 千字　　2018 年 2 月北京第 9 次印刷

ISBN 978-7-115-28448-8

定价：29.80 元

读者服务热线：(010)81055256　印装质量热线：(010)81055316
反盗版热线：(010)81055315

前　言

“网络服务器配置与管理”是一门实践性很强的课程，书中以操作技能的培养为目标，通过项目的形式，让读者能够在完成任务的过程中学习相关技能。通过学习本书，读者可以组建小型的工作组网络，也可以组建规模较大的域网络。通过完成这两个项目，可以掌握网络操作系统的安装与基本配置、网络服务器的配置和管理方法，使读者能够增强网络服务器的问题分析和实际操作能力，具备处理实际工作中所需网络服务的搭建能力，满足企业对高质量技术人员的需求。

本书在编写过程中，主要遵循以下原则。

（1）注重动手能力的培养。

本书的理论知识主要通过每个任务中的“知识链接”进行介绍，在“知识链接”中列出任务中需要用到的必要知识，然后在“操作”中，通过“要点提示”的方式对遇到的理论知识进行讲解，这样可以使学生在实际操作过程中学习相关知识。

（2）以项目为载体，难度由浅入深。

本书由两个项目贯穿，所有任务完全依托项目，通过完成项目中的任务，可以掌握网络服务器配置和管理的相关技能。两个项目紧密相关，第一个项目难度较低，通过组建简单的工作组局域网，学习 Windows Server 2003 的安装和配置的相关内容，第二个项目是第一个项目的延续，即在第一个项目的基础上，通过组建更为复杂的域网络，学习域规划与设计、各种网络服务器的管理和配置的内容。并针对每个项目设计相应的项目进行实训，从而更加巩固在项目中所学的技能。

（3）注重实践能力的培养，真正做到“做中学”。

本书中的项目都由多个任务组成，每个任务中设计实例与实验，任务之间存在着一定的联系，注重培养学生的动手实践能力，让学生在完成每个任务的过程中，了解理论知识，锻炼实际操作能力，真正做到“做中学”，从而提高学生的学习积极性。在每个项目的最后提出针对性非常强的“项目实践”，提出具体实训项目的同时，更设计了极具实用性的思考题，从而满足实训的要求。

为了方便读者学习和参考，本书提供了电子教案，读者可登录人民邮电出版社教学服务与资源网下载（www.ptpedu.com.cn）。

本书由李红担任主编，张海建、马东波、田伟担任副主编，其中项目一中的任务一和任务二由田伟完成、任务三和任务四由李红完成，项目二中任务一至任务四由张海建完成、任务五至任务九由马东波完成。最后郑重感谢来自索尼爱立信移动通讯产品中国有限公司的配置管理工程师张京宏先生，张京宏先生在本书编写过程中为我们提供了企业网络服务器配置的相关资料，并从企业的角度提出了很多好的建议，还为本书编写了任务十和两个实训项目，使本书的实用性和可操作性大大提高。

由于编者的水平有限，书中的错误在所难免，恳请各位同仁、读者朋友及有识之士提出宝贵意见。

编者

2012 年 6 月

目 录

项目一 管理和配置基于工作组的小型企业局域网络

天峰贸易公司是一家刚刚成立的新公司，目前公司有十几名员工，该公司的机构组成如下。

- 行政部：总经理 1 名，信息人员 1 名，行政人员 1 名。
- 业务部：业务经理 1 名，业务员 2 名。
- 售后服务部：客户服务经理 1 名，售后服务人员 2 名。
- 财务部：财务经理 1 名，财务人员 2 名。

由于公司刚刚成立，对网络要求不高，为了满足公司办公的基本要求，公司经理决定搭建一简单网络，需要满足以下要求：公司所有员工的计算机都能够接入 Internet，能够进行访问，但不对外进行服务；各计算机之间能够进行相互通信；能够实现网络资源共享，并要求保证被访问文件的安全性；并且能够从节约成本、便于管理等因素进行考虑。

接到任务后，你对公司的网络进行了规划，按照经理的要求，为公司配备了服务器、客户机、磁盘阵列、打印机、扫描仪、交换机、路由器等，并决定采用工作组模式构建公司内部的网络。

具体的规划方案如下。

1．规划网络结构

综合考虑效率成本等因素，公司网络中的计算机等设备互连采用星形连接的网络拓扑结构，天峰公司局域网拓扑结构如图 1.1 所示。

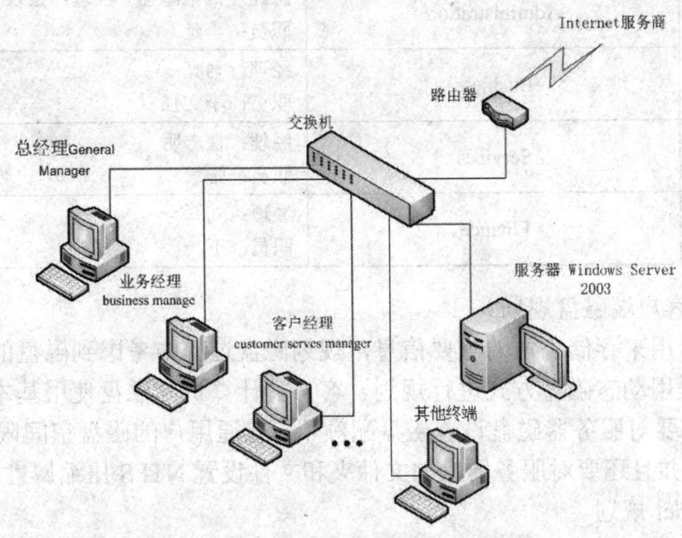

图 1.1 天峰公司局域网拓扑结构

2．规划 IP 地址

在完成网络的组建后，需要对 IP 地址进行规划，在本项目中，IP 地址采用 192.168.101.0 网段，其中路由器的 IP 地址为 192.168.101.1，服务器的 IP 地址为 192.168.101.2，其余客户机的 IP 地址为 192.168.101.X。

3．规划用户和组

根据使用要求，分析天峰公司的人员结构，为便于后期对服务器访问的控制，决定采取下面的组织结构进行管理，天峰公司的组织结构如图 1.2 所示。

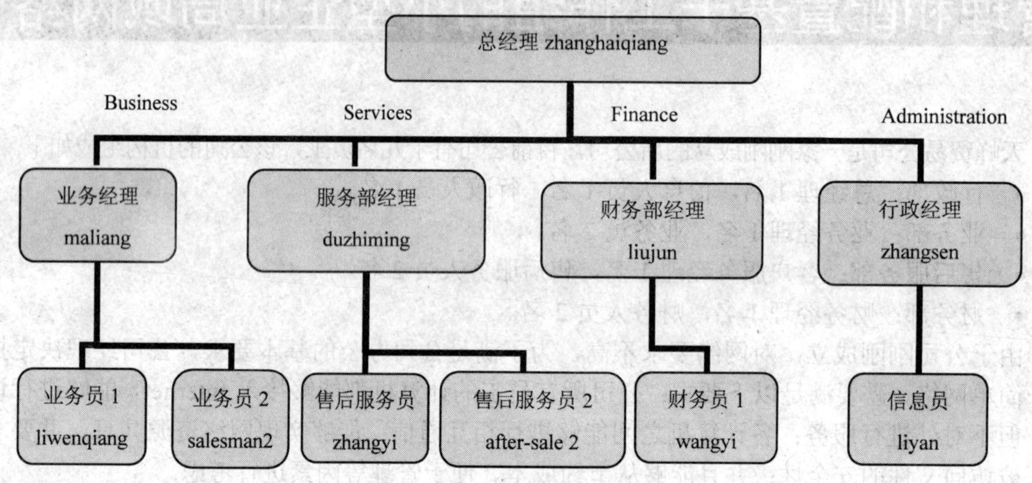

图 1.2　天峰公司的组织结构图

根据公司目前的组织结构，为了便于管理，可按照部门建立不同的用户组，每个用户组中包含部门的经理和所有职员，每个职员的用户名为姓名全拼。具体用户和组的规划如下表 1.1 所示。

表 1.1　用户和组的规划表

部门名称	用户组	用户
行政部	Administration	总经理：张海强　经理：张森 职员：李延
业务部	Business	经理：马亮； 职员：李文强
服务部	Services	经理：杜志明 职员：张毅
财务部	Finance	经理：刘军 职员：王一

4．服务器与客户端磁盘规划

服务器的磁盘用来存储公司的重要信息，规划磁盘过程中考虑到磁盘的纠错能力和磁盘的利用率，决定采用动态磁盘方式进行规划。客户端计算机的磁盘使用基本磁盘的方式进行规划。另外，还需要对服务器磁盘设置磁盘配额项，普通用户的磁盘空间限制为 100MB，警告等级为 90MB，并且还要对服务器上的文件夹和文件设置 NTFS 压缩属性。

5．接入 Internet 规划

在天峰公司的局域网拓扑图中，已经对接入 Internet 进行了规划，服务器和客户端通过

交换机连接到路由器，由路由器连接到 Internet 上，这样每个客户端都可以接入 Internet。

在上面规划的基础上，进行网络实施，你需要完成以下任务。

- 任务一：安装和配置网络操作系统。
- 任务二：用户、用户组和文件系统管理。
- 任务三：配置和管理磁盘。
- 任务四：接入 Internet。

任务一　安装及配置网络操作系统（Windows Server 2003）

【问题提出】

作为公司信息管理人员，你要根据规划好的网络拓扑图安装服务器的操作系统，并且要配置好 IP 地址，合理地安装设置软件。

【目标】

- 安装 Windows Server 2003 企业版操作系统。
- 为服务器配置 IP 地址。

【前提条件】

合理的硬件配置。

操作一　安装 Windows Server 2003 Enterprise Edition

【知识链接】

Windows Server 2003 是微软的服务器操作系统，于 2003 年 3 月 28 日发布，并在同年 4 月底上市。Windows Server 2003 有多种版本，分别为 Windows Server 2003 Web Edition、Windows Server 2003 Standard Edition、Windows Server 2003 Enterprise Edition、Windows 2003 Dataccenter Edition。即 Windows Server 2003 的 Web 版、标准版、企业版和数据中心版，每个版本都适合不同的商业需求。

本书中讲述的是 Windows Server 2003 Enterprise Edition 即 Windows Server 2003 企业版，它是为满足各种规模企业的一般用途而设计的，在一个系统或分区中，最多支持 8 个处理器，8 节点群集，最高支持 32GB 的内存，具有高度的可靠性、高性能和广泛的商业用途。

安装网络操作系统（Windows Server 2003）的硬件配置要求如下。

（1）建议使用一个主频不低于 550MHz（支持的最低主频为 133MHz）的处理器。

（2）建议使用 Intel Pentium/Celeron 系列、AMD K6/Athlon/Duron 及以上系列或兼容的处理器。

（3）最少使用 128MB 的 RAM，最大支持 32GB。

（4）硬盘可用空间为 1.25GB 到 2GB，如果通过网络而不是 CD-ROM 运行安装程序，或者从 FAT 或 FAT32 分区执行升级（推荐使用 NTFS 文件系统），那么将需要更大的磁盘空间。

Windows Server 2003 Enterprise Edition 的安装主要有 4 种，第一种是通过光盘引导进行安装，第二种是通过命令的方式，第三种是使用一个应答文件实现自动安装，第四种是通过远程安装服务进行远程安装，平时使用最多的是第一种。

【问题提出】

你作为天峰贸易公司的网络管理人员，要安装一台服务器，为全体员工提供可靠的文件存储和文件共享等服务，为此，首先要做的就是安装 Windows Server 2003 Enterprise Edition 服务器软件，并设置密码。

【目的】

安装 Windows Server 2003 Enterprise Edition 操作系统并设置密码。

【操作】

（1）准备好 Windows Server 2003 Enterprise Edition 简体中文版安装光盘。

（2）可能的情况下，在运行安装程序前用磁盘扫描程序扫描所有硬盘，检查硬盘错误并进行修复，否则安装程序运行时，如检查到有硬盘错误会很麻烦。

（3）用纸张记录安装文件的产品密匙即安装序列号。

要点说明

1．安装 Windows Server 2003 Enterprise Edition 操作系统

Windows Server 2003 的安装大体分成字符界面和图形界面两大部分。在安装过程中，需要用户干预的地方不多。具体安装步骤如下。

（1）启动系统根据屏幕提示进入 BIOS 设置程序，把光驱设为第一启动盘，保存设置并重启。将 Windows Server 2003 Enterprise Edition 安装光盘放入光驱，重新启动电脑。当出现如图 1.3 所示的“Press any key to boot from CD...”时，快速按下[Enter]键，否则不能启动 Windows Server 2003 系统安装。

图 1.3　提示信息

（2）屏幕上出现如图 1.4 所示的“Windows Setup”蓝色界面，安装程序会检测计算机中的各硬件设备，屏幕下方显示“Press F6 if you need install a third party SCSI or RAID driver...”提示时，如果服务器安装有 SCSI 设备或 RAID 卡，则必须按下【F6】键，准备为 SCSI 设备或 RAID 卡安装驱动程序，否则系统安装完成后将不能识别。如果服务器没有安装 SCSI 设备或 RAID 卡，则略去这一步，不需干预。

（3）当屏幕出现如图 1.5 所示“欢迎使用安装程序”界面时，请直接按【Enter】键。

（4）屏幕出现如图 1.6 所示“Windows 授权协议”界面时，按【Page Down】键阅读协议

内容。若同意按【F8】键继续安装，否则按【Esc】键退出。

图 1.4 “Windows Setup”界面

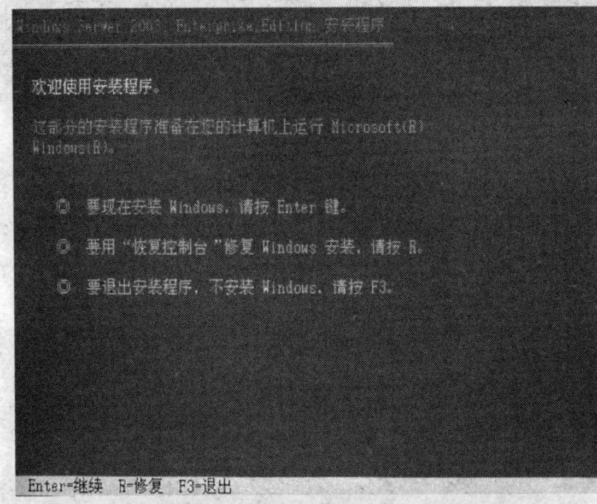

图 1.5 “欢迎使用安装程序”界面

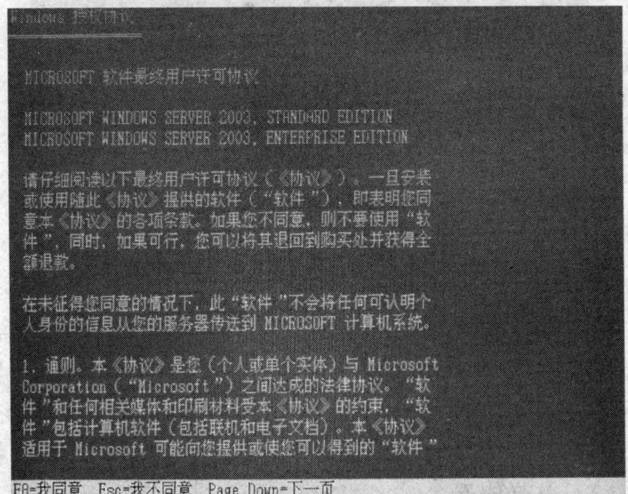

图 1.6 “Windows 授权协议”界面

（5）接下来要选择安装的目的分区，如图 1.7 所示。在对话框上方有操作的提示，可以根据提示选择适当的操作。如需要在尚未划分的空间中创建磁盘分区，请按 C；如需要删除所选磁盘分区，请按 D。这里选择要安装的磁盘分区“C：”后，按【Enter】键确认安装。

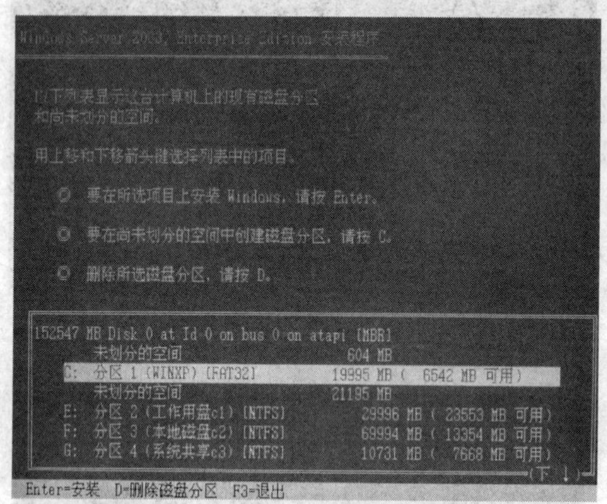

图 1.7　选择要安装的目的分区

（6）当屏幕出现如图 1.8 所示安装界面时，要为文件系统选择该磁盘文件系统格式，这里选择“用 NTFS 文件系统格式化磁盘分区（快）”选项，然后按【Enter】键对其格式化。

Windows Server 2003, Enterprise Edition 安装程序
安装程序将把 Windows 安装在
152547 MB Disk 0 at Id 0 on bus 0 on atapi [MBR] 上的磁盘分区
C: 分区 1 (WINXP) [FAT32] 19995 MB (6542 MB 可用)
用上移和下移箭头键选择所需的文件系统，然后
请按 Enter。如果要为 Windows 选择不同的
磁盘分区，请按 Esc。
用 NTFS 文件系统格式化磁盘分区 (快)
用 FAT 文件系统格式化磁盘分区 (快)
用 NTFS 文件系统格式化磁盘分区
用 FAT 文件系统格式化磁盘分区
将磁盘分区转换为 NTFS
保持现有文件系统(无变化)
Enter=继续 Esc=取消

图 1.8　为文件系统选择磁盘文件系统格式

目前 Windows 操作系统都使用 NTFS 分区格式，它的优点是安全性和稳定性极其出色，在使用中不易产生文件碎片。它能对用户的操作进行记录，通过对用户权限进行非常严格的限制，使每个用户只能按照系统赋予的权限进行操作，充分保护了系统与数据的安全。

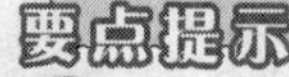
要点提示

（7）当屏幕出现如图 1.9 所示画面时，按【F】键格式化硬盘分区。若要为 Windows 选择不同的磁盘分区，可以按【Esc】键返回，从而选择不同的磁盘分区。

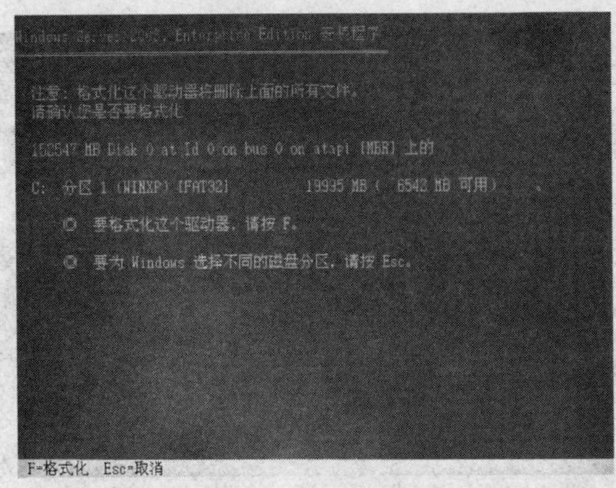

图 1.9　格式化硬盘分区

（8）磁盘分区格式化完成后，将显示如图 1.10 所示的界面，此时安装程序正在将文件复制到该磁盘分区的 Windows 安装文件夹中。

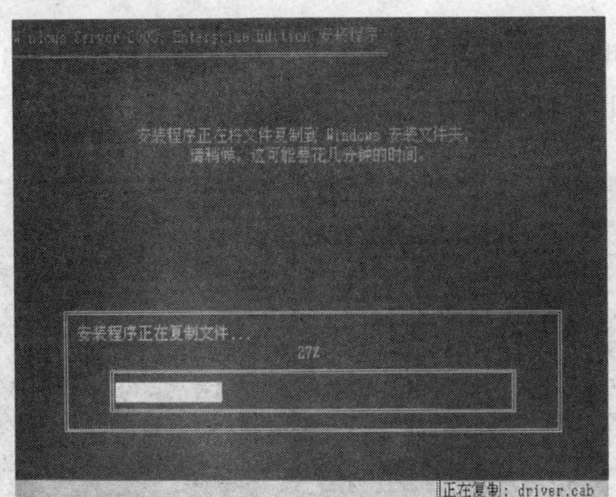

图 1.10　复制文件到 Windows 安装文件夹中

（9）文件复制完成后，屏幕提示安装程序正在进行初始化 Windows 配置，如图 1.11 所示，

图 1.11　初始化 Windows 配置界面

然后显示倒计时，自动重新启动计算机界面，如图 1.12 所示。这时为了节省时间，也可以按【Enter】键立即重新启动计算机。

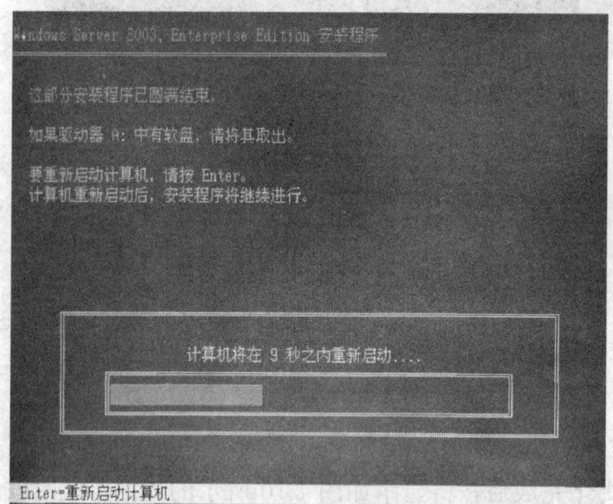

图 1.12　倒计时自动重新启动计算机界面

（10）重新启动计算机后进入 Windows 图形化安装界面，如图 1.13 所示，接着出现全新的 Windows 安装界面，如图 1.14 所示。

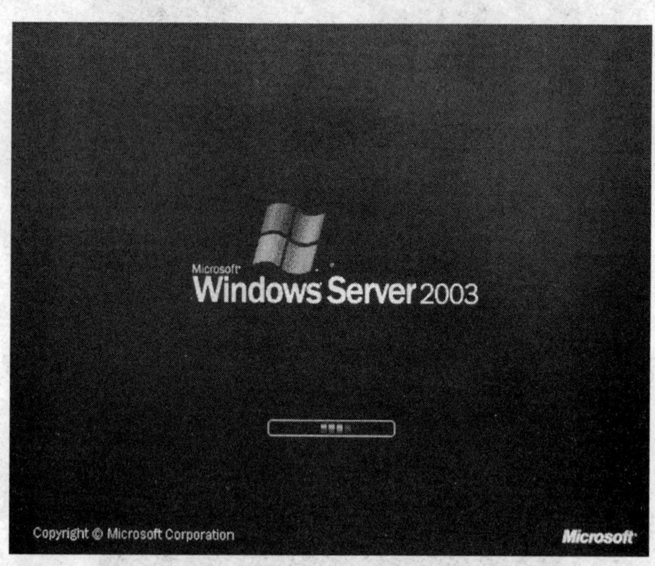

图 1.13　Windows 图形化初始界面

（11）接下来将显示“区域和语言选项”界面，如图 1.15 所示。其中标准和格式设置为“中文（中国）”，设置位置为“中国”。若要更改这些设置，请单击“自定义”按钮。若不需要更改，请单击“下一步”按钮进入“自定义软件”界面。

（12）在“自定义软件”界面输入姓名及单位名称，如图 1.16 所示，然后单击“下一步”按钮，进入“您的产品密钥”界面。

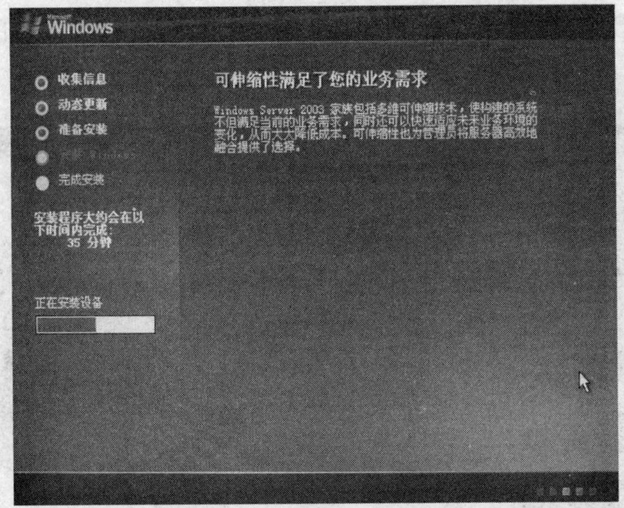

图 1.14　Windows 安装界面

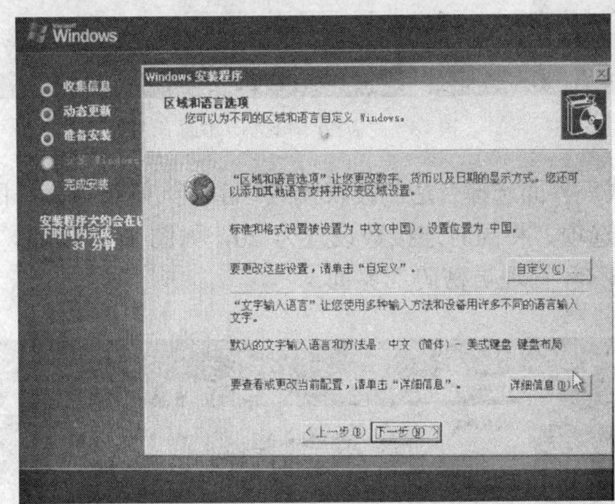

图 1.15 “区域和语言选项”界面

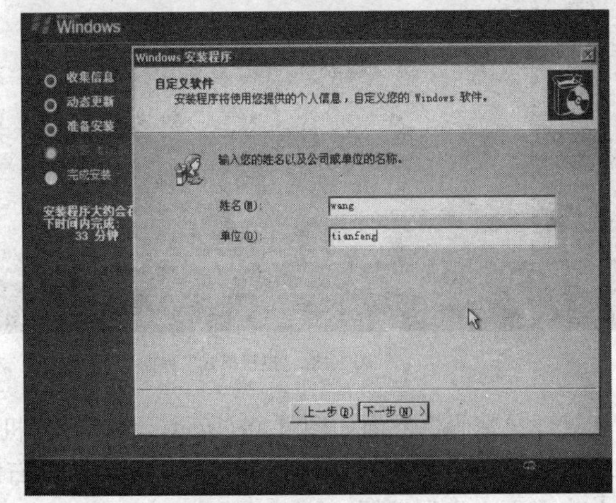

图 1.16 “自定义软件”界面

（13）在“您的产品密钥”界面输入“批量许可证”产品密钥，如图 1.17 所示，然后单击“下一步”按钮进入“授权模式”界面。

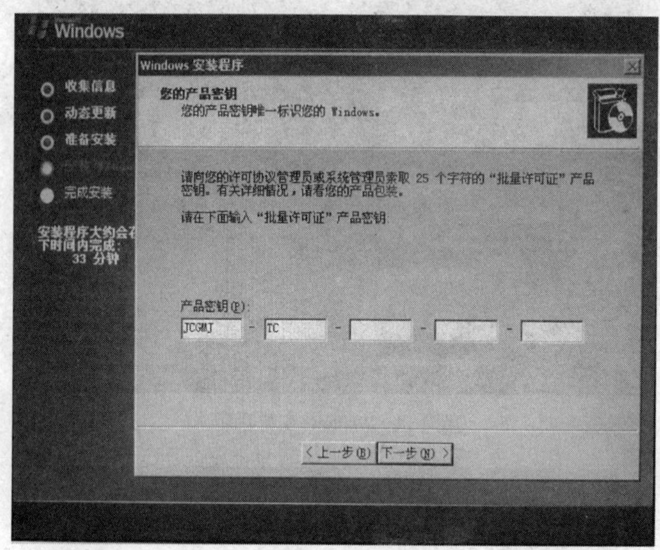

图 1.17 “您的产品密钥”界面

（14）在“授权模式”界面选择合适的授权模式。由于天峰贸易公司目前只有十几名员工，因此选择“每服务器”选项，将同时连接数设置为 20，如图 1.18 所示，然后单击“下一步”按钮，进入“计算机名称和管理员密码”界面。

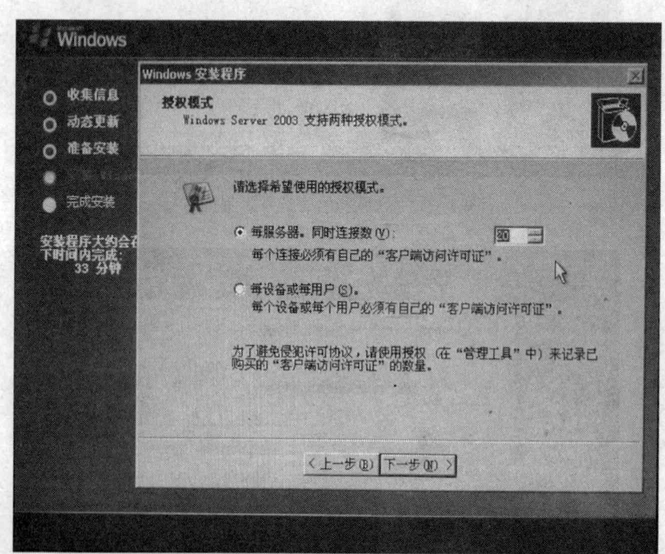

图 1.18 “授权模式”界面

（15）“计算机名称和管理员密码”界面如图 1.19 所示，在“计算机名称”右侧的文本框中输入唯一的计算机名称，然后输入管理员密码，并在“确认密码”右侧的文本框中再输入一次管理员密码，然后单击“下一步”按钮。

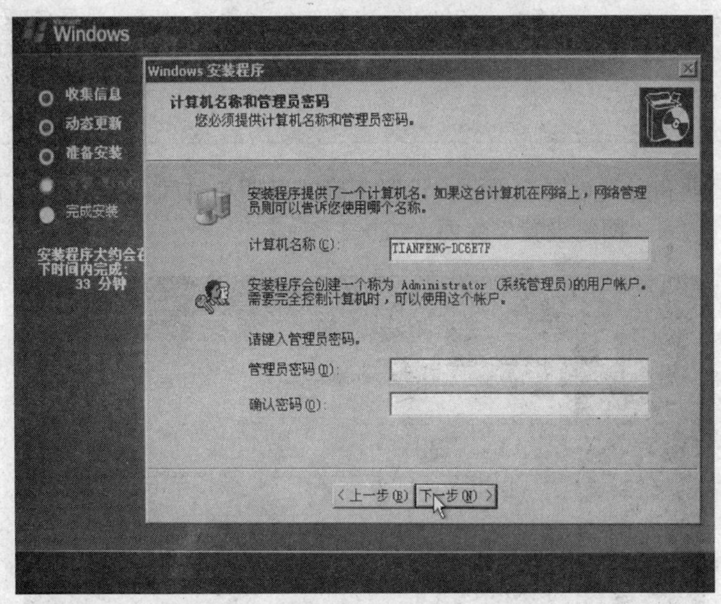

图 1.19　“计算机名称和管理员密码”界面

（16）若设置的管理员密码不符合强密码的条件，将显示如图 1.20 所示的对话框，提示用户使用的密码应符合给出条件之中的前两个及至少三个。单击“否”按钮，返回“计算机名称和管理员密码”界面，根据提示的要求重新设定管理员密码，然后单击“下一步”按钮，进入“日期和时间设置”界面。若设置的管理员密码符合强密码的条件，将直接进入“日期和时间设置”界面。

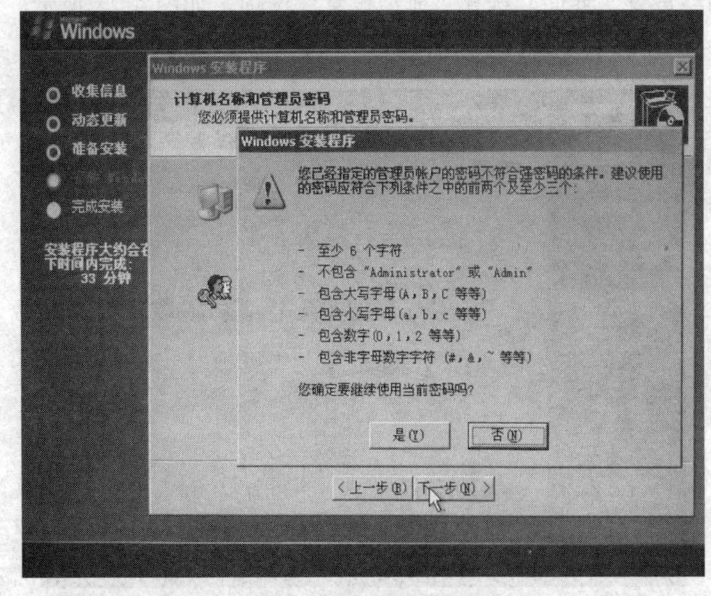

图 1.20　提示对话框

在安装 Windows Server 2003 操作系统的过程中，可以设置管理员密码，也可以在整个系统安装完成之后再设置或更改密码，密码要符合强密码条件以保证系统的安全。

要点提示

（17）在“日期和时间设置”界面，设置正确的日期和时间，如图 1.21 所示。然后单击“下一步”按钮，进入“网络设置”界面。

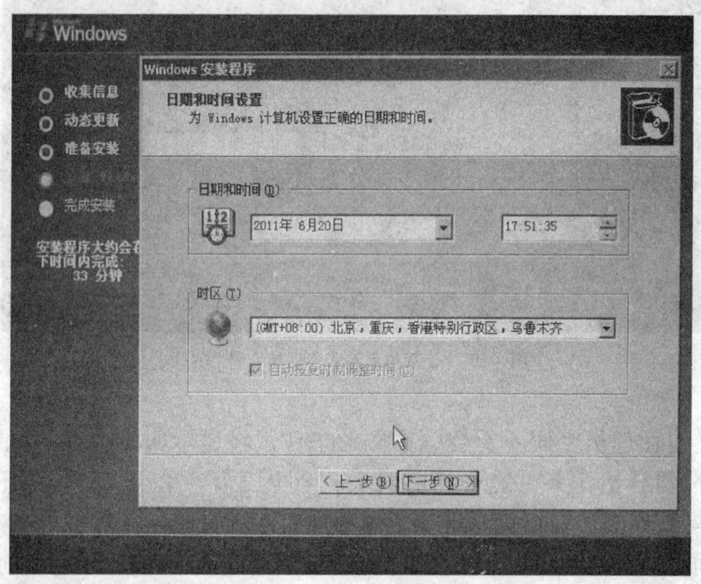

图 1.21 “日期和时间设置”界面

（18）在“网络设置”界面，选择“典型设置”选项，如图 1.22 所示，然后单击“下一步”按钮，进入“工作组或计算机域”界面。

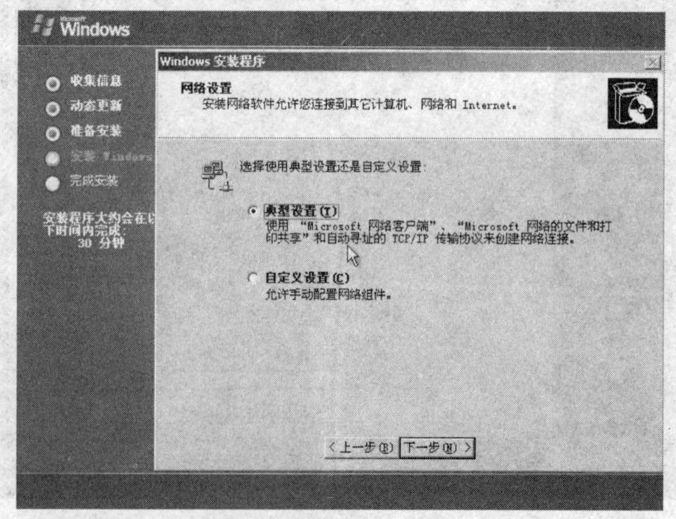

图 1.22 “网络设置”界面

（19）设置工作组或计算机域的时候，选择“不，此计算机不在网络上，或者在没有域的网络上。把此计算机作为下面工作组的一个成员：”选项，如图 1.23 所示，然后单击“下一步”按钮开始安装。

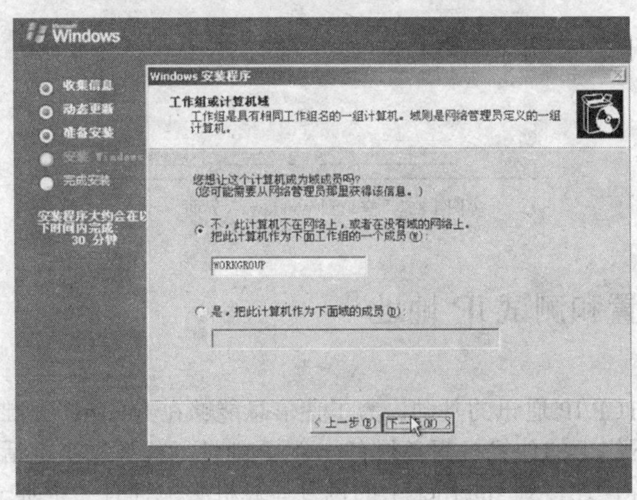

图 1.23　“工作组或计算机域”界面

（20）此时系统将安装开始菜单项、对组件进行注册等，删除安装过程中使用的临时文件，这些都无需用户参与。所有的设置完毕并保存后，Windows Server 2003 系统会重新自动重启，启动完成后，提示在登录界面上按【Ctrl+Alt+Delete】组合键，如图 1.24 所示。

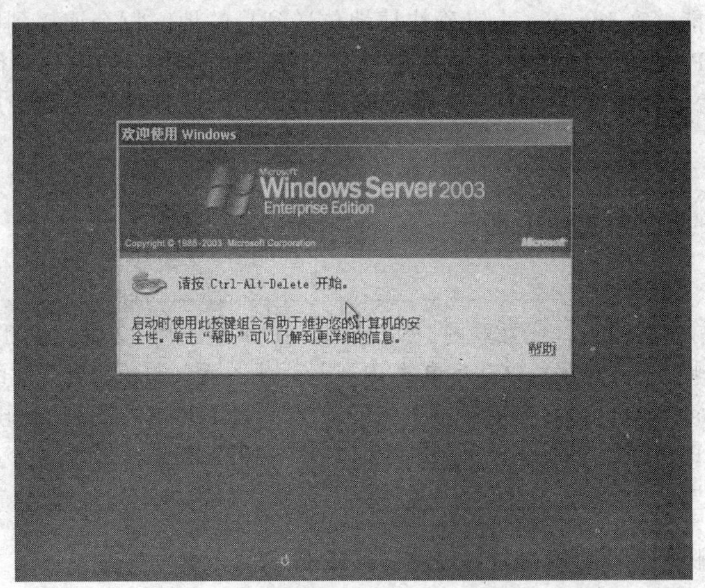

图 1.24　在登录界面上按【Ctrl+Alt+Delete】组合键

（21）按【Ctrl+Alt+Delete】组合键后将显示“登录到 Windows”界面，如图 1.25 所示，输入“用户名”和“密码”，单击“确定”按钮就可以进入系统了。

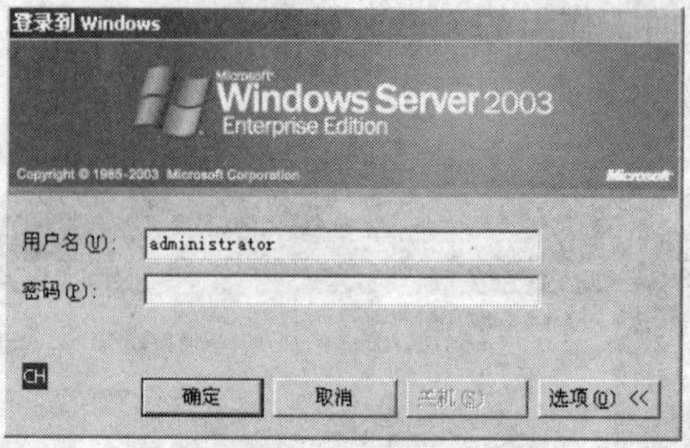

图 1.25 “登录到 Windows”界面

操作二　配置和测试 IP 地址

【知识链接】

IP 地址是进行 TCP/IP 通讯的基础，为了使信息能够在 Internet 上准确快捷地传送到目的地，每个连接到网络上的计算机都必须有一个 IP 地址。就像每个电话用户有一个全世界唯一的电话号码一样，连接到 Internet 上的每台计算机必须拥有一个唯一的 IP 地址。目前常使用的 IP 地址是 32 位的也就是 IPv4，Internet Protocol version 4（网际协议版本 4）的英文缩写，IPv4 通常以点分十进制表示。它是 4 组由圆点分割的数字组成的，其中每一组数字都在 0～255 之间，即 0～255.0～255.0～255.0～255；如 192.168.0.181 就是一个主机服务器的 IP 地址。

【问题提出】

为了使信息能够在 Internet 上准确快捷地传送到目的地，每个连接到网络上的计算机都必须有一个 IP 地址。就像每个电话用户有一个全世界唯一的电话号码一样，连接到 Internet 上的每台计算机必须拥有一个唯一的 IP 地址。因此你还要为这台服务器配置固定的 IP 地址。

【目标】

为局域网中的计算机配置 IP 地址。

【操作】

目前使用的第二代互联网 IPv4 技术，IP 地址占用 32 位，但目前最大的问题是网络地址资源有限，以至目前的 IP 地址近乎枯竭，制约了互联网的应用和发展。Windows Server 2003 支持新版的 IPv6，它使用 128 位表示 IP 地址，单从数字上来看，IPv6 所拥有的地址容量是 IPv4 的 8 × 1028 倍。

要点说明

下面为这台服务器配置 IP 地址，具体步骤如下。

（1）选择“开始”→“控制面板”→“网络连接”→“本地连接 1”命令，打开“本地连接 1 状态”对话框，如图 1.26 所示。

（2）单击“属性”按钮，打开“本地连接 1 状态”对话框。

（3）在“常规”选项卡，选择“此连接使用下列项目”列表框中的“Internet 协议（TCP/IP）”

选项，如图 1.27 所示，然后单击“确定”按钮，打开“Internet 协议（TCP/IP）属性”对话框。

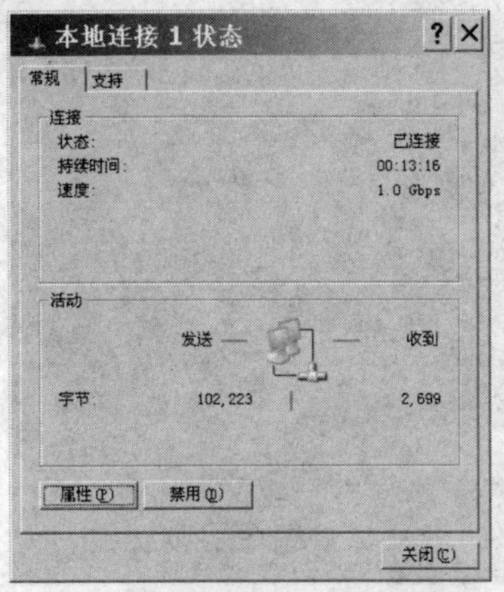

图 1.26 “本地连接 1 状态”对话框

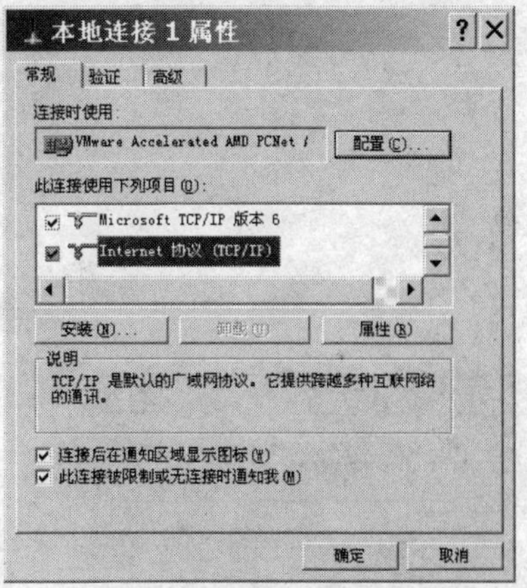

图 1.27 “本地连接 1 属性”对话框

（4）在“Internet 协议（TCP/IP）属性”对话框中，选择“使用下面的 IP 地址”选项，在“IP 地址”右侧的文本框中输入“192.168.101.4”，作为本服务器的地址，在“子网掩码”右侧的文本框中输入“255.255.255.0”，如图 1.28 所示，然后单击“确定”按钮，即可完成本机 IP 地址的配置工作。

（5）IP 地址配置完成后，用户可以使用 ipconfig 工具程序检查 TCP/IP 通信协议是否安装并且设置正确，选择“开始”→“运行”命令，如图 1.29 所示，打开“运行”对话框。

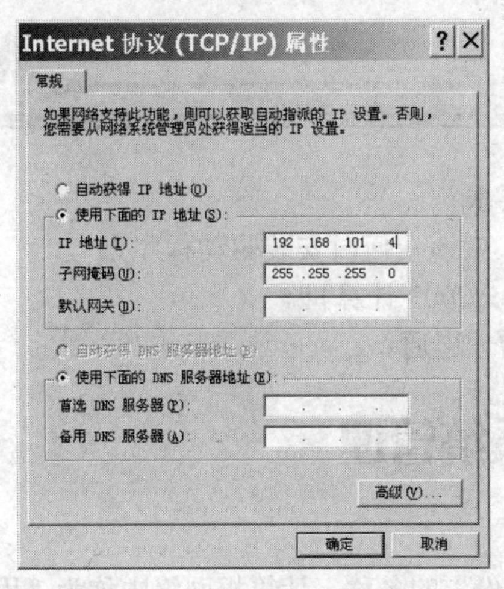

图 1.28 “Internet 协议（TCP/IP）属性”对话框

图 1.29 选择“开始”→“运行”命令

（6）在“打开”右侧的文本框中输入“cmd”命令，如图 1.30 所示，然后单击“确定”按钮。

（7）在打开的命令提示符窗口中输入“ipconfig”命令，然后按【Enter】键，即可显示本机 IP 地址的配置信息，如图 1.31 所示。

图 1.30 “运行”对话框

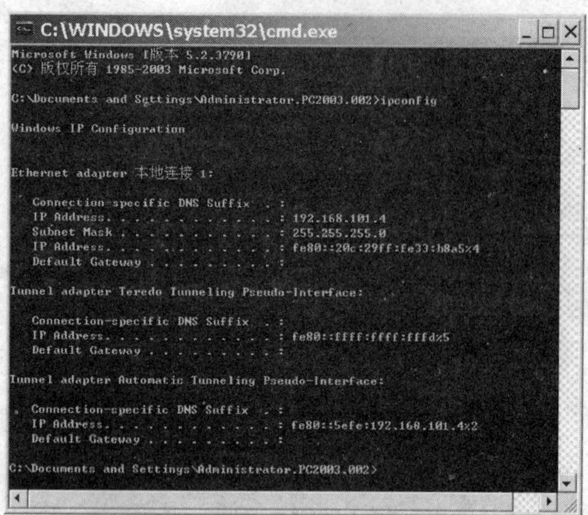

图 1.31 IP 地址的配置信息

任务小结

本任务中主要为网络中的服务器安装了操作系统 Windows Server 2003，具体介绍了操作系统的安装过程，还介绍了 IP 地址的设置过程。

思考与实战训练

（1）安装 Windows Server 2003 对硬件有什么要求？

（2）如果计算机安装有 SCSI 设备或 RAID 卡，应该在何时安装驱动程序？

（3）通过安装光盘安装一台新的 Windows Server 2003 计算机。

（4）为服务器和客户机配置 IP 地址，保证其物理连通。

任务二 用户、用户组和文件系统管理

【知识链接】

- 在使用联网的计算机时，也有一个代表“身份”的名称，计算机网络中称为“用户”。用户的权限不同，决定了用户对计算机及网络控制的能力与范围。用户有两种不同类型，即只能用来访问本地计算机（或使用远程计算机访问本计算机）的“本地用户账户”和可以访问网络中所有计算机的“域用户账户”。
- 用户组是为了方便管理批量用户，减少管理的复杂程度而设置的，指定了用户组权限后，其成员同时具有了用户组的权限。使用组可以简化网络管理，例如：3 个用户要使用同

一台打印机，如果没有设置组的时候，我们要分别为第一个用户、第二个用户和第三个用户授权，让他们可以访问这台打印机，也就是说要做 3 次重复操作，才能使这 3 个用户访问打印机，这样用起来不太方便，为了方便操作与设置，我们可以建立一个组，将这 3 个用户加入组，然后可以对这个组授权，让这个组可以访问这台打印机，也就是说相当于同时为这 3 个用户添加了使用打印机的权限。

- 为了节省资源和实现资源共享，提高工作效率，在服务器上存储了文档资料，这些资料必须是 NTFS 分区下的，只有在 NTFS 分区下，才能为不同的用户或用户组指派文件及文件夹的权限，并进行安全设置。
- Windows Server 2003 提供了强大的网络资源共享功能，在实际工作中，经常要指定一个文件夹，让用户可以通过网络远程访问或修改需要的文件，让谁访问，访问的级别和权限是什么也要经过设置，这就是共享文件夹，为安全起见，服务器中默认情况下文件夹都不被共享。本任务后半部分介绍了连接和删除共享文件夹的具体操作方法。
- 在企业网络中，使用计算机的每个人都应该有一个用户账户，用户用他们自己的账户可以使用企业网络中指定的资源，完成与其相对应的任务。你的任务要求是建立用户的时候，要求员工一人一个账户，根据任务一的表 1.1，我们建立了如图 2.1 所示的天峰公司上下级隶属关系组织结构图，以后我们定义的用户或用户组均根据此图。

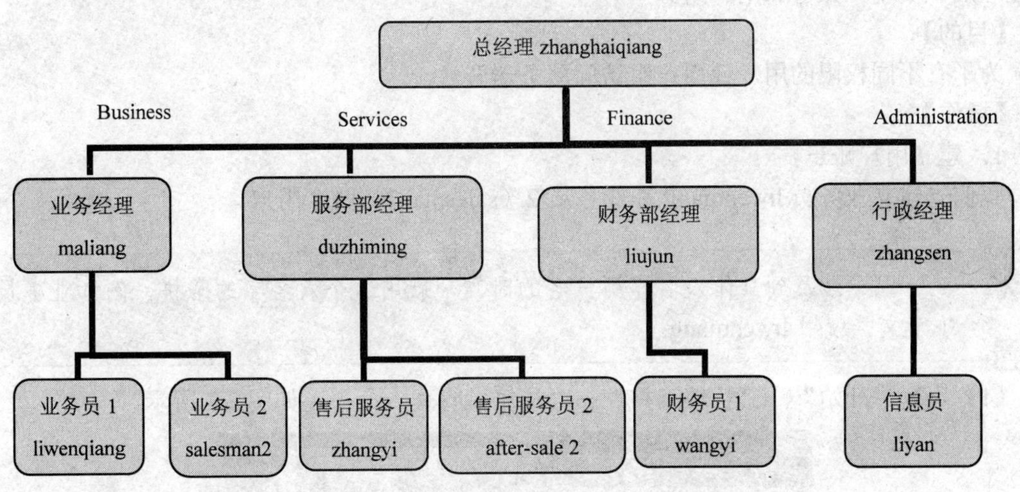

图 2.1　天峰公司的上下级隶属关系组织结构图

4 个部门的中英文对照如下。

行政部：Administration

业务部：Business

售后服务部：Services

财务部：Finance

【问题提出】

由于采用集中文件管理，不同的用户对文件或文件夹有不同的操作权限，作为公司管理员，你要在服务器中分别为公司职员和部门建立相应的用户，为了方便管理和授权，还要建立相应的用户组。下面以业务部为例，在服务器上建立业务部职员用户和用户组。

为了控制用户对某个文件夹以及该文件夹中的文件和子文件的访问，你还需要指定文件夹权限，并根据需要建立局域网共享文件夹并设置共享权限，连接共享文件夹或删除文件夹共享。

【目标】

- 管理用户账号和用户组。
- 指定 NTFS 权限。
- 共享文件夹。
- 连接到共享文件夹。
- 删除文件夹的共享功能。

【前提条件】

- 熟悉公司的网络拓扑结构。
- 熟悉用户、用户组的隶属关系。

操作一　管理用户账号和用户组

【问题提出】

根据天峰公司上下级隶属关系组织结构图，方便文件管理共享等，需要建立总经理、部门经理及职员用户账号和用户组。

【目的】

为了有不同权限的用户或用户组访问服务器资源。

【操作】

1. 建立用户账户

我们先建立业务员 liwenqiang 和业务员 2（salesman2）两个用户。

以下涉及到具体人名作用户名的时候，就用这个人名字的全拼，例如业务员 1 李文强就用 liwenqiang。

注意

（1）执行“开始”→“管理工具”→“计算机管理”命令，如图 2.2 所示。

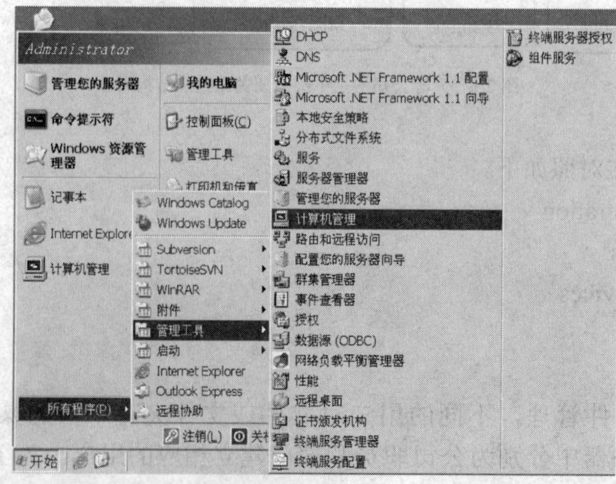

图 2.2　执行“开始”→“管理工具”→“计算机管理”命令

（2）在“计算机管理”窗口中选中左侧窗口的“用户”选项，用鼠标右键单击，在弹出的快捷菜单中选择“新用户”选项，如图 2.3 所示选择“新用户”选项。

（3）在弹出的创建新用户的窗口中输入用户名“liwenqiang”，按照密码规则输入不少于 6 位的密码，然后单击“创建”按钮，如图 2.4 所示，即完成了用户 liwenqiang 的创建。

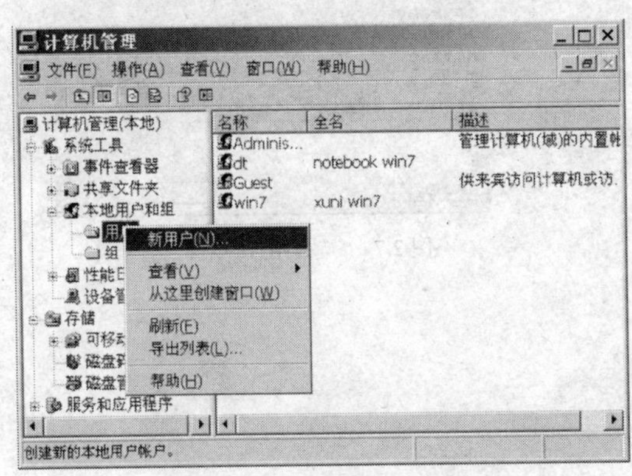

图 2.3　选择“新用户”命令

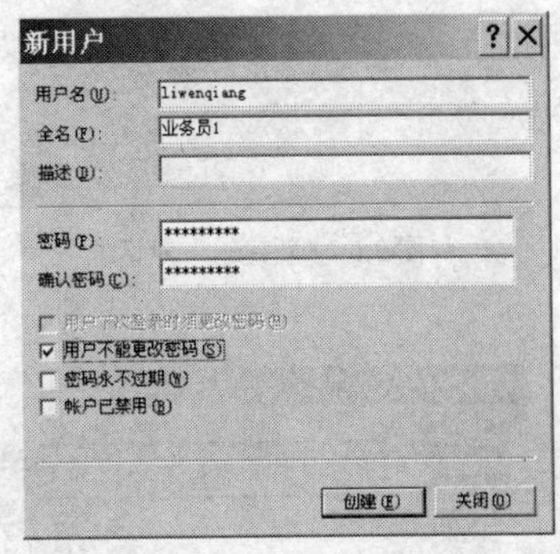

图 2.4　“新用户”对话框

（4）同理，创建业务员 2 用户 salesman2，以及业务经理用户 maliang，如图 2.5 所示。

这时，我们看到“计算机管理”窗口中新增加了 liwenqiang、salesman2 以及业务经理 maliang 3 个用户。同学们可以仿照上述操作步骤，建立总经理 zhanghaiqiang 等账户。

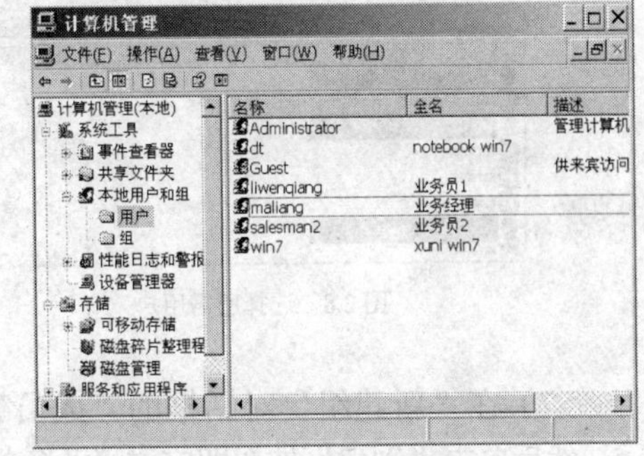

图 2.5　创建了 3 个新用户

2．建立用户组

下面就创建一个业务部组 Business，组成员有业务经理 maliang、业务员 1liwenqiang、业务员 2 salesman2。

（1）选择“开始”→“管理工具”→“计算机管理”命令，打开“计算机管理”窗口。

（2）在“计算机管理”窗口，选中左侧窗口的“组”选项，用鼠标右键单击，在弹出的快捷菜单中选择“新建组”命令，打开“新建组”对话框。

（3）在“组名”右侧的文本框中输入组名“Business”，在“描述”右侧的文本框中输入“业务部组”，如图 2.6 所示。

（4）单击“添加”按钮，打开“选择用户”对话框，如图 2.7 所示。

（5）单击“高级”按钮，将显示“选择用户”对话框的“高级”选项。单击“立即查找”按钮，在“搜索结果”列表框中将显示搜索到的全部用户，如图 2.8 所示。按住【Ctrl】键的同时单击 liwenqiang、maliang、salesman2 3 个用户，然后单击“确定”按钮，返回“选择用户”对话框。

（6）在“输入对象名称来选择”列表框中显示出业务部组中的 3 个成员，如图 2.9 所示，单击“确定”按钮，返回“新建组”对话框。

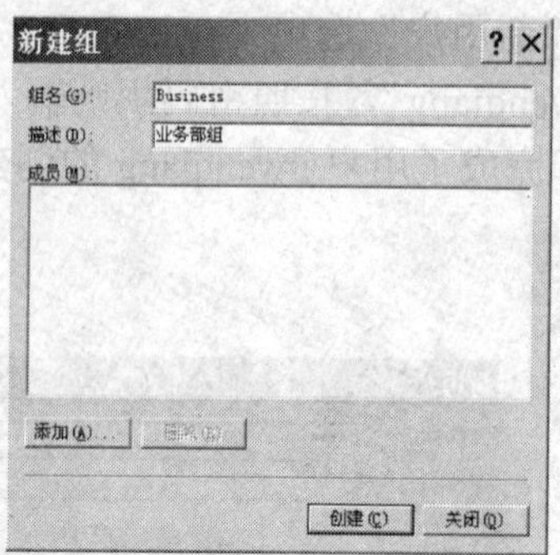

图 2.6 “新建组”对话框

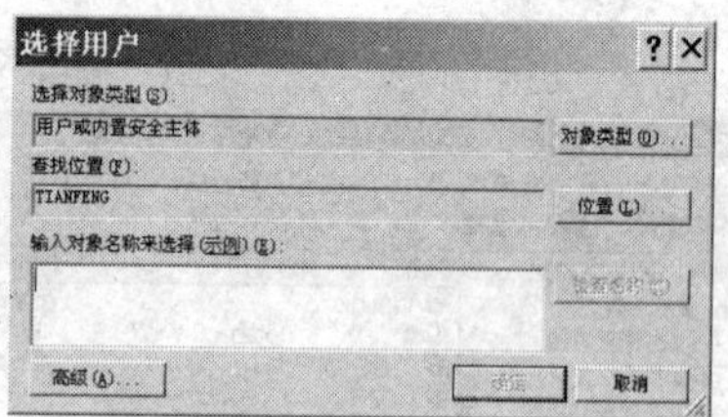

图 2.7 “选择用户”对话框

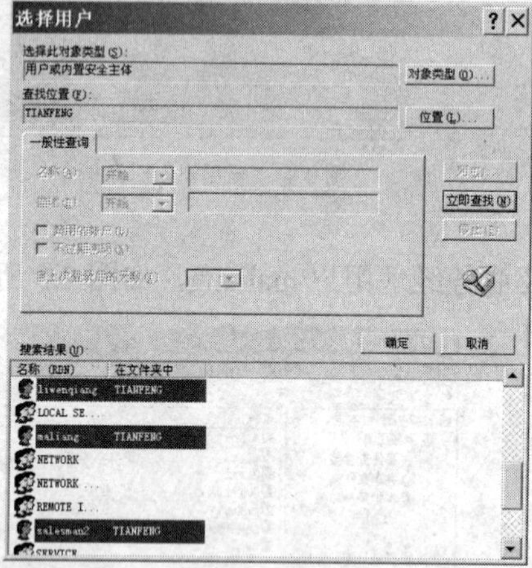

图 2.8 选择所需用户

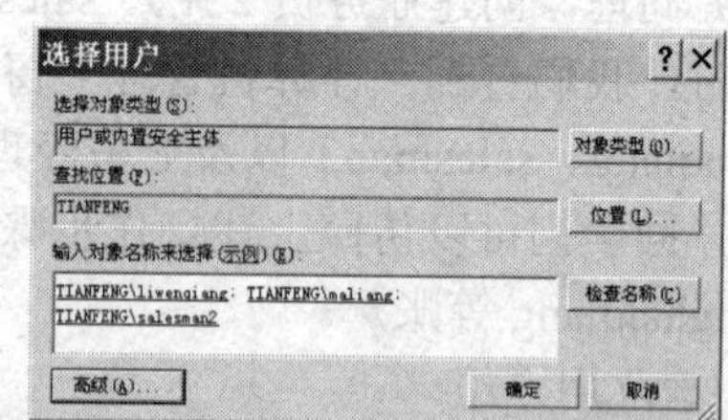

图 2.9 选择业务部组中的 3 个成员

（7）在“新建组”对话框的“成员”列表框中，显示出业务部组成员名称，如图 2.10 所示。然后单击“创建”按钮即完成“业务部组”的创建，即 Business 业务部组包含了 liwenqiang、maliang、salesman2 3 个成员。

至此，我们完成了业务部组的创建，在“计算机管理”窗口中可看到已经建立了 Business 业务部组，如图 2.11 所示。

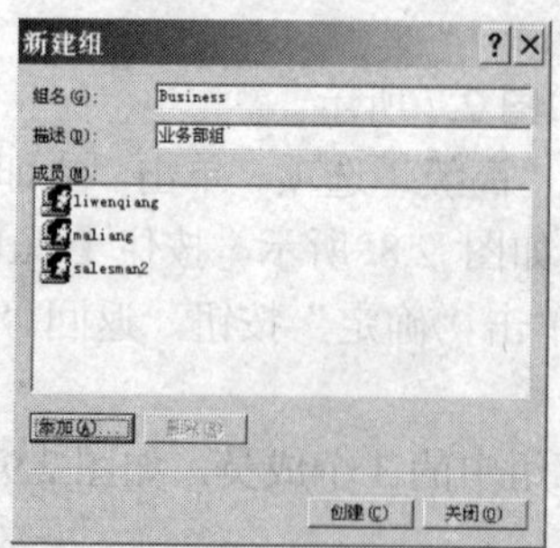

图 2.10 “新建组”对话框中的 3 个成员

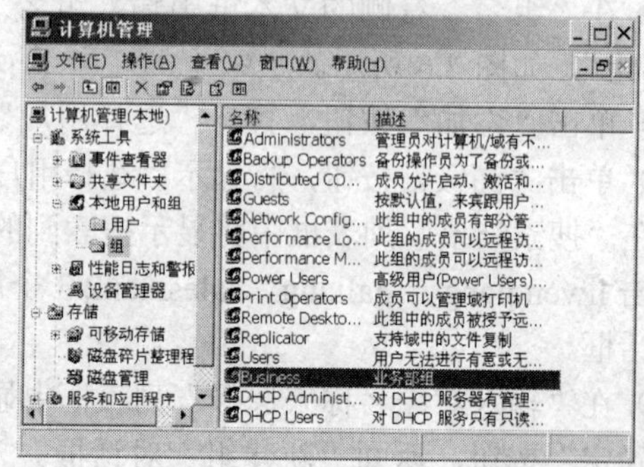

图 2.11 业务部组创建完成后的显示结果

同理，我们可以仿照业务部用户及组的建立方式建立客户部、财务部，以及行政部用户组及用户。

操作二　指定 NTFS 权限

【知识链接】

1．NTFS 文件或文件夹权限

所谓权限，是指用户对于对象的访问限制，例如能否新建、修改或删除对象，对象类型包括文件、文件夹、磁盘与打印机等。对于 NTFS 文件系统中的每一个文件或者是文件夹，都有一组附加于其中的访问控制信息，该信息被称为安全描述符，它控制着用户和组被允许使用的访问类型，安全描述符是随所创建的文件或文件夹自动创建的，权限是在对象的安全描述符中定义的，权限和特定的用户和组相关联，或者是指派到特定的用户和组，存在于 NTFS 分区上的文件夹或文件，无论是否共享出来，都具有此权限。比如对于某一个文件，我们可以指派 Administrators 来指派读取、写入、和删除的权限，对于 Operator 组，只指派读取和写入的权限。不过，要设置文件或文件夹的权限，必须是 Administrators 组的成员、文件/文件夹的所有者、具备完全控制权限的用户。

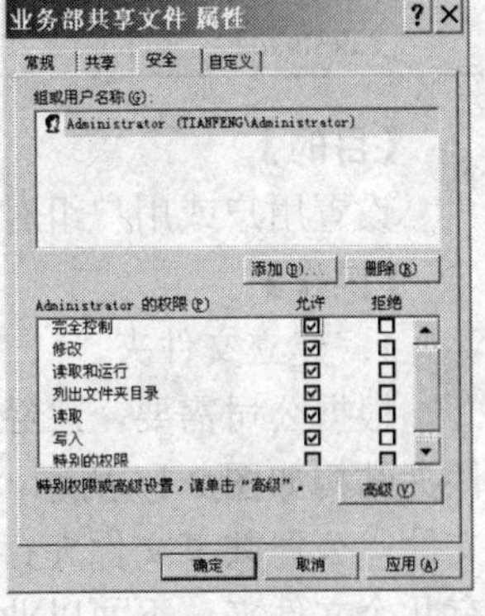

图 2.12　勾选了“完全控制”复选框，下面的 5 项将被自动被选中

2．NTFS 文件夹的 7 种权限

（1）完全控制权限

“完全控制”就是对目录拥有不受限制的完全访问，地位就像 Administrators 在所有组中的地位一样。勾选“完全控制”复选框，则下面的（2）～（6）5 项属性将被自动选中，如图 2.12 所示。

（2）修改权限

选中了“修改”复选框，下面的 4 项属性将被自动选中。下面的任何一项没有被选中时，“修改”条件将不再成立。

（3）读取和运行权限

“读取和运行”就是允许读取和运行在目录下的任何文件，“列出文件夹目录”和“读取”是“读取和运行”的必要条件。

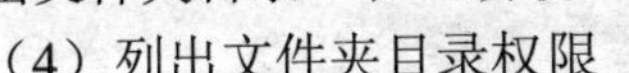

（4）列出文件夹目录权限

“列出文件夹目录”是指只能浏览该卷或目录下的子目录，不能读取，也不能运行。

（5）读取权限

“读取”是能够读取该卷或目录下的数据。

（6）写入权限

“写入”就是能往该卷或目录下写入数据。

（7）特别的权限

“特别的权限”则是对以上的 6 种权限进行了细分。

【问题提出】

为了控制用户对某个文件夹以及该文件夹中的文件和子文件的访问，需要指定文件夹的安全属性。

根据管理权限，需要建立业务部、业务经理、业务部共享文件、业务员 1、业务员 2 等几个文件夹，对于不同的用户或用户组，文件夹的安全属性见下表 2.1。

表 2.1　　用户和用户组对各文件夹的安全权限规则

文件夹（目录） 账户（用户）	业　务　部	业务经理	业务部共享文件	业务员 1	业务员 2
管理员 Administrator	完全控制	完全控制	完全控制	完全控制	完全控制
总经理 zhanghaiqiang	修改、读取、运行、列出文件夹目录	读取、运行、列出文件夹目录	修改、读取、运行、列出文件夹目录、写入	读取、运行、列出文件夹目录	读取、运行、列出文件夹目录
业务经理 maliang		完全控制	完全控制	读取、运行、列出文件夹目录	读取、运行、列出文件夹目录
业务部组 Business	读取、运行、列出文件夹目录		读取、运行、列出文件夹目录		
业务员 1 liwenqiang				完全控制	
业务员 2 salesman2					完全控制

【目的】

设置用户或用户组对文件及文件夹的访问权限。

【操作】

1．建立文件夹

根据公司需要，总经理、部门经理、普通员工在访问网络资源时权限不同。首先建立文件夹结构如图 2.13 所示。业务部、财务部、行政部、客户部 4 个文件夹分别存放各自部门的文件，公司共享文件夹存放的文件对所有员工开放，都可以浏览下载。每个部门文件夹下还有几个文件夹，下面以业务部文件夹做一说明，业务部文件夹下包含有业务部共享、业务经理、业务员 1、业务员 2 几个文件夹。

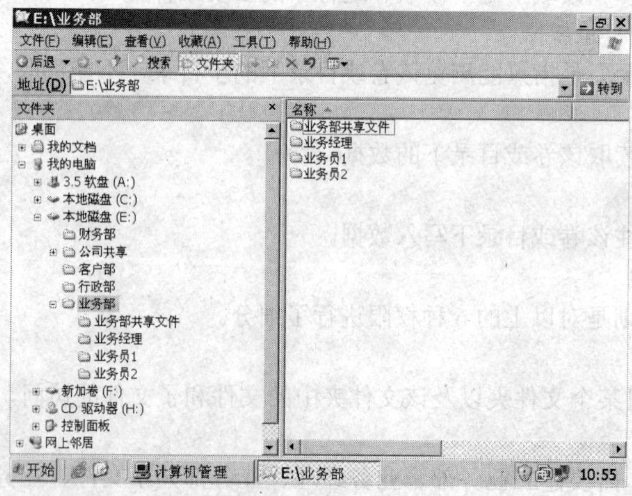

图 2.13　建立不同的文件夹

2．设置各文件夹的安全属性

下面我们根据表 2.1 中的各文件夹安全权限规则内容设置文件夹的安全属性，具体步骤如下。

（1）首先设置业务部文件夹的安全属性，单击“业务部”文件夹，在弹出的快捷菜单中选择“共享和安全”选项，如图 2.14 所示。

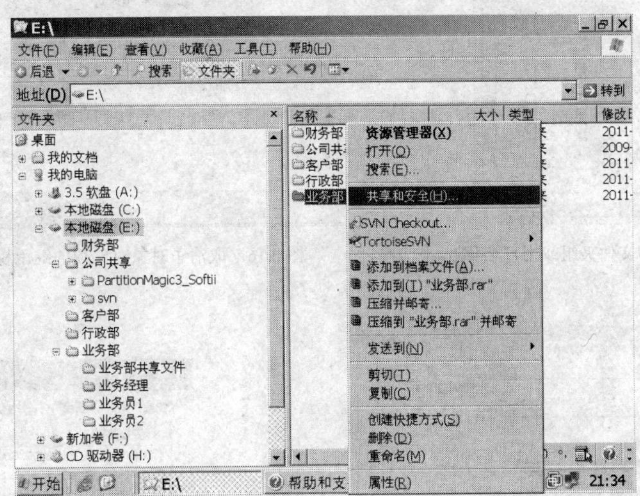

图 2.14 打开“业务部”文件夹“共享和安全”窗口

（2）在弹出的“业务部属性”对话框中单击“安全”选项卡，“组或用户名称”选框中默认的组或用户有“Administrators”用户组，“CREATOR OWNER”、“SYSTEM”以及“Users”等 4 个组，如图 2.15 所示，这是系统自动设置其默认的权限值，我们不需要这个默认设置。所以在这里要单击“删除”按钮把它们全部删除。

当用户设置文件夹的权限后，在该文件夹下添加的子文件夹与文件默认会自动继承该文件夹的权限。用户可以设置子文件夹或文件不要继承父文件夹的权限，这样子文件夹或文件的权限将改为用户直接设置的权限。

要点提示

（3）单击“高级”按钮，在弹出的对话框中选择“权限”选项卡，Windows 2003 具有自动将父目录权限继承给子目录的特点，实际设置时，我们不需要这种继承，所以需要取消选中“允许将来自父系的可继承权限传播给该对象”复选项，取消这种继承关系。系统会弹出如图 2.16 所示的安全提示窗口，选择“删除”按钮，将组和用户全部删除。

（4）单击“删除”按钮，并返回到“业务部 属性”窗口后，会看到原来的用户或组都被删除了。在“安全”选项卡中单击“添加”按钮，在弹出的“选择用户或组”对话框中单击“高级”按钮。单击“立即查找”按钮，按住【Ctrl】键的同时选择 Administrator 管理员、General Manage 总经理以及 Business 业务部组，如图 2.17 所示。

（5）单击“确定”按钮，返回到“业务部 属性”对话框，这时，会看到 Administrator 管理员、Business 业务部组、zhanghaiqiang 总经理已经出现在“安全”选项卡中，如图 2.18 所示。

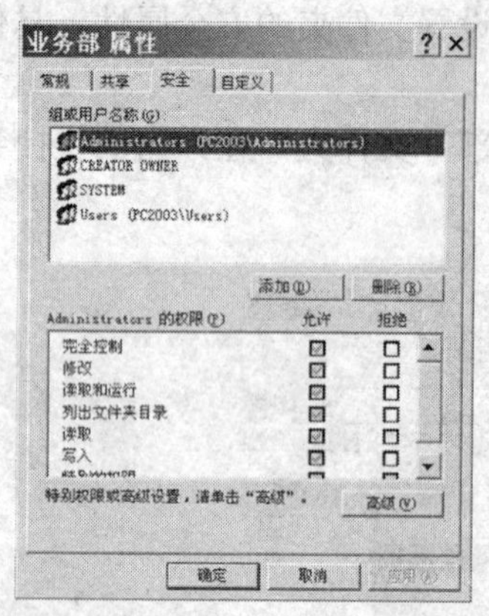

图 2.15 系统默认的文件夹组或用户名称

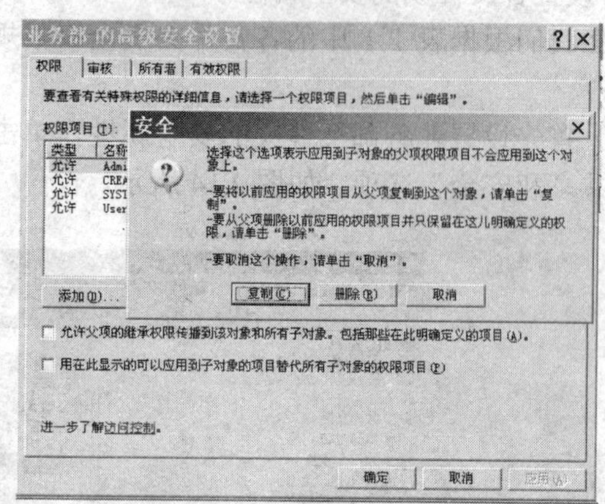

图 2.16 取消子对象对父项的继承权限

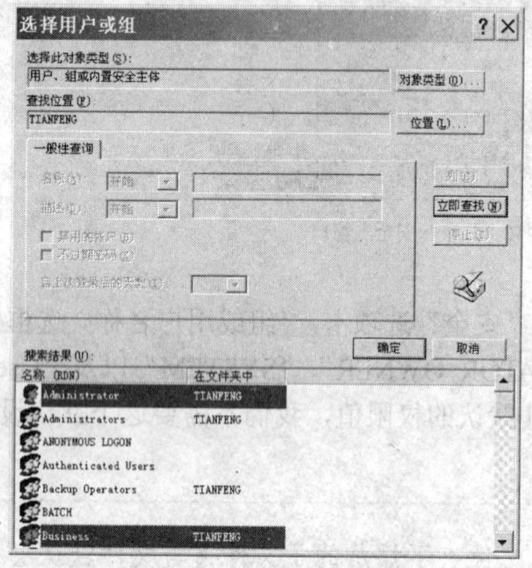

图 2.17 选择需要添加的用户或用户组

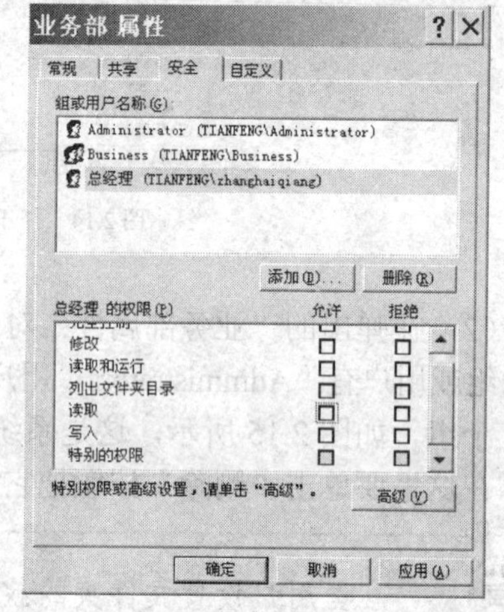

图 2.18 完成添加组或用户后的对话框

（6）总经理 zhanghaiqiang 的权限是修改、读取、运行、列出文件夹目录、写入；Business 业务部组的权限是读取、运行、列出文件夹目录。请读者根据表 2.1 自行设置他们的权限，如图 2.19 设置完成后，单击“确定”按钮。

用户权限设置完成后，可以以管理员 Administrator、总经理 zhanghaiqiang、业务部组 Business 成员的身份登录到系统中，对业务部文件夹进行指定安全级别的操作。从而禁止其他用户，如“客户部经理”不能访问该文件夹。

（7）下面我们来设置“业务经理”文件夹的权限，这个文件夹允许管理员 Administrator 完全控制、总经理 zhanghaiqiang 读取、运行、列出文件夹目录，允许业务经理 maliang 本人完全控制，而不允许其他用户访问。单击“业务经理”文件夹，在弹出的快捷菜单中选择“共享和安全”命令。

（8）打开“业务经理 属性”对话框。在“业务经理 属性”对话框的“安全”选项卡中看到管理员 Administrator、总经理 zhanghaiqiang、业务部组 Business 等 3 个名称，这 3 个组

或用户完全继承了上一个文件夹的即父文件夹的权限，在允许选项中用灰色表示是从上一级文件夹继承来的权限，如图 2.20 所示。

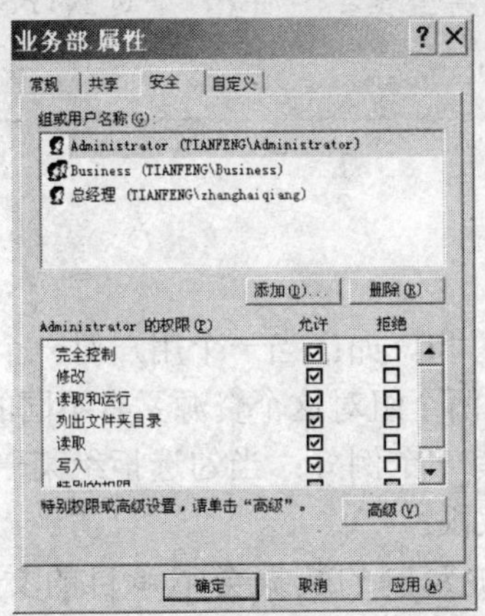

图 2.19　为组或用户设置允许权限

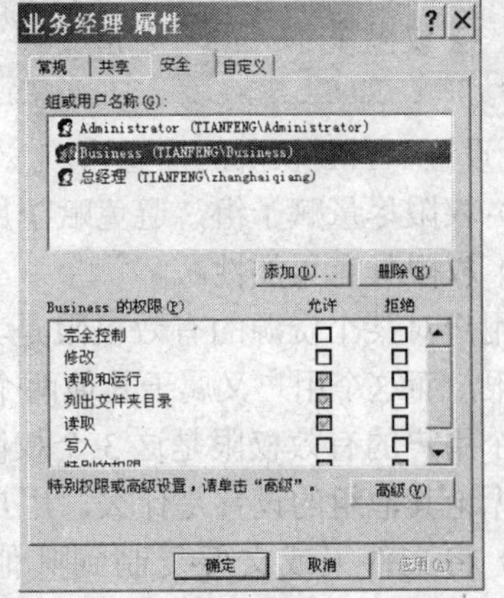

图 2.20　复选框为灰色表示从父项继承的权限

（9）“业务经理”文件夹的操作权限继承了其上一级父文件夹“业务部”文件夹的权限，而我们却不希望业务部组 Business 中的用户“业务员 1 liwenqiang”、“业务员 2 salesman2”对“业务经理”文件夹有任何的读写权限。因此在设置的时候，要先取消子文件夹对上一级文件夹的继承关系。

（10）单击“高级”按钮，取消选中“允许将来自父项的可继承权限传播给该对象”复选项，然后单击“删除”按钮，将所有用户和用户组删除，如图 2.21 所示。

（11）单击“添加”按钮，将管理员 Administrator、总经理 zhanghaiqiang 和业务经理 maliang 重新添加到“组或用户名称”列表框中，根据表 2.1 需要授予不同的权限，如图 2.22 所示。

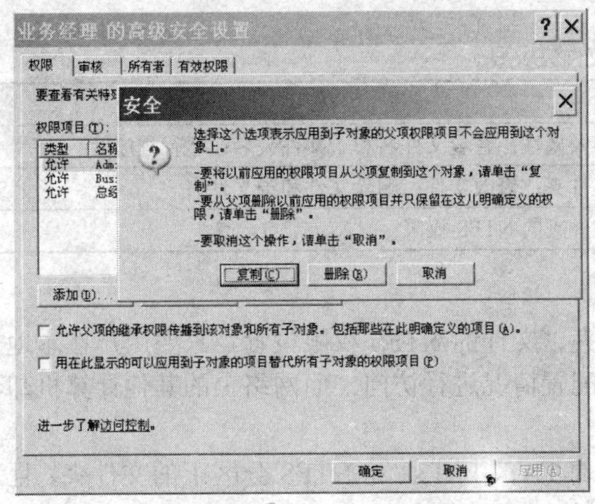

图 2.21　删除文件夹从父项继承来的权限

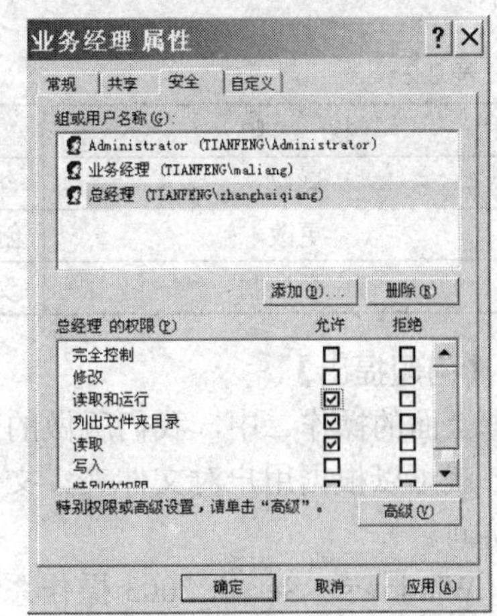

图 2.22　为不同的组或用户添加允许权限

按照表 2.1 中文件夹的权限，设置各用户对“业务部共享文件夹”、“业务员 1”、“业务员

2”的权限。客户部、行政部等部门的经理和成员可以仿照业务部来完成 NTFS 权限设置。

NTFS 文件的权限类型与 NTFS 文件夹权限类型基本一样，只不过 NTFS 文件夹权限多了一项“列出文件夹内容”。

要点提示

3．设置 NTFS 权限的注意事项

（1）权限尽量赋予组，避免赋予用户。

（2）权限具有累加性。

即用户对某个资源的有效权限是其所有权限来源的总和。如：当一个用户对一个资源有某种权限，而这个用户又属于其他两个不同的组，并且这两个组对这个资源又有不同的权限，最终这个用户的有效权限是这 3 个权限的总和。但是，有一个例外：当勾选拒绝某一项权限时，则无论其他组的设置是什么，用户都不会具有该项权限。

（3）将文件夹或文件复制到其他的文件夹中，则被复制的数据会继承目的文件夹的权限。

（4）将文件夹或文件移动到同磁盘的文件夹中，被移动的数据会保留原来的权限。

（5）将文件夹或文件移动到另一磁盘，则被移动的数据会继承目的文件夹的权限。

（6）在允许继承的前提下，当子文件夹或文件与上层文件夹的权限设置不同时，以子文件夹或文件的设置为准，但是当上层文件夹允许“完全控制”时，因为它包含了删除子文件夹及文件这项特别访问权限，所以无论子文件夹或文件是否允许删除，用户都可以删除其中的子文件夹与文件。

操作三　共享文件夹

【知识链接】

Windows　Server 2003 共享文件夹的权限包括读取、更改和完全控制 3 个级别，如表 2.2 所示。

表 2.2　共享文件夹权限

权　限	表　述
读取	查看文件内容及属性；查看文件名和子文件夹名；运行程序
更改	创建文件和文件夹；修改文件；删除文件和子文件夹
完全控制	改变文件和文件夹的 NTFS 权限

【问题提出】

上面的操作二中，我们所做的是对文件夹、文件的 NTFS 权限设置，只要用户在本地登录，就可以根据用户对文件夹、文件的权限配置情况进行访问。而网络上的其他计算机却不能访问。

Windows　Server 2003 操作系统可以共享 FAT、FAT32 和 NTFS 分区下的文件夹，且只能够设置共享文件夹，不能单独设置共享文件。通过共享文件夹的共享权限设置，可确保共享文件在网络上的安全。比如：“业务部共享文件”文件夹，要求业务部职员只能读取文档，不能进行修改、写入等操作，总经理具有修改、读取、运行、列出文件夹目录、写入

等权限。只有管理员和业务部经理具完全控制功能，可以进行修改、添加、复制、删除等操作。

公司中有很多文件需要共享，但有些文件并不是希望被网络上的所有用户访问，这个文件要被谁访问，访问的权限是什么都需要设置。你要根据天峰公司的服务器规划要求来设置某个文件夹的共享权限。例如要设置“业务部共享文件”文件夹的共享权限，要求业务部职员只能读取文档，总经理具有更改权限，只有管理员和业务部经理具有完全控制功能，可以进行修改、添加、复制、删除等操作。

【目的】

设置文件夹的共享权限。

【操作】

1．创建共享文件夹并设置共享权限

（1）用鼠标右键单击要共享的文件夹，在快捷菜单中选择“共享和安全”命令，打开“属性”对话框，如图 2.23 所示。

（2）在属性对话框中单击“共享此文件夹”单选按钮，指定共享名，默认情况共享名称和原文件夹同名，当然也可以另起一个名字。“用户数限制”选项可以选择你希望的能连接用户的最大量，如图 2.24 所示。

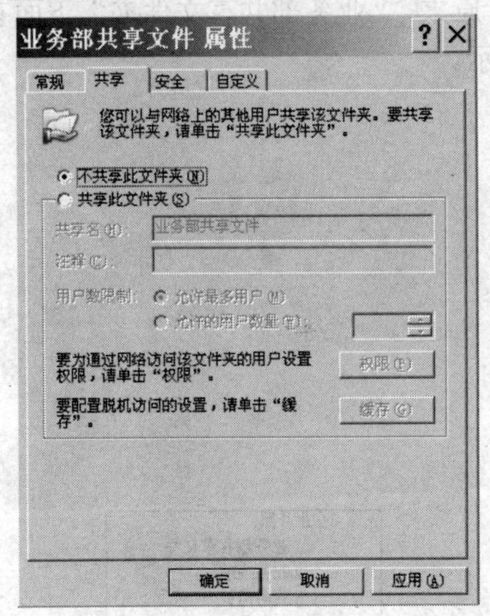

图 2.23　打开文件夹的“共享”选项卡

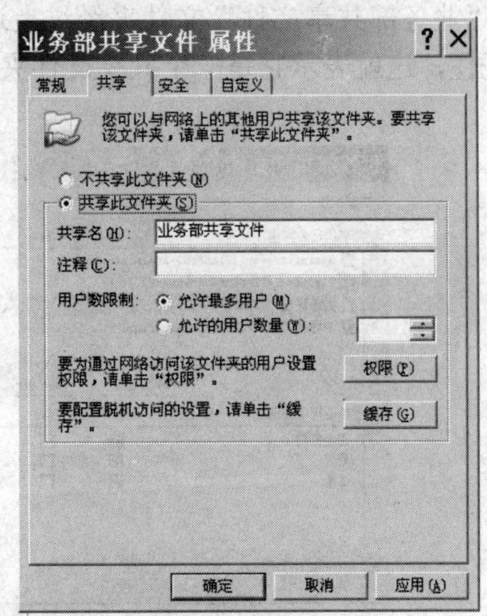

图 2.24　设置共享文件夹名称及允许用户数量

（3）单击“权限”按钮，打开“业务部共享文件 的权限”对话框，如图 2.25 所示。

（4）默认的共享权限是 Everyone 组具有读取权限，在这里，我们要根据需要设置共享权限。按照要求，除了指定的用户外，我们不希望其他用户访问这个文件夹，因此，先要删除默认的 Everyone 用户。单击“删除”按钮来删除，然后，单击“添加”按钮，打开“用户和组”对话框，添加方法与为文件夹安全添加用户或组一样。执行“高级”→“立即查找”命令，按住[Ctrl]键选取如下用户或组：管理员 Administrator、总经理 zhanghaiqiang、业务经理 maliang、业务部组 Business，单击“确定”按钮后，再回到“业务部共享文件夹 的权限”对话框，如图 2.26 所示。

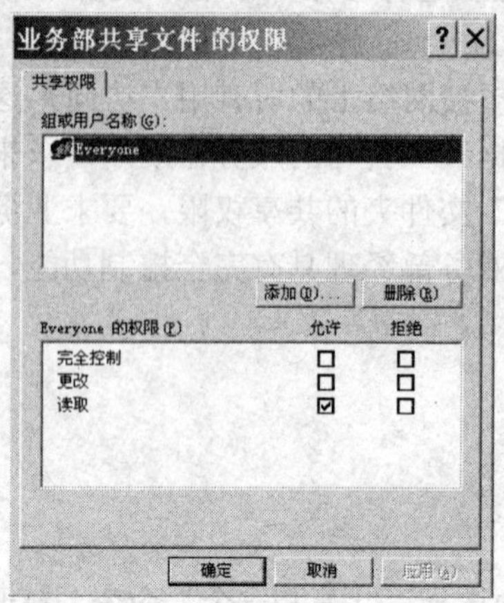

图 2.25　默认共享权限

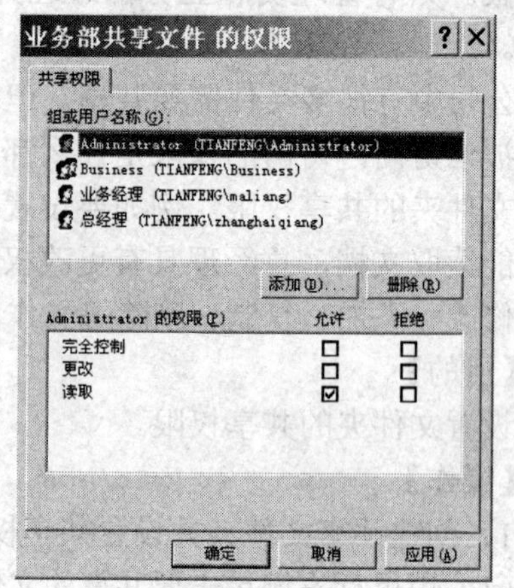

图 2.26　为共享文件夹添加用户或组

（5）在“业务部共享文件夹　的权限”对话框中，根据 Business 业务部，职员只能读取文档，总经理具有更改权限。Administrator 管理员和业务部经理具完全控制功能等，勾选相应“允许”项，设置后单击“确定”按钮，完成共享权限的设置，如图 2.27 所示。

“业务部共享文件”文件夹经过上述共享设置后，原来 “业务部共享文件夹”下面有只手托住，这就表示它是一个共享文件夹，如图 2.28 所示。

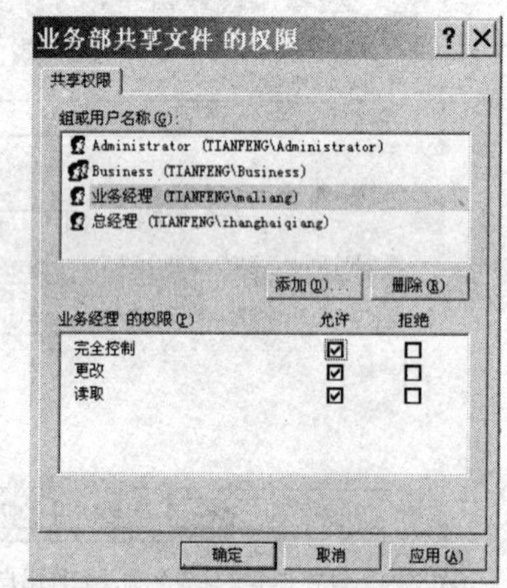

图 2.27　为共享文件夹设置用户或组的允许权限

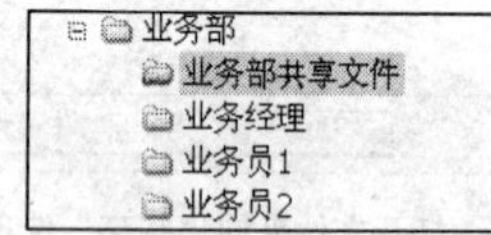

图 2.28　共享的文件夹下面被一只手托住

操作四　连接到共享文件夹

【问题提出】

建立好共享文件夹后，企业网络中的客户端计算机可以根据需要采用不同的方式访问网络共享资源。

访问共享资源主要有以下几种方法。

- 使用网上邻居。
- 使用网络 UNC 路径。

- 使用网络驱动器映射。

【目的】

掌握局域网中的计算机访问服务器上的共享文件夹的方法。

【操作】

以下操作都是在局域网工作环境中，通过客户机访问服务器共享文件夹的方法。

方法 1　使用网上邻居访问共享文件夹

这是一种访问网络上共享文件夹的最简单的方法。

（1）双击桌面上的“网上邻居”图标，打开网上邻居后，可以看到几个项目“添加网上邻居”、“整个网络”，如图 2.29 所示。

“添加网上邻居”用于创建一个指向网络位置的快捷方式，可以根据共享文件夹所存放的位置创建一个指向它的快捷方式，这里我们不做详细介绍。

（2）在资源管理器中打开“整个网络”窗口，可以看到网络中的各个工作组和域，打开某个工作组，可以看到工作组中的所有计算机，再找到计算机上的共享文件夹，如图 2.30 所示，从左侧的文件夹树中可以看到，如果事先知道共享文件夹所处的工作组和计算机名称，找起来会更快。

但是，网上邻居使用起来效果并不是很好，有时还不能解决实际问题，因此人们通常采用其他方法找到共享资源。

方法 2　使用网络 UNC 路径

UNC（Universal Naming Convention）即通用命名规则，也叫作通用命名规范、通用命名约定。它符合“\\servername\sharename”格式，其中 servername 是服务器名，sharename 是共享资源的名称。“业务部共享文件”是服务器“\\Tianfeng”计算机下的一个共享文件夹，用 UNC 表示就是“\\Tianfeng\业务部共享文件”。

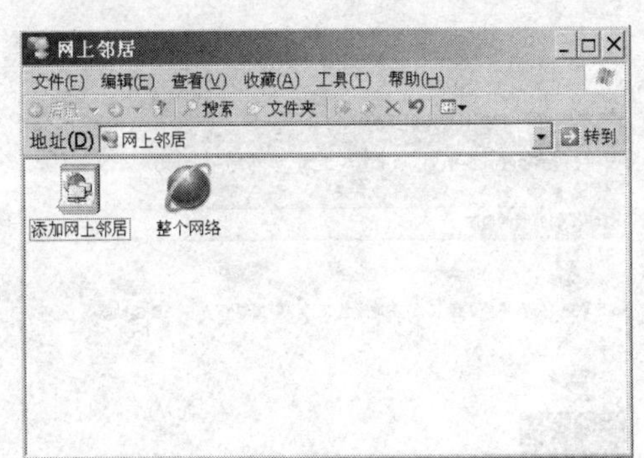

图 2.29　打开“网上邻居”后的窗口

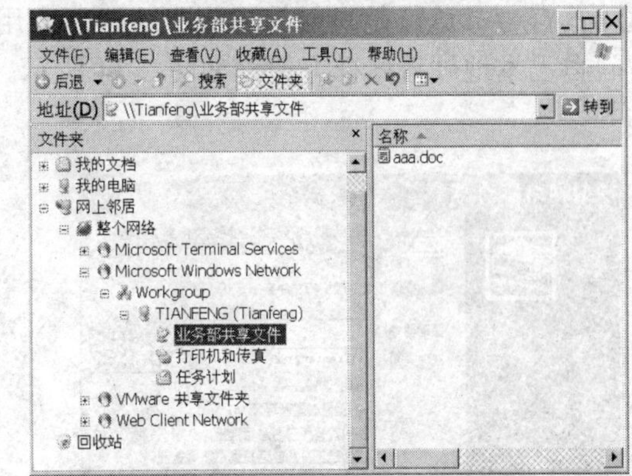

图 2.30　通过网上邻居打开共享文件夹

使用 UNC 访问共享文件夹时，可以在“开始”菜单的“运行”对话框或资源管理器的地址栏中输入 UNC 路径进行访问，如图 2.31 所示。

方法 3　使用映射网络驱动器

将共享的文件夹映射成网络驱动器，使用户打开共享资源就像打开本地计算机驱动器一样方便。对于映射的网络驱动器，系统可以在每次用户登录时重新自动连接网络资源，避免

了每次手工连接网络资源。

下面介绍映射网络驱动器的操作方法。

（1）回到操作系统的桌面，打开“我的电脑”，执行“工具”→“映射网络驱动器”命令，如图 2.32 所示。

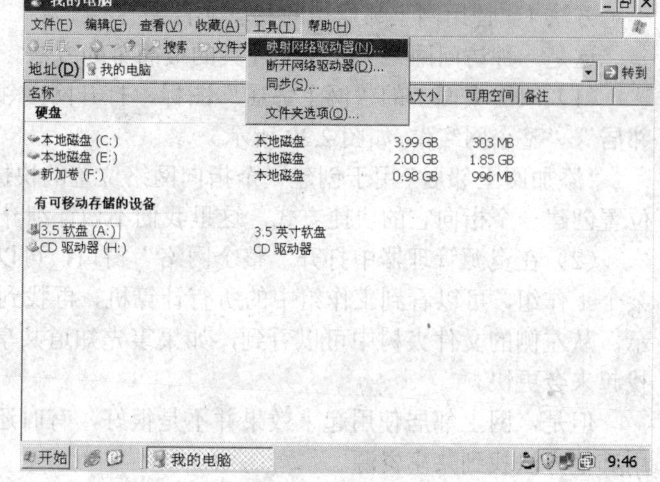

图 2.31　通过网络 UNC 打开共享文件夹

图 2.32　映射网络驱动器

（2）在弹出的设置窗口选择驱动器号，通过单击“浏览”按钮查找指定要访问的网络资源，也可以直接输入网络资源的 UNC。勾选“登录时重新连接”复选项，可以使每次用户登录时重新自动连接网络资源，避免了每次手工连接的麻烦，如图 2.33 所示。

（3）设置完成后，如果再打开“我的电脑”，你就会发现多了一个下面有网线连接的硬盘驱动器符号，这就是映射的网路驱动器。当用户需要访问的时候，直接双击就可打开，就像访问自己本地硬盘一样方便，如图 2-34 所示。

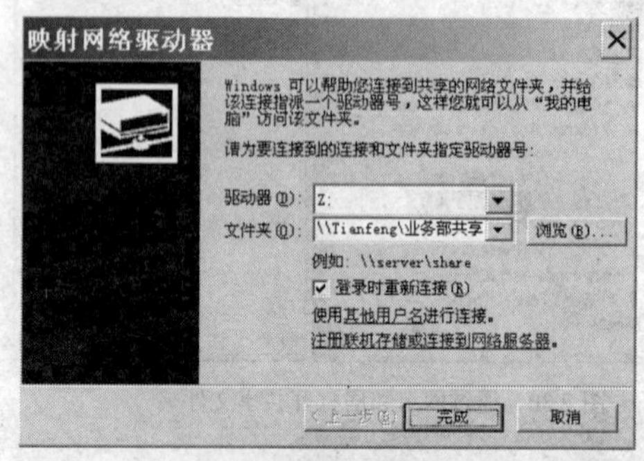

图 2.33　设置网络驱动器号及指向的共享文件夹

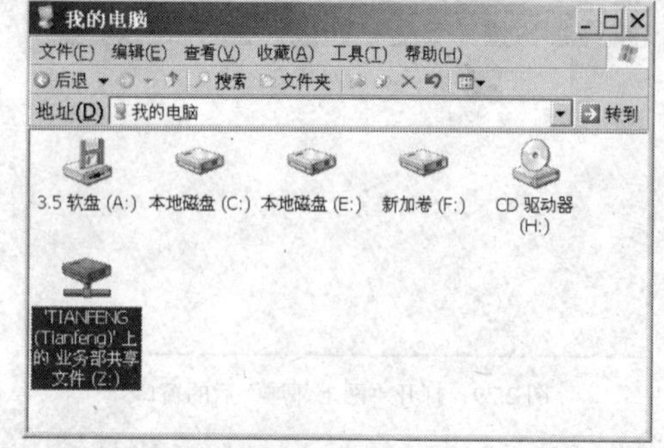

图 2-34　映射网络驱动器后，直接双击就可打开共享的文件夹

操作五　删除文件夹的共享功能

【问题提出】

某些情况下，作为管理员的你不想让他人访问共享文件夹，这时就要取消文件夹的共享功能。

【目的】

取消文件夹的共享功能。

【操作】

删除文件夹共享操作比较简单，只需右击已经共享的文件夹，在快捷菜单中选择“共享和安全”命令，在共享文件夹的属性对话框，打开“共享”选项卡，选中“不共享此文件夹”单选项，然后单击“确定”按钮关闭对话框即可，如图 2.35 所示。

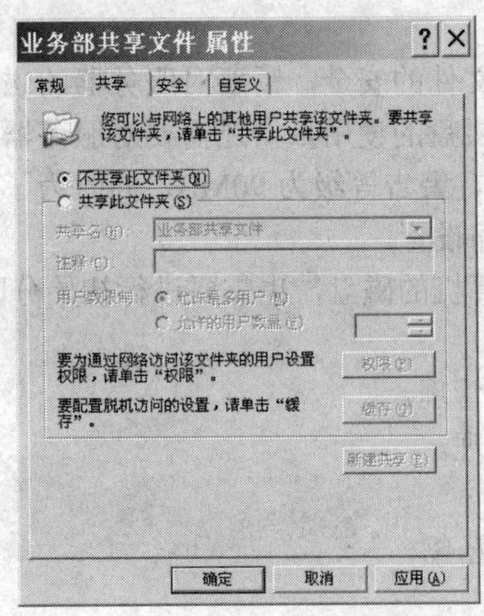

图 2.35　取消文件夹共享

文件夹与文件的权限根据是否被共享到网络上，分为以下两种。

（1）NTFS 权限：只要是存在 NTFS 磁盘驱动器上的文件夹或文件，无论是否被共享出来，都具有此权限。

（2）共享权限：只要是共享出来的文件夹，就一定具有此权限。NTFS 磁盘驱动器上被共享的文件夹，同时具有 NTFS 权限与共享权限。需特别注意的是，若文件同时拥有 NTFS 权限和共享权限，则取其中“较为严格的权限”为准。

要点提示

任务小结

本任务中主要完成了用户账号和用户组的创建，并对于用户指定了 NTFS 权限，并介绍了共享文件夹的创建、连接和删除的方法。

思考与实战训练

1．根据图 2.1 的组织结构图在服务器上建立服务部、财务部、行政部组以及下属的用户。在客户机上建立独立用户。

2．修改文件或文件夹的权限。

3．使一个文件夹不继承父文件夹的权限。

4．建立一个共享文件夹，并通过网络上的其他计算机访问。

5．若文件同时拥有 NTFS 权限和共享权限，应该以谁为准？

任务三　配置和管理磁盘

【问题提出】

为了保证存储在磁盘上的文件的安全，需要对服务器的磁盘进行动态磁盘的规划，并且为了限制每个人对于服务器的磁盘的使用量，还需要对服务器磁盘进行磁盘配额设置，普通用户的磁盘空间限制为 100MB，警告等级为 90MB，同时为了节省磁盘空间，还需要对磁盘的文件夹和文件进行 NTFS 压缩设置。

除此之外，对于客户端计算机的磁盘，也需要进行初始分区的设置。

【目标】

- 基本磁盘分区的创建与管理。
- 动态磁盘卷的创建与管理。
- 磁盘配额设置与管理。
- 文件和文件夹的 NTFS 压缩。

【前提条件】

- 服务器上的磁盘应该大于等于 3 块。

操作一　设计使用磁盘

【知识链接】

磁盘是为计算机提供大容量存储的设备，磁盘的存储载体是磁介质，主要的硬件设备有软盘、硬盘等。磁盘在使用之前，需要进行磁盘分区的操作，每个磁盘分区还要进行格式化，根据不同的操作系统为磁盘分区选择不同的文件系统，在使用 Windows Server 2003 系统时，一般选择 NTFS 文件系统。

基本磁盘是指包括主磁盘分区、扩展磁盘分区和逻辑驱动器的物理磁盘。

（1）主磁盘分区

在一个磁盘中最多可以创建 4 个主磁盘分区，主磁盘分区是磁盘的启动分区，也是磁盘的系统分区，主要用来存放系统文件。驱动器号一般为 C。

（2）扩展磁盘分区

在一个磁盘中只能创建 1 个扩展磁盘分区，并且不能直接使用，在计算机中“我的电脑”窗口中也是不能显示的，没有驱动器号，要想使用扩展磁盘分区，必须在该分区中建立“逻辑驱动器”。扩展磁盘分区是无法作为系统的启动分区的。

（3）逻辑驱动器

逻辑驱动器也称为“逻辑分区”，它是在扩展磁盘分区之上创建的，在一个扩展磁盘分区中可以创建多个逻辑驱动器，逻辑驱动器可以在计算机中直接使用。

从上面对于磁盘分区的描述中可以看出，一个磁盘可以创建成 4 个主磁盘分区或者 3 个

主磁盘分区与 1 个扩展分区的方式。

磁盘管理控制台的主要功能如下。

- 创建和删除磁盘分区。
- 创建和删除扩展分区中的逻辑驱动器。
- 读取磁盘状态信息，如分区大小。
- 读取 Windows Server 2003 卷的状态信息，如驱动器名的指定、卷标、文件类型、大小及可用空间。
- 指定或更改磁盘驱动器及 CD-ROM 设备的驱动器名和路径。
- 创建和删除卷和卷集。
- 创建和删除包含或者不包含奇偶校验的带区集。
- 建立或拆除磁盘镜像集。
- 保存或还原磁盘配置。

【问题的提出】

客户端的计算机的磁盘需要进行初始化的分区操作，划分为一个主分区、两个逻辑分区的格式。

【目标】

- 创建主分区与逻辑分区。
- 管理基本磁盘分区。

【操作】

1．启动磁盘管理控制的步骤

（1）启动“磁盘管理控制台”，可以选择“开始”→“程序”→“管理工具”→“计算机管理”命令，也可以用鼠标右击“我的电脑”，在弹出的快捷菜单中选择“管理”选项，两种方式都可以打开如图 3.1 所示的“计算机管理”控制台窗口。

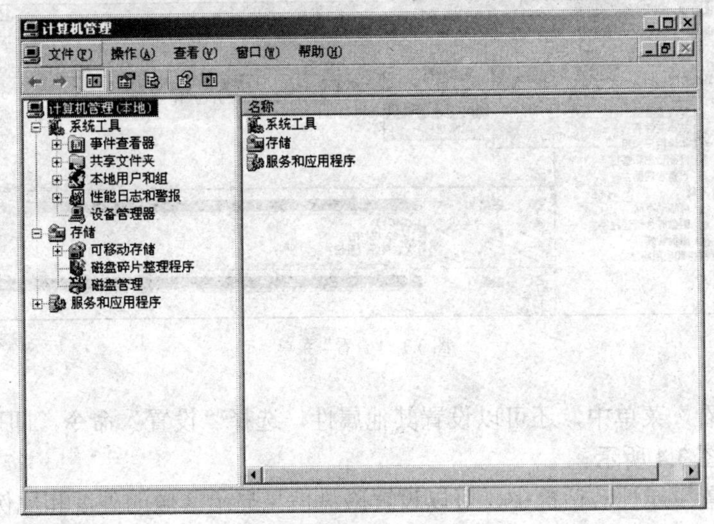

图 3.1　“计算机管理”窗口

（2）在“计算机管理”窗口中，展开“存储”选项，选择“磁盘管理”，即可打开“磁盘

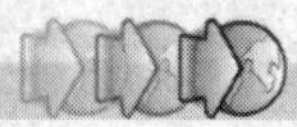

管理”控制台，如图 3.2 所示。

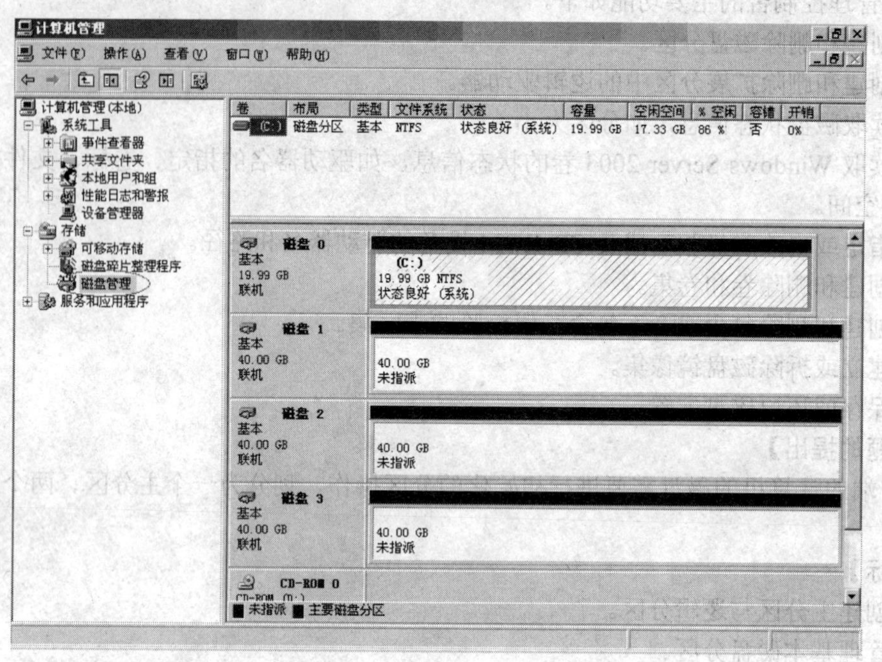
图 3.2 “磁盘管理”窗口

（3）在“磁盘管理”窗口中，“顶端”和“底端”以不同形式显示了当前磁盘的信息，若要改变“顶端”和“底端”的显示方式，可以选择菜单栏中的“查看”菜单项，在菜单中可以对当前的视图形式进行修改，如图 3.3 所示。

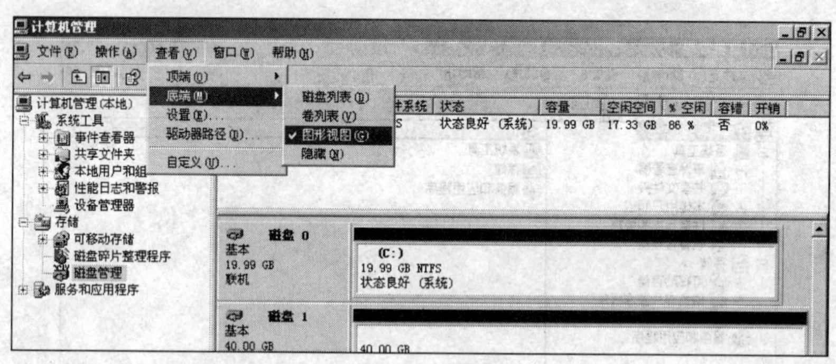
图 3.3 “查看”菜单

（4）在“查看”菜单中，还可以设置其他属性，选择“设置”命令，即可打开“设置”属性对话框，如图 3.4 所示。

（5）在“设置”属性对话框中，可以设置磁盘信息显示区域的外观和比例。

2．创建主磁盘分区

主磁盘分区是磁盘的第一分区，并且每个磁盘最多只能创建 4 个主磁盘分区，主磁盘分区的创建步骤如下。

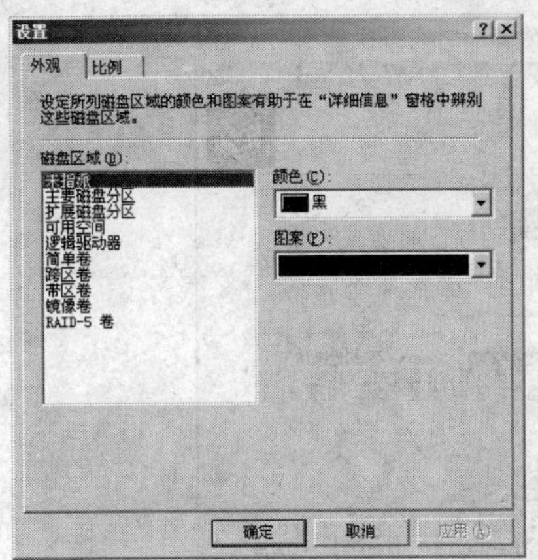

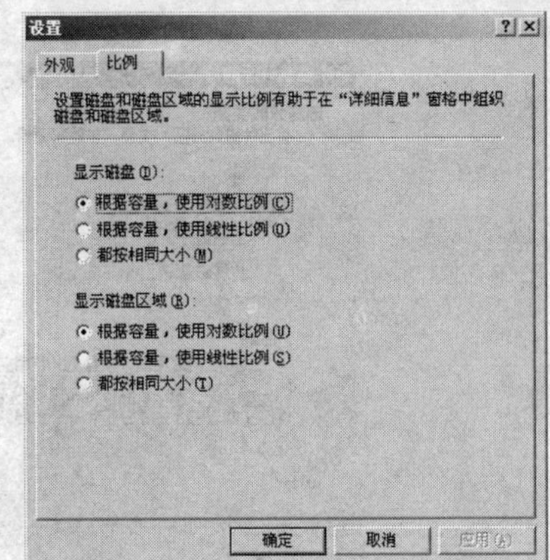

图 3.4 “设置”属性对话框

（1）在“磁盘管理”窗口中，右键单击未指派的磁盘空间，在弹出的快捷菜单中选中“新建磁盘分区”命令，打开“欢迎使用新建磁盘分区向导”对话框，如图 3.5 所示。

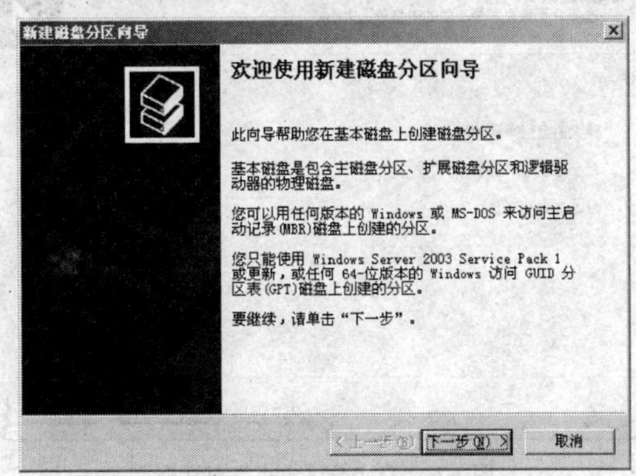

图 3.5 “欢迎使用新建磁盘分区向导”对话框

（2）在“欢迎使用新建磁盘分区向导”对话框中，单击“下一步”按钮，打开“选择分区类型”对话框，如图 3.6 所示。

> 在“选择分区类型”对话框中，逻辑驱动器的选项为禁用状态，主要是因为逻辑驱动器是在扩展磁盘分区上创建的，在没有扩展磁盘分区的时候，是不可以创建逻辑驱动器的。
>
> **要点说明**

（3）在“选择分区类型”对话框中，选中“主磁盘分区”单选按钮，单击“下一步”按钮，打开“指定分区大小”对话框，如图 3.7 所示。

> 磁盘分区大小需要根据实际需要确定，对于基本磁盘来说，设置磁盘分区大小时，一定要慎重考虑，因为基本磁盘的分区大小一旦确定就不能进行更改了。对于系统所在分区来说，要根据操作系统和相关软件所占空间的大小确定，不同的操作系统所占空间大小不同。这里用 10000MB 作为示例。
>
> **要点说明**

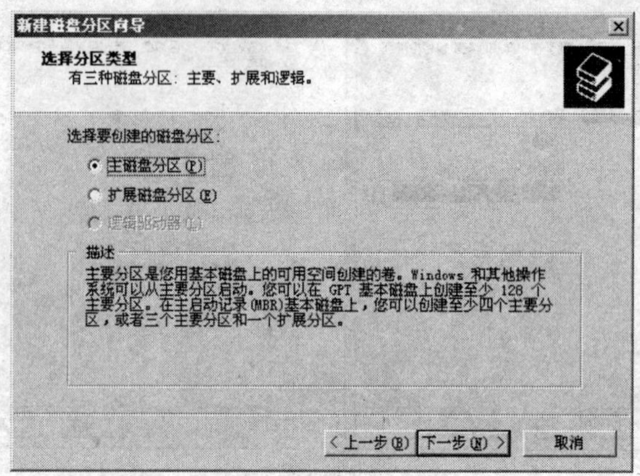

图 3.6 “选择分区类型”对话框

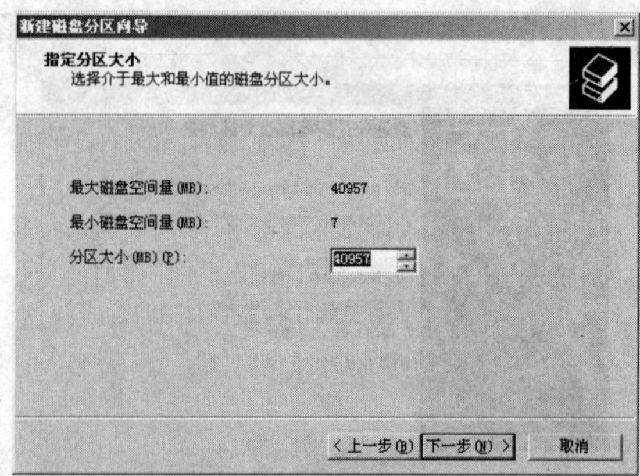

图 3.7 “指定分区大小”对话框

（4）在“指定分区大小”对话框中，键入该分区的大小，如 10000MB，然后单击“下一步”按钮，打开“指派驱动器号和路径”对话框，如图 3.8 所示。

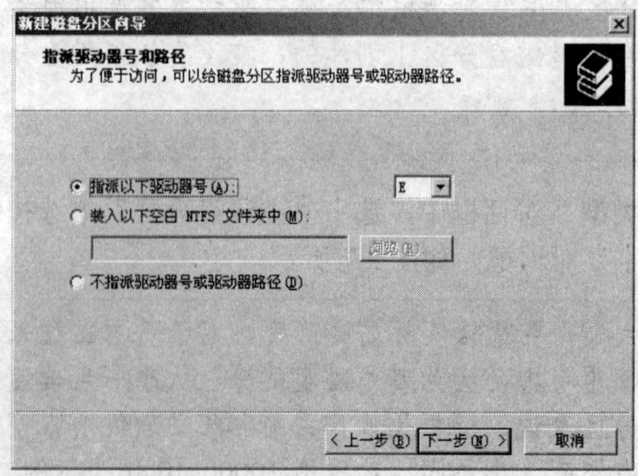

图 3.8 “指派驱动器号和路径”对话框

驱动器号是使用英文的 26 个字母来标识的，其中 A 和 B 主要用于标识软盘，C～Z 用来标识硬盘和光驱。如不想使用驱动器号，也可以选择“不指派驱动器号和路径”选项，或者选择将驱动器与已有的磁盘分区中的某一个空白 NTFS 文件夹关联的选项。

要点说明

（5）在“指派驱动器号和路径”对话框中，选择“指派驱动器号”单选项，并指定一个驱动器号，如 E，单击“下一步”按钮，打开“格式化分区”对话框，如图 3.9 所示。

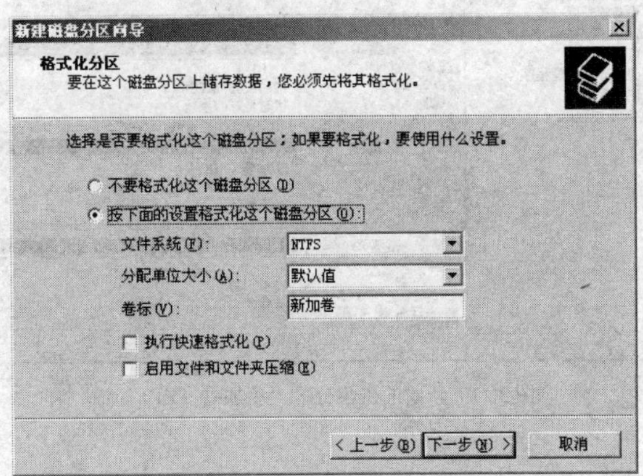

图 3.9 “格式化分区”对话框

在“格式化分区”对话框中，主要设置该磁盘分区的格式化的信息，一般在 Windows Server 2003 中，都选择使用 NTFS 文件系统，同时还可以设置卷标、选择是否执行快速格式化、启用文件和文件压缩等选项。

要点说明

（6）在“格式化分区”对话框中，选择格式化的相关内容后，单击“下一步”按钮，打开“正在完成新建磁盘分区向导”对话框，如图 3.10 所示。

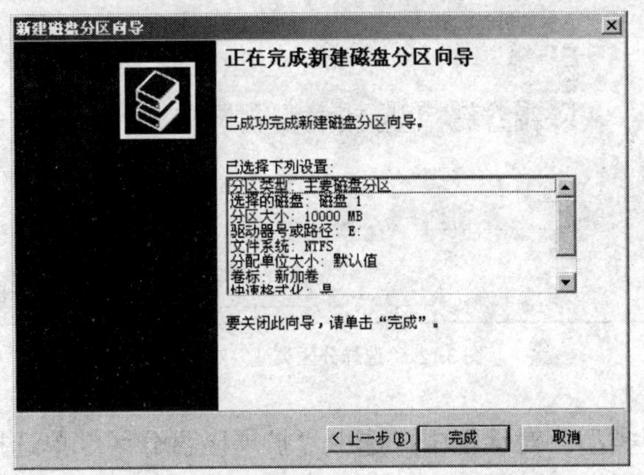

图 3.10 “完成新建磁盘分区向导”对话框

（7）在“正在完成新建磁盘分区向导”对话框中，查看新建磁盘分区的相关信息，如信息都正确，单击“完成”按钮，即可完成主磁盘分区的创建。完成创建后，可以在“磁盘管理”对话框中看到已经创建的“主磁盘分区”，如图 3.11 所示。

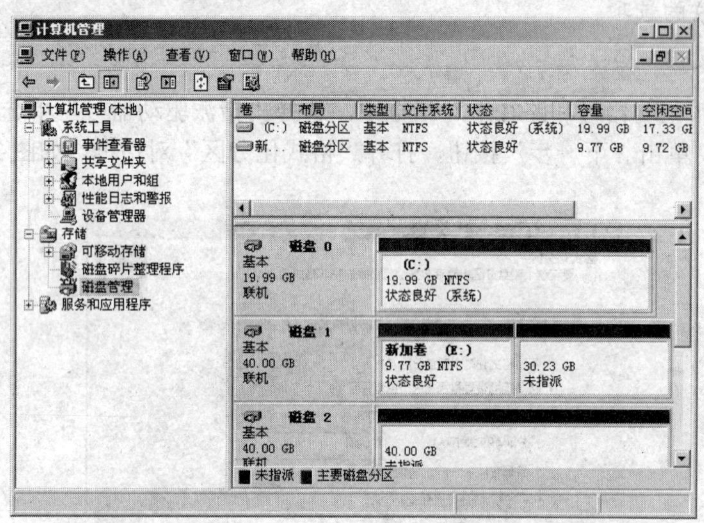

图 3.11 新建的磁盘分区“新加卷（E:）”

3．创建扩展磁盘分区

扩展磁盘分区在每个磁盘上只能创建一个，扩展磁盘分区的创建步骤如下。

（1）选择某个磁盘的未指派磁盘空间，用鼠标右键单击，在弹出的快捷菜单中选择“新建磁盘分区”命令，在“新建磁盘分区向导”对话框中，单击“下一步”按钮，打开“选择分区类型”对话框，如图 3.12 所示。

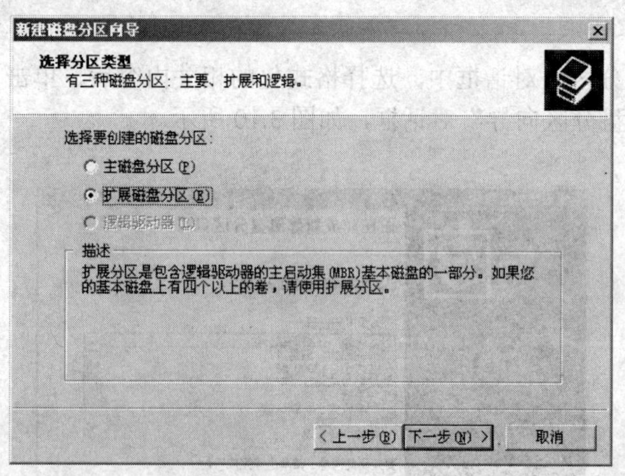

图 3.12 “选择分区类型”对话框

（2）在“选择分区类型”对话框中，选中“扩展磁盘分区”单选按钮，单击“下一步”按钮，打开“指定分区大小”对话框，如图 3.13 所示。

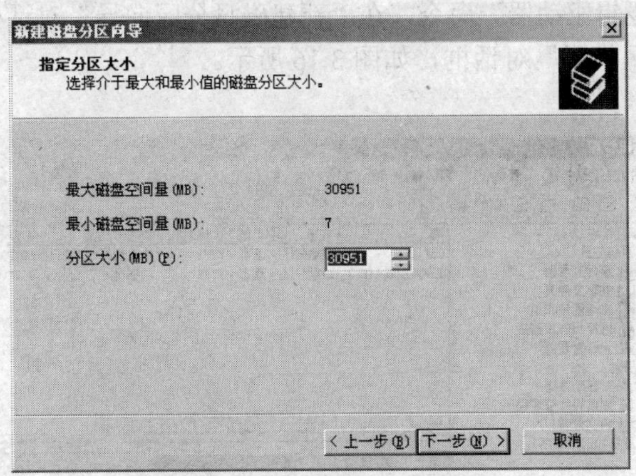

图 3.13 “指定分区大小”对话框

在创建“扩展磁盘分区”时，如果在该磁盘上不再创建其他主磁盘分区了，一般会将所有的未指派空间都创建为扩展磁盘分区。

要点说明

（3）在“指定分区大小”对话框中，键入分区的大小，这里选择默认的全部未指派磁盘空间，单击“下一步”按钮，打开“正在完成新建磁盘分区向导”对话框，如图 3.14 所示。

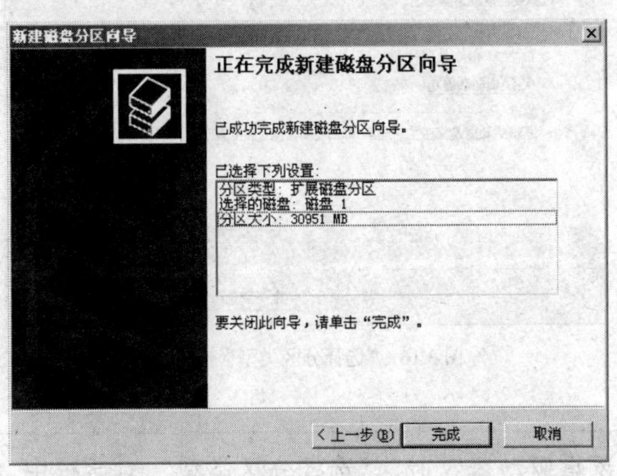

图 3.14 “完成新建磁盘分区向导”对话框

（4）在“正在完成新建磁盘分区向导”对话框中，列出了新建磁盘分区的相关信息，单击“完成”按钮，即可完成“扩展磁盘分区”的创建，并返回到“磁盘管理”窗口，在磁盘管理窗口中可以看到新创建的“扩展磁盘分区”，如图 3.15 所示。

4．创建逻辑驱动器

创建完成扩展磁盘分区后，想要使用扩展磁盘分区上的空间，还需要在该扩展磁盘分区上创建逻辑驱动器，创建逻辑驱动器的具体步骤如下。

（1）选择磁盘上已经创建的“扩展磁盘分区”，右键单击“扩展磁盘分区”，在弹出的快

捷菜单中选择“新建逻辑驱动器”命令，在“新建磁盘分区向导”对话框中，单击“下一步”按钮，打开“选择分区类型”对话框，如图 3.16 所示。

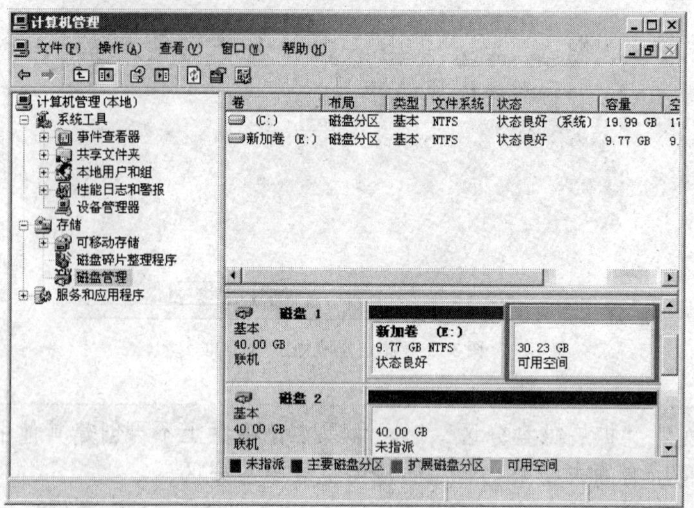

图 3.15 新创建的扩展磁盘分区

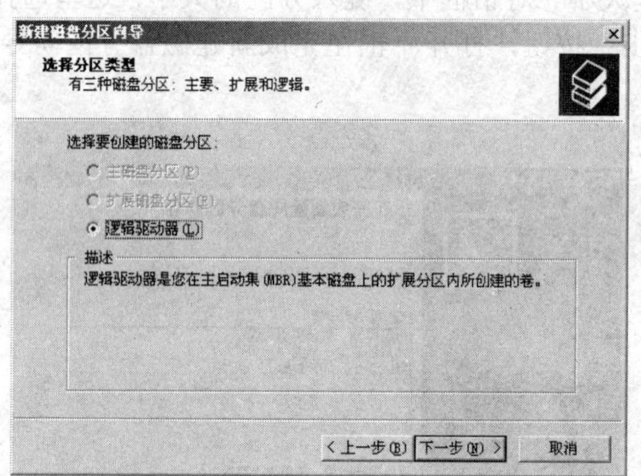

图 3.16 “选择分区类型”对话框

在创建“逻辑驱动器”时，“选择分区类型”对话框中，只有“逻辑驱动器”选项可以选择。

要点说明

（2）在“选择分区类型”对话框中，直接单击“下一步”按钮，打开“指定分区大小”对话框，如图 3.17 所示。

（3）在“指定分区大小”对话框中，键入分区的大小，这里键入 10000MB，单击“下一步”按钮，打开“指派驱动号和路径”对话框，如图 3.18 所示。

（4）在“指派驱动器号和路径”对话框中，选择分区的驱动器号，这里选择 F，单击“下一步”按钮，打开“格式化分区”对话框，如图 3.19 所示。

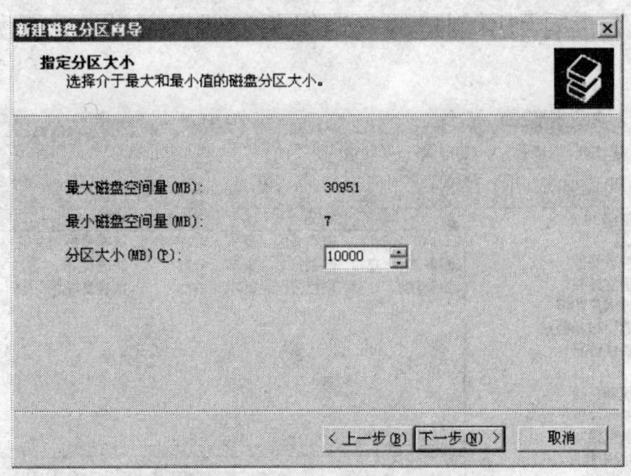

图 3.17 “指定分区大小”对话框

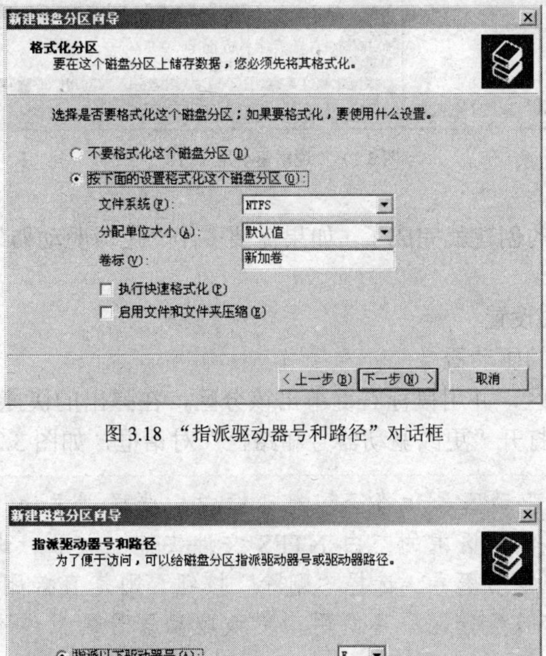

新建磁盘分区向导

格式化分区

要在这个磁盘分区上储存数据，您必须先将其格式化。

选择是否要格式化这个磁盘分区；如果要格式化，要使用什么设置。

不要格式化这个磁盘分区(D)

按下面的设置格式化这个磁盘分区(O):

文件系统(F): NTFS

分配单位大小(A): 默认值

卷标(V): 新加卷

执行快速格式化(P)

启用文件和文件夹压缩(E)

< 上一步(B)　下一步(N) >　取消

图 3.18 “指派驱动器号和路径”对话框

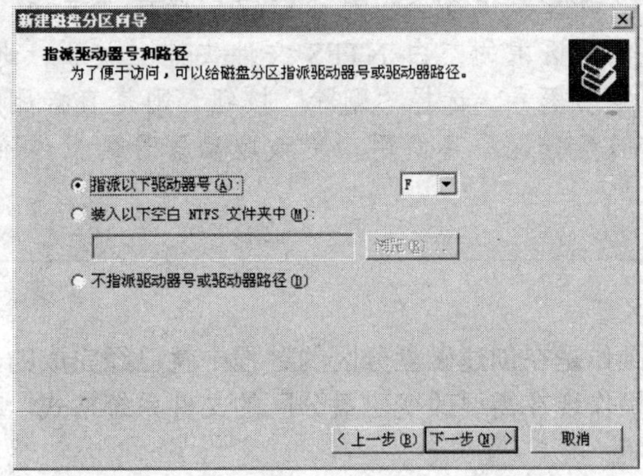

图 3.19 “格式化分区”对话框

（5）在“格式化分区”对话框中，选择格式化的方式，这里选择默认选项，直接单击“下一步”按钮，打开“正在完成新建磁盘分区向导”对话框，如磁盘分区创建的相关信息无误，

则单击“完成”按钮，即可完成“逻辑驱动器”的创建。创建完成后，可以在“磁盘管理”窗口的“扩展磁盘分区”上看到所创建的“逻辑驱动器”，如图 3.20 所示。

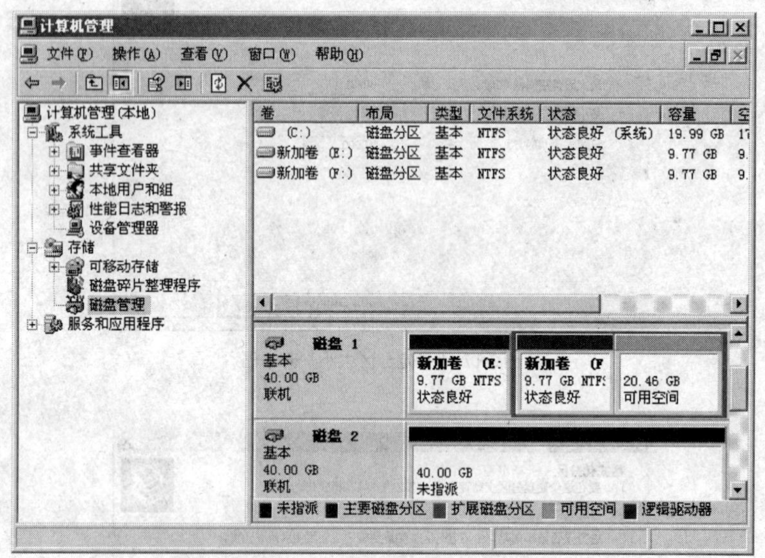

图 3.20 “逻辑驱动器（F:）”

至此，逻辑驱动器的创建就完成了，如果需要多个“逻辑驱动器”，可以重复上面的操作来完成创建。

5．磁盘分区的相关设置

（1）更改磁盘分区的驱动器号

选择已有的磁盘分区，并用鼠标右键单击该分区，在弹出的快捷菜单中，选择“更改驱动器号和路径”命令，打开“更改驱动器号和路径”对话框，如图 3.21 所示。

> 在“更改驱动器号和路径”对话框中，选择“添加”按钮，可以将当前的驱动器与其他分区中的空白 NTFS 文件夹建立关联。选择“更改”按钮，可以更改现有驱动器号。选择“删除”按钮，则是直接删除当前的驱动器号，而且使得当前磁盘分区不可使用。更改驱动器号的操作不会使磁盘分区上的数据丢失。
>
> 要点说明

（2）格式化磁盘分区

磁盘分区格式化的操作是在创建磁盘分区的过程中就已经完成的，如果未进行格式化操作，或者进行了格式化操作现在需要改变磁盘分区的文件系统格式，都可以选择磁盘分区的格式化操作。

选择要进行格式化操作的磁盘分区并用鼠标右键单击，在弹出的快捷菜单中，选择“格式化”命令，可以打开“格式化”对话框，如图 3.22 所示。

在“格式化”对话框中，设置相关内容，单击“确定”按钮，即可完成磁盘分区的格式化。

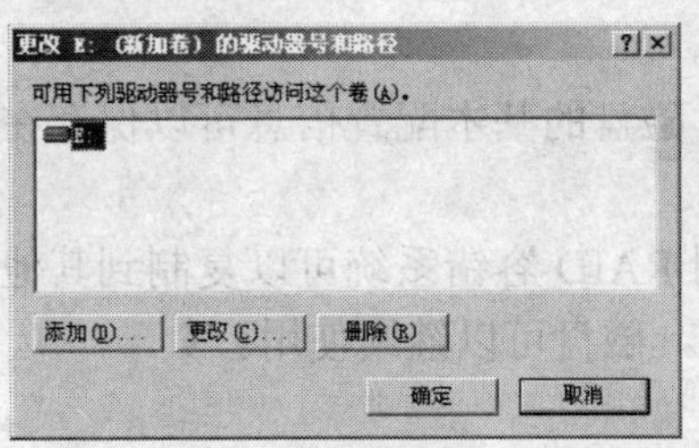

图 3.21 “更改驱动器号和路径”对话框

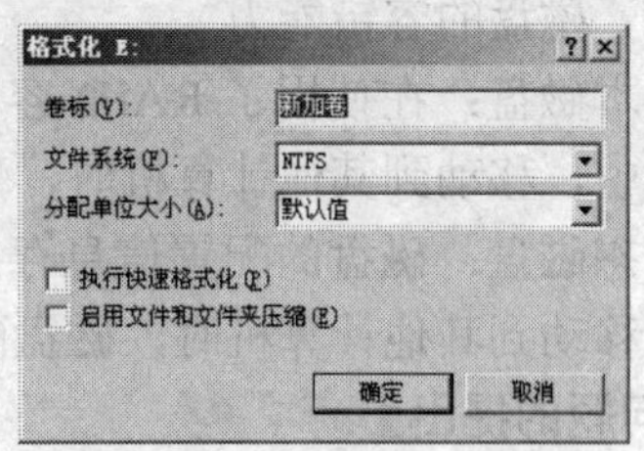

图 3.22 “格式化”对话框

（3）删除磁盘分区

选择已有的磁盘分区并用鼠标右键单击该分区，在弹出的快捷菜单中，选择“删除磁盘分区”命令来执行删除操作。

删除“扩展磁盘分区”时，应先删除该分区的所有逻辑驱动器，然后才可以删除扩展逻辑分区。另外，操作系统所在的磁盘分区是不允许删除的。

要点说明

操作二　创建和挂接新卷

【知识链接】

1．动态磁盘

通过动态磁盘分区技术进行分区的物理磁盘称为动态磁盘，动态磁盘的基本存储单位称为卷，所以动态磁盘也称为“动态卷”。

动态磁盘提供了一些基本磁盘不具备的功能，如动态磁盘可以跨多个物理磁盘创建动态卷，还可以创建具有容错能力的动态卷。

动态磁盘的引入是在 Windows 2000 之后，所以在 Windows 2000 之前的操作系统是不支持动态磁盘技术的。

动态卷主要分为简单卷、跨区卷、带区卷、镜像卷和 RAID-5 卷。其中简单卷和跨区卷不能使用磁盘阵列技术，后 3 种卷可以使用磁盘阵列技术。

2．基本磁盘与动态磁盘的对比

（1）磁盘容量的更改

基本磁盘：磁盘分区一旦创建，就无法更改容量大小，除非使用一些磁盘工具。使用磁盘工具更改时，需要重新启动系统。

动态磁盘：动态卷的容量可以随时更改，并且更改完成后立即生效，不需要重启系统，数据也不会丢失。

（2）分区个数

基本磁盘：可以创建 4 个主分区或者 3 个主分区与 1 个扩展分区。

动态磁盘：可以创建最多 2000 个动态卷。

（3）磁盘空间的限制

基本磁盘：只能在同一个磁盘上的连续空间创建分区。

动态磁盘：可以在同一个或多个磁盘的非连续空间创建动态卷。

（4）磁盘的容错能力

基本磁盘：在使用了 RAID 容错功能的情况下，磁盘的基本配置信息可以保存在系统的注册表中，移动到其他计算机时，磁盘配置信息丢失。

动态磁盘：磁盘的配置信息存放在磁盘上，使用 RAID 容错系统可以复制到其他动态磁盘上，移动到其他计算机时，磁盘配置信息不会丢失，磁盘可以继续使用。

【问题的提出】

为了保证服务器磁盘的使用率和容错能力，需要将服务器磁盘进行动态磁盘规划，服务器上一共有 4 块磁盘，其中磁盘 0 为系统分区，已经安装了操作系统，其余的 3 块磁盘未进行规划，请在这 3 块磁盘上创建 5 个动态卷，动态卷类型分别为简单卷、跨区卷、带区卷、镜像卷和 RAID5 卷。

【目标】

- 创建动态卷。
- 管理动态卷。

【操作】

一、升级动态磁盘

在 Windows Server 2003 中，磁盘默认为基本磁盘，可以通过升级动态磁盘命令，将基本磁盘升级为动态磁盘，具体操作步骤如下。

（1）打开“计算机管理”窗口，选择“磁盘管理”选项，选择将要进行转换的磁盘分区，这里选择“磁盘 1”，右键单击该磁盘，在弹出的快捷菜单中，选择“转换到动态磁盘”命令，打开“转换为动态磁盘”对话框，如图 3.23 所示。

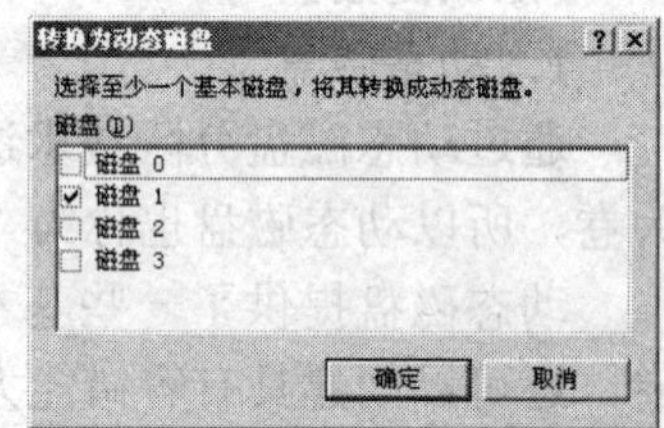

图 3.23 “转换为动态磁盘”对话框

（2）在“转换为动态磁盘”对话框中，列出了当前系统中的所有磁盘，通过勾选对话框中的复选项可以选择多块磁盘，这里选择“磁盘 1”、“磁盘 2”和“磁盘 3”，然后单击“确定”按钮即可完成基本磁盘到动态磁盘的转换。转换完成后，磁盘的状态会发生变化，如图 3.24 所示。

要点说明

动态磁盘还可以使用同样的方式转换为基本磁盘。

二、创建和管理卷

完成基本磁盘到动态磁盘的转换后，就可以在动态磁盘上创建卷了，下面介绍动态卷的创建和管理的相关操作。

1．创建简单卷

简单卷是动态磁盘上的最基本单位，类似于基本磁盘上的主磁盘分区，基本磁盘的主磁盘分区和逻辑驱动器，在进行转换为动态磁盘的过程中，会被直接转换为简单卷。下面介绍创建简单卷的具体步骤。

（1）打开“计算机管理”窗口，选择“磁盘管理”选项，右键单击动态磁盘的未指派空间，在弹出的快捷菜单中，选择“新建卷”命令，打开“欢迎使用新建卷向导”对话框，如图 3.25 所示。

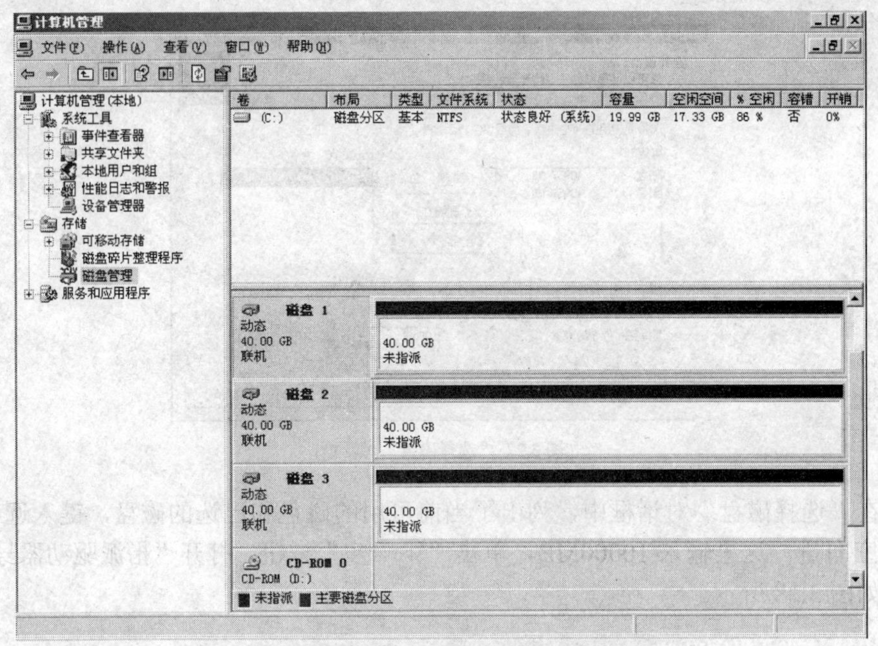

图 3.24　动态磁盘的转换

（2）在“欢迎使用新建卷向导”对话框中，单击“下一步”按钮，打开“选择卷类型”对话框，如图 3.26 所示。

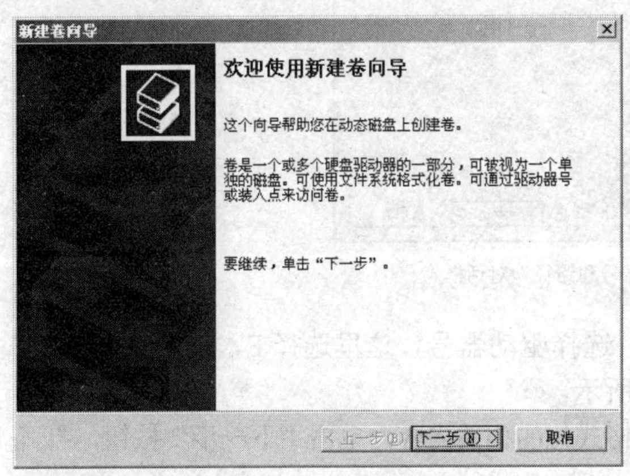

图 3.25　“欢迎使用新建卷向导”对话框

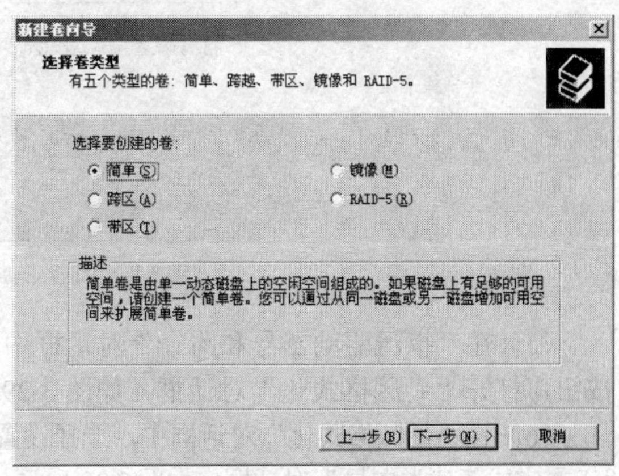

图 3.26　“选择卷类型”对话框

（3）在“选择卷类型”对话框中，选中“简单”单选项，单击“下一步”按钮，打开“选择磁盘”对话框，如图 3.27 所示。

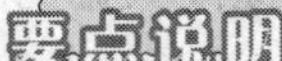

要点说明

在创建简单卷时，只要选择一个磁盘就可以了，选择多块磁盘会使得简单卷变为跨区卷。另外，对于动态磁盘来说，每个卷的大小都是可以随时扩展的，所以在设置简单卷的空间大小时，只设置操作系统所占的空间大小就可以了。

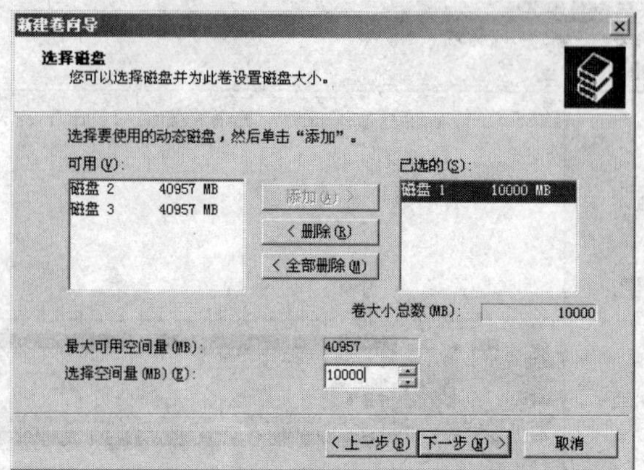

图 3.27 “选择磁盘”对话框

（4）在“选择磁盘”对话框中，列出了当前可用的磁盘和已选的磁盘，键入选中的磁盘要使用的空间量，这里输入 10000MB，单击“下一步”按钮，打开“指派驱动器号和路径”对话框，如图 3.28 所示。

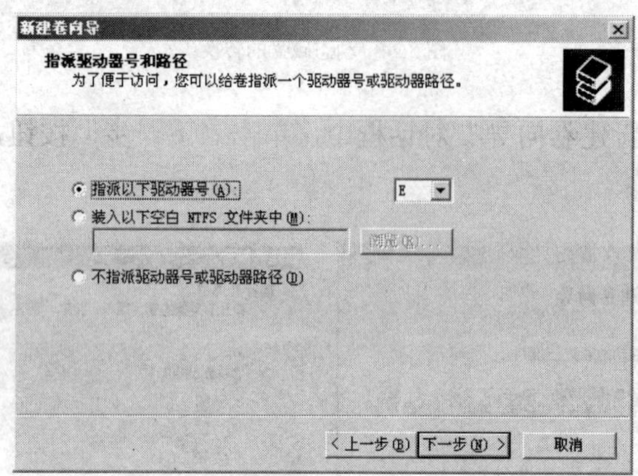

图 3.28 “指派驱动器号和路径”对话框

（5）在“指派驱动器号和路径”对话框中，选择驱动器号，这里选择 E，单击“下一步”按钮，打开“卷区格式化”对话框，如图 3.29 所示。

（6）在“卷区格式化”对话框中，选择设置格式化的相关内容，单击“下一步”按钮，打开“正在完成新建卷向导”对话框，如图 3.30 所示。

（7）在“正在完成新建卷向导”对话框中，如确认卷创建的信息无误，单击“完成”按钮，即可完成简单卷的创建。创建完成后，可以在“磁盘管理”窗口中，看到已创建的简单卷，如图 3.31 所示。

2．创建跨区卷

跨区卷是多个位于不同物理磁盘的未指派空间组合而成的逻辑卷，磁盘数不得少于两个，最多为 32 个。在跨区卷中进行数据存储时，是按照先存满第一块磁盘后，再逐渐向后面的磁盘中存储的形式，跨区卷有效地利用了资源。但是，它不具备容错能力，也不能提高数据的存储性能。创建跨区卷的具体步骤如下。

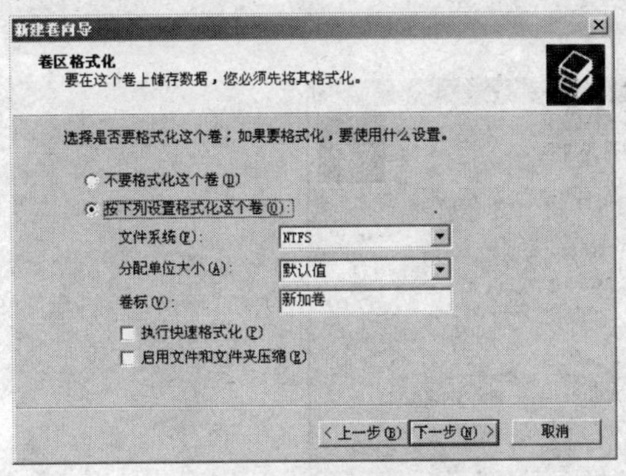

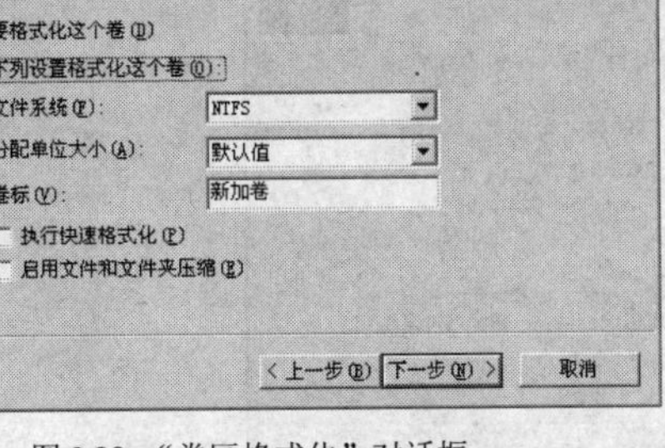

图 3.29 “卷区格式化”对话框

图 3.30 “正在完成新建卷向导”对话框

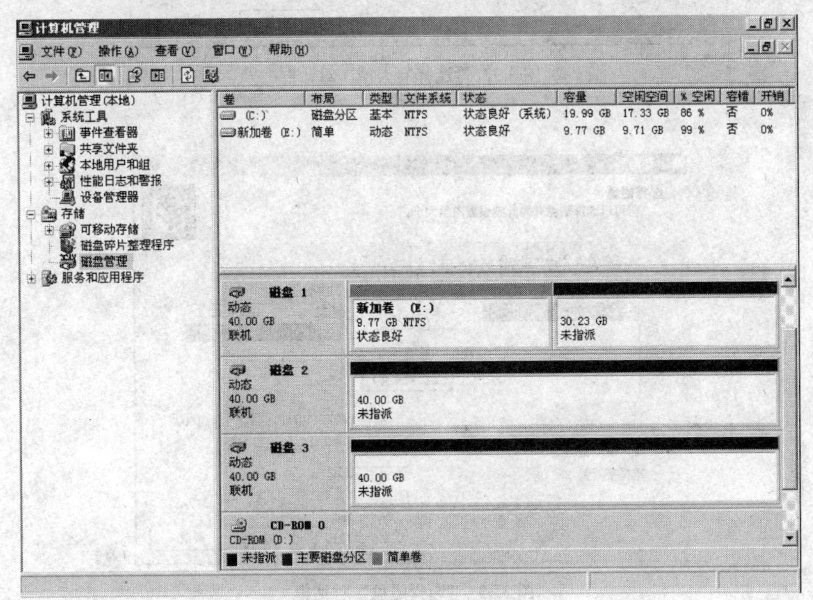

图 3.31　新创建的简单卷

（1）选择某个动态磁盘的未指派空间，并用鼠标右键单击，在弹出的快捷菜单中，选择“新建卷”命令，打开“新建卷向导”对话框，单击“下一步”按钮，打开“选择卷类型”对话框，如图 3.32 所示。

（2）在“选择卷类型”对话框中，选中“跨区”单选项，单击“下一步”按钮，打开“选择磁盘”对话框，如图 3.33 所示。

（3）在“选择磁盘”对话框中，选择可用磁盘，如“磁盘 2”，添加到已选磁盘中，并分别设置磁盘 1 和磁盘 2 的空间大小，如磁盘 1 设置为 10000MB，磁盘 2 设置为 5000MB，单击“下一步”按钮，打开“指派驱动器号和路径”对话框，如图 3.34 所示。

（4）在“指派驱动器号和路径”对话框中，选择该卷的驱动器号，这里选择 F，单击“下一步”按钮，打开“卷区格式化”对话框，如图 3.35 所示。

（5）在“卷区格式化”对话框中，选择格式化的方式和相关内容，单击“下一步”按钮，打开“完成新建卷向导”对话框，单击“完成”按钮，即可完成跨区卷的创建。创建完成的跨区卷如图 3.36 所示。

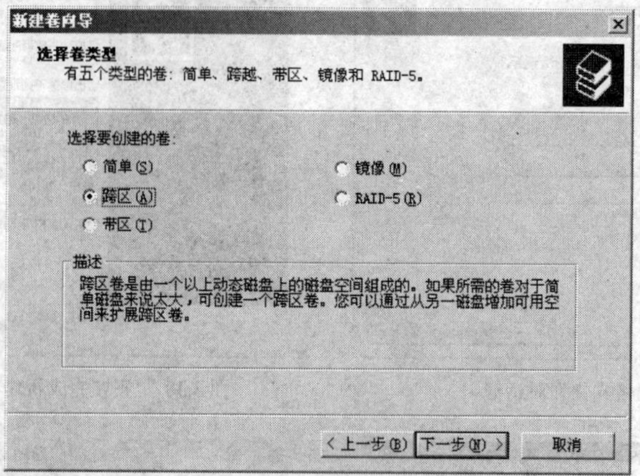

图 3.32 “选择卷类型”对话框

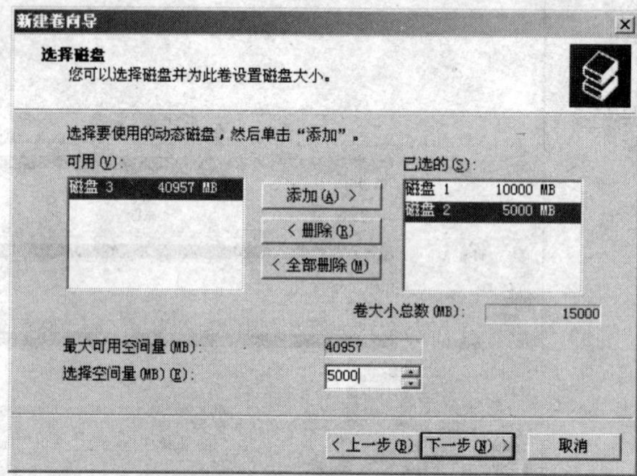

图 3.33 “选择磁盘”对话框

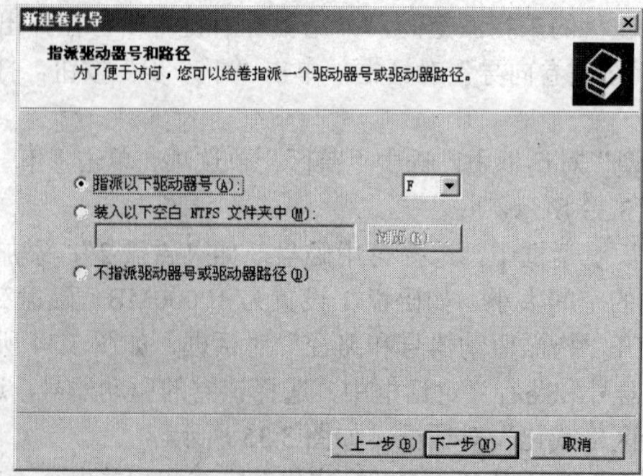

图 3.34 “指派驱动器号和路径”对话框

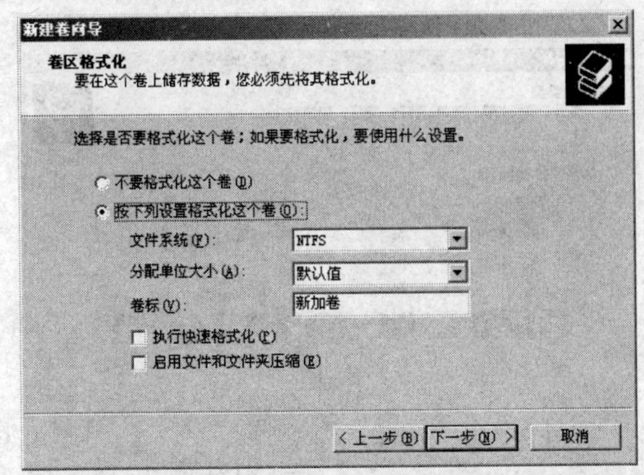

图 3.35 “卷区格式化”对话框

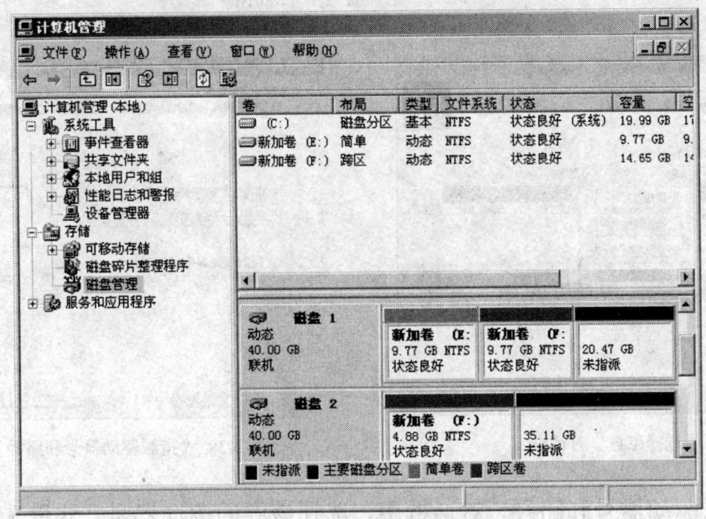

图 3.36　创建完成的跨区卷（F:）

3．创建带区卷

带区卷也是由多个磁盘的未指派空间组合而成的逻辑卷，磁盘个数至少两个，最多 32 个。与跨区卷不同，在向带区卷中写入数据时，数据库被分割成 64KB 的数据库块，然后同时向卷中的每一块磁盘均匀地写入不同的数据块。带区卷在提高磁盘使用效率的同时，提升了磁盘的性能，但带区卷同样也不提供容错能力。另外，带区卷要求每个磁盘上所占用的空间大小必须一样。

创建带区卷的具体步骤如下。

（1）选择某个动态磁盘的未指派空间，并用鼠标右键单击，在弹出的快捷菜单中，选择“新建卷”命令，打开“新建卷向导”对话框，单击“下一步”按钮，打开“选择卷类型”对话框，如图 3.37 所示。

（2）在“选择卷类型”对话框中，选中“带区”单选项，单击“下一步”按钮，打开“选择磁盘”对话框，如图 3.38 所示。

（3）在“选择磁盘”对话框中，选择可用磁盘并添加到已选磁盘区域，并设置其中一个磁盘的空间大小，则其余已选磁盘上的空间量直接变成与选中磁盘的空间量一样大小。单击

“下一步”按钮，打开“指派驱动器号和路径”对话框，如图 3.39 所示。

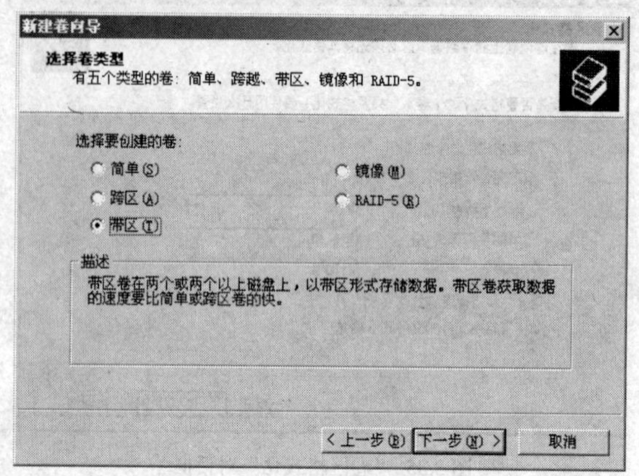

图 3.37 “选择卷类型”对话框

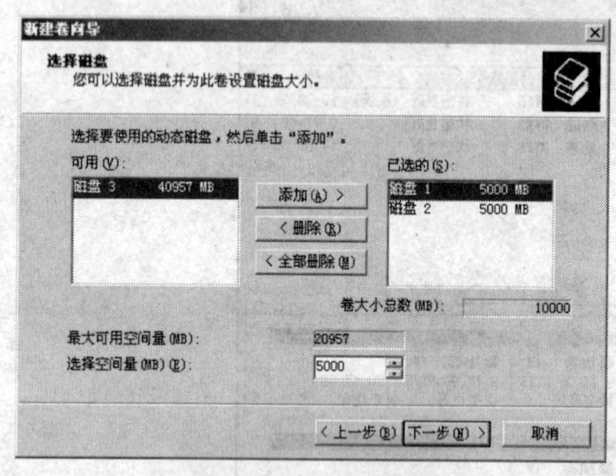

图 3.38 “选择磁盘”对话框

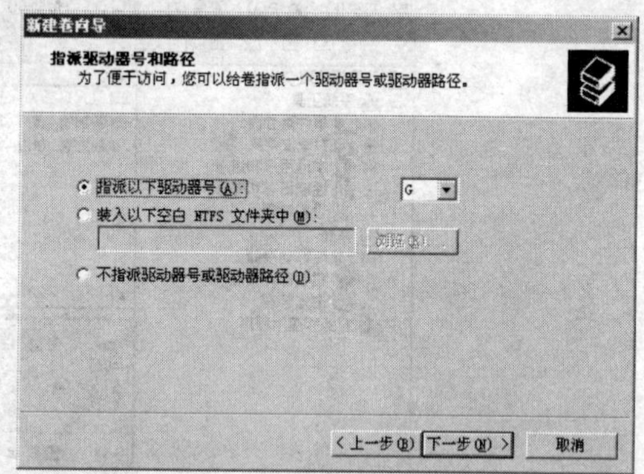

图 3.39 “指派驱动器号和路径”对话框

（4）在“指派驱动器号和路径”对话框中，选择该卷的驱动器号，这里选择 G，单击“下一步”按钮，在“卷区格式化”对话框中选择格式化的信息，单击“下一步”按钮，可打开“完成新建卷向导”对话框，单击“完成”按钮，即可完成带区卷的创建。

（5）创建完成的“带区卷”，如图 3.40 所示。

4. 创建镜像卷

镜像卷是由一个动态磁盘内的简单卷和另一个动态磁盘内的未指派空间组合而成，或者由两个未指派的可用空间组合而成，然后给予一个逻辑磁盘驱动器号。这两个区域存储完全相同的数据，当一个磁盘出现故障时，系统仍然可以使用另一个磁盘内的数据，因此，它具备容错的功能。但它的磁盘利用率不高，只有 50%。它可以包含系统卷和启动卷。

从镜像卷的定义不难看出，创建镜像卷有两种方式，第一种是用一个简单卷和另一个磁盘上的未指派空间来完成创建，第二种是选择位于不同磁盘的两个未指派空间来完成创建。其中第二种创建方式和前面介绍的其他卷的创建方式类似，在这里就不再赘述。下面介绍第一种创建方式，具体步骤如下。

（1）打开“计算机管理”窗口，选择“磁盘管理”选项，打开“磁盘管理”对话框，如图 3.41 所示。

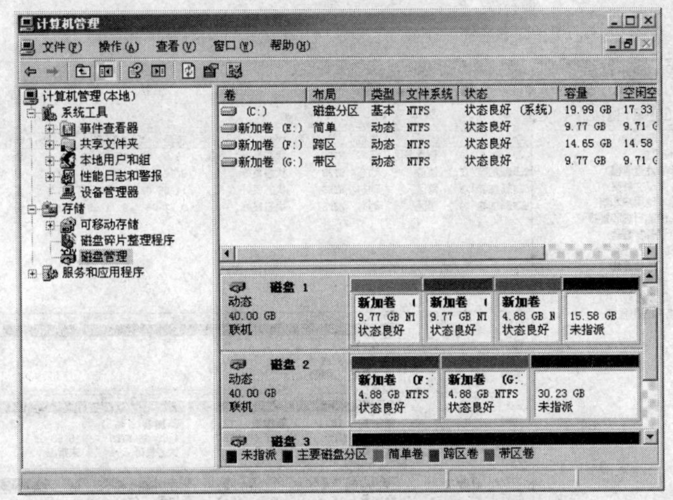

图 3.40　创建完成的带区卷（G:）

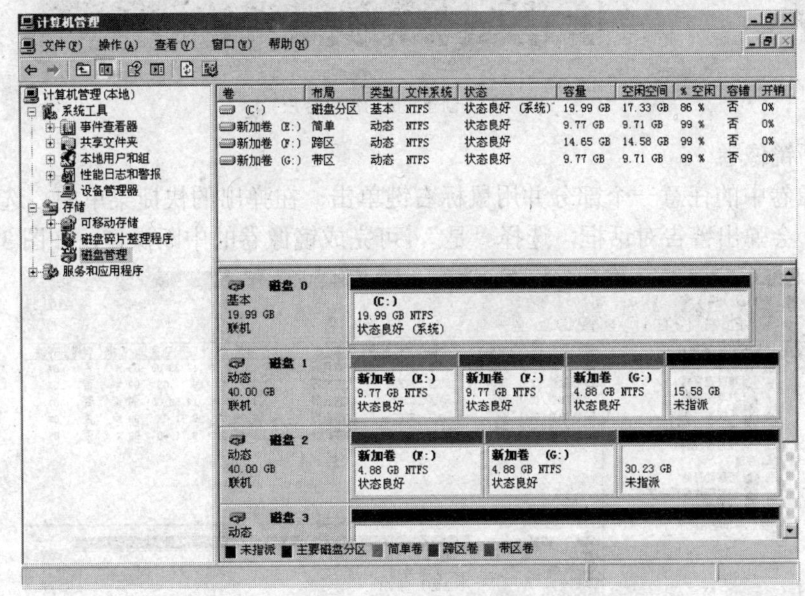

图 3.41　“磁盘管理”窗口

（2）选择要添加镜像卷的简单卷，这里选择新加卷（E:）并用鼠标右键单击，在弹出的菜单中选择“添加镜像”命令，打开“添加镜像”对话框，如图 3.42 所示。

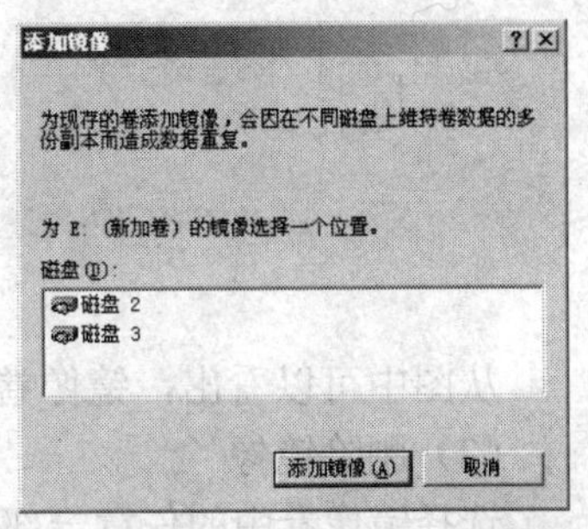

图 3.42　“添加镜像”对话框

（3）在“添加镜像”对话框中，选择要添加镜像的磁盘，如“磁盘 2”，单击“添加镜像”按钮，即可完成镜像卷的创建，创建完成后如图 3.43 所示。

5．中断、删除镜像卷

镜像卷创建完成后，两个磁盘上存储的内容是完全一致的，如果想单独使用镜像卷中的某一个部分存储空间，可以通过中断镜像和删除镜像的操作来完成。下面简单描述两种

操作的具体步骤。

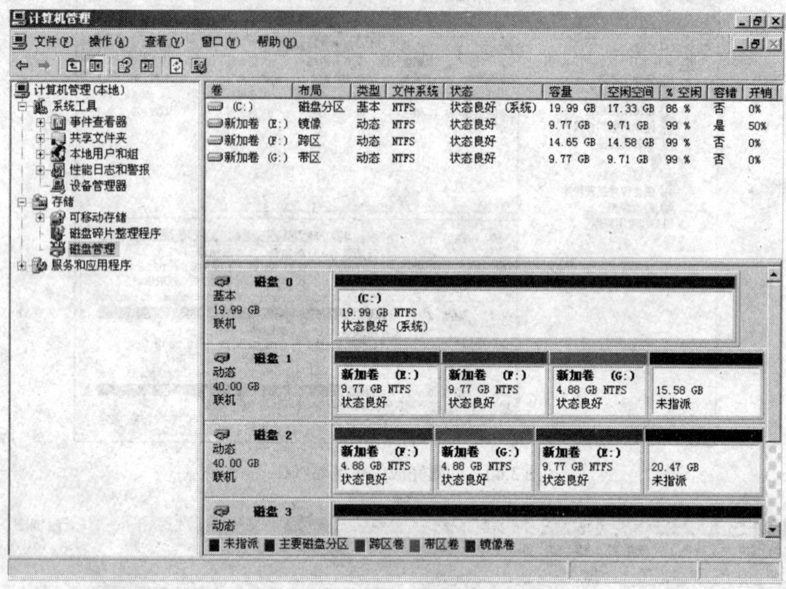

图 3.43 创建完成的镜像卷 E:

（1）中断镜像卷

选择镜像卷中的任意一个部分并用鼠标右键单击，在弹出的快捷菜单中，选择“中断镜像卷”命令，会弹出警告对话框，选择“是”，可完成镜像卷的中断操作，如图 3.44 所示。

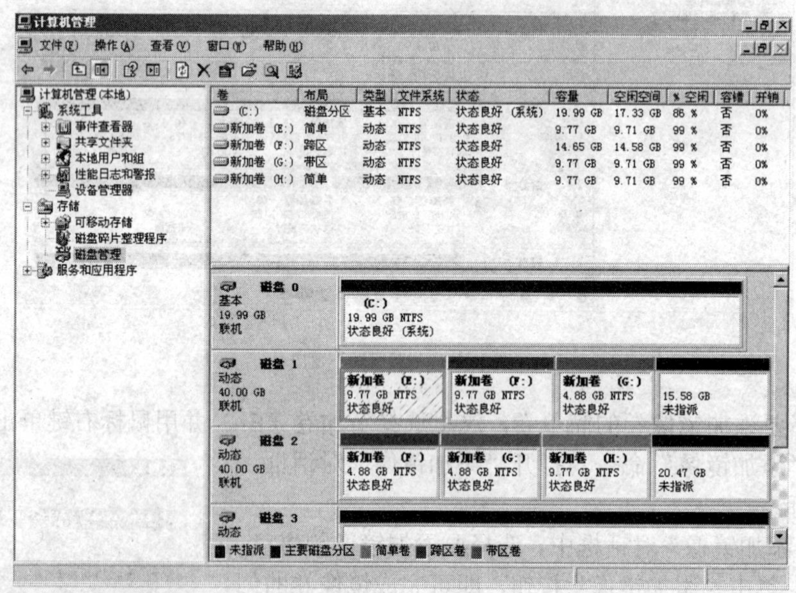

图 3.44 中断后的镜像卷 E:

从图中可以看出，镜像卷完成中断操作后，会形成两个单独的简单卷。

（2）删除镜像

选择镜像卷中的任意一部分并用鼠标右键单击，在弹出的快捷菜单中，选择“删除镜像”操作，在打开的“删除镜像”对话框中，选择要删除卷所在磁盘，单击“删除镜像”按钮，

即可完成镜像卷的删除，如图 3.45 所示。

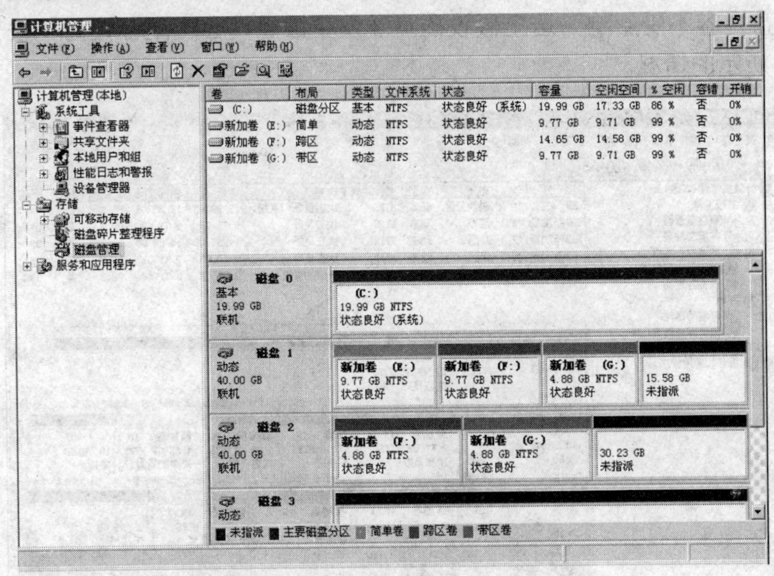

图 3.45　删除后的镜像卷 E:

从图中可以看出，删除镜像卷操作后，只剩下一个简单卷。

6．创建 RAID-5 卷

RAID-5 卷也是由多个分别位于不同磁盘的未指派空间所组成的一个逻辑卷，类似于带区卷。RAID-5 卷具有一定的容错能力。其功能类似于磁盘阵列 RAID-5 标准。RAID-5 卷至少要由 3 个磁盘组成，系统在写入数据时，以 64KB 为单位。RAID-5 卷的磁盘空间有效利用率为$(n-1)/n$，其中 n 为磁盘的数目。

RAID-5 卷的创建类似于前面介绍的带区卷的创建，只是在创建过程中，要选择 3 块磁盘，创建完成的 RAID-5 卷如图 3.46 所示。

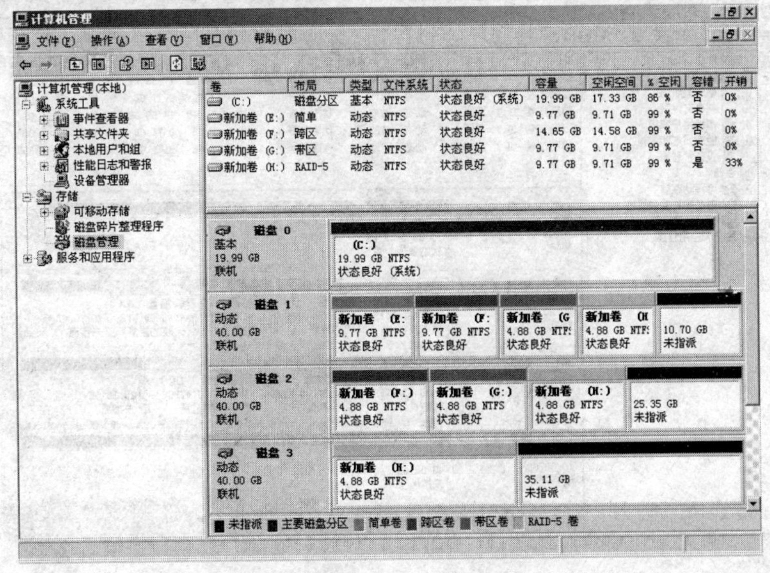

图 3-46 创建完成的 RAID-5 卷（H:）

在 RAID-5 卷中，如果某个磁盘产生故障时，可以通过添加新磁盘来修复故障磁盘，修复完成后，磁盘内容不受影响。这里假设磁盘 3 发生故障，会产生标记为“丢失”的动态磁盘，如图 3.47 所示的情况。

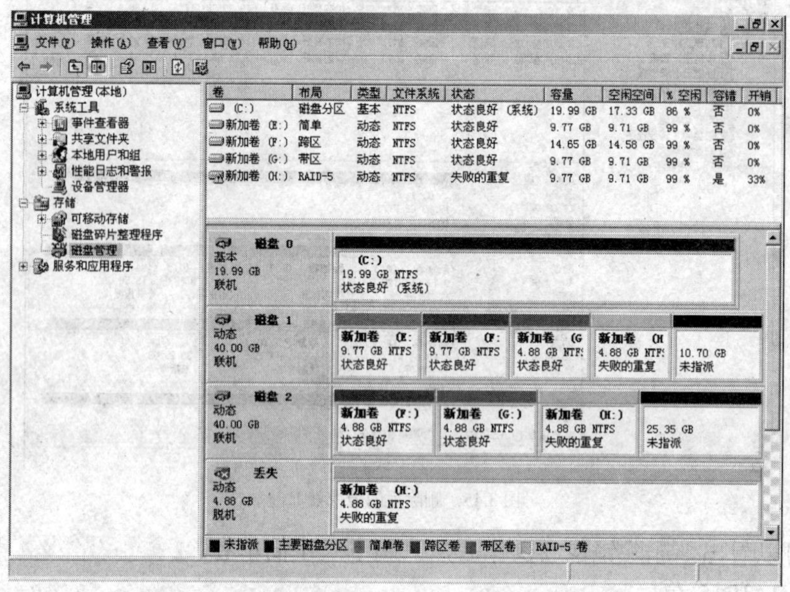

图 3.47　RAID-5 卷出现故障

当出现上面的情况时，可以进行 RAID-5 卷的修复，具体操作步骤如下。

（1）将故障磁盘从计算机中取下，并将新磁盘连接到计算机上。

（2）打开“计算机管理”窗口，选择“磁盘管理”选项，这时系统会对磁盘进行重新扫描，可以看到新加的磁盘，如图 3.48 所示。

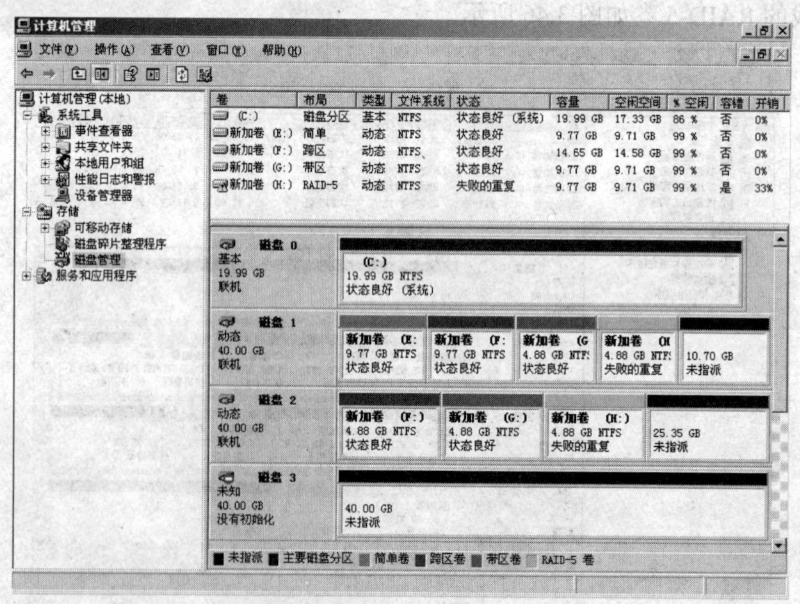

图 3.48　添加新磁盘后的磁盘管理窗口

（3）在图中可以看到标记为“未知”的新磁盘，用鼠标右键单击该磁盘，选择“初始化磁盘”命令，磁盘会变为基本磁盘，在将基本磁盘转换为动态磁盘后，选择失败的 RAID-5 卷的工作正常的任意一个成员，并用鼠标右键单击，在弹出的菜单中，选择“修复卷”命令，打开“修复 RAID-5 卷”对话框，如图 3.49 所示。

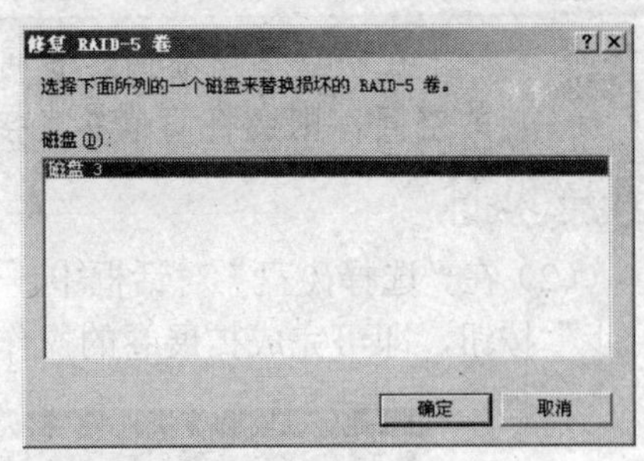

图 3.49 “修复 RAID-5 卷”对话框

（4）在“修复 RAID-5 卷”对话框中，选择新磁盘后，单击“确定”按钮，即可完成对于 RAID-5 卷的修复操作，修复完成后的 RAID-5 卷，如图 3.50 所示。

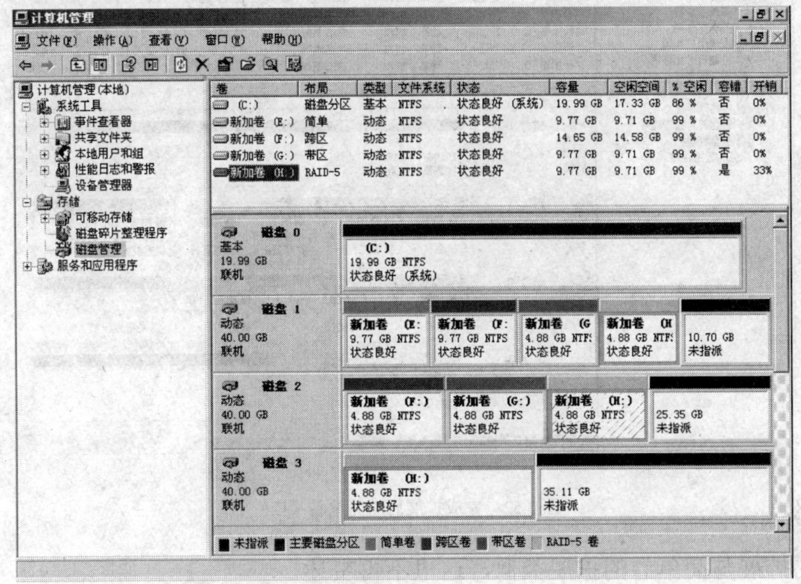

图 3.50 修复完成的 RAID-5 卷（H:）

7．扩展卷

动态磁盘提供了 5 种磁盘使用方式，5 种动态卷都有着各自的特点，可以根据不同的使用环境进行选择。

动态卷创建完成后，有些卷还可以进行磁盘空间的扩展，如简单卷和跨区卷，其余的 3 类卷不能进行磁盘空间的扩展，下面简单介绍简单卷和跨区卷的扩展方法。

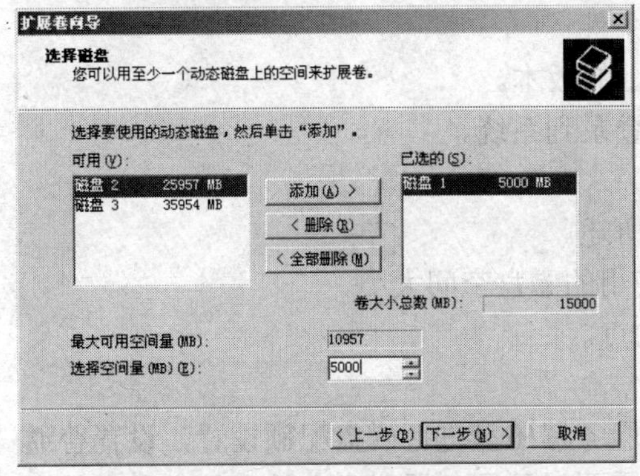

图 3.51 扩展卷向导的“选择磁盘”对话框

简单卷的扩展具体步骤如下。

（1）在“计算机管理”窗口中，选择“磁盘管理”选项，打开“磁盘管理”窗口，选择要进行扩展的动态卷，这里选择“简单卷（E:）”并用鼠标右键单击，在弹出的快捷菜单中，选择“扩展卷”命令，打开“扩展卷向导”对话框，单击“下一步”按钮，打开“选择磁盘”对话框，如图 3.51 所示。

在扩展简单卷时，也可以选择多块磁盘的空间进行扩展，如果选择多块磁盘的空间，则会将简单卷直接变成跨区卷。

要点说明

（2）在“选择磁盘”对话框中，设置要扩展的磁盘空间大小，这里为5000MB，单击“下一步”按钮，即可完成扩展卷的操作，完成扩展后的简单卷如图3.52所示。

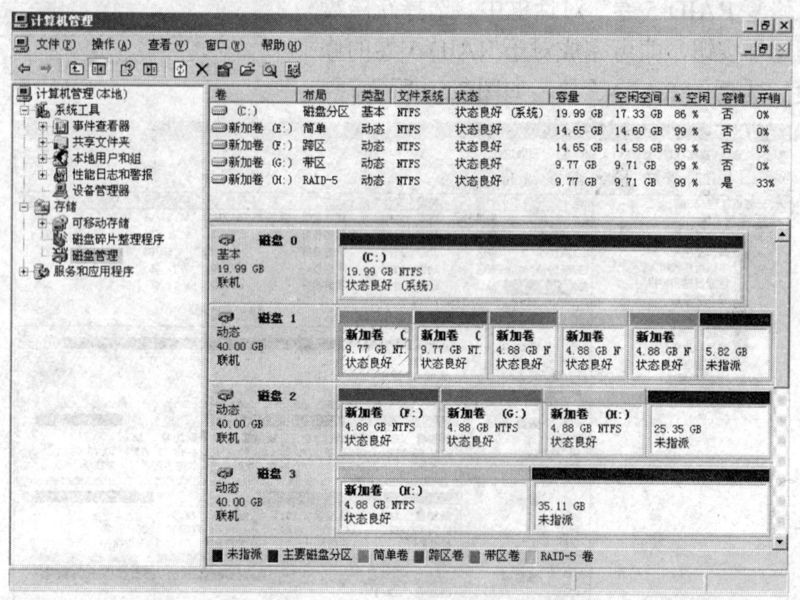

图3.52　完成扩展后的简单卷（E:）

跨区卷的扩展与简单卷的扩展类似，这里不再赘述。

操作三　配置和管理磁盘配额和压缩数据

【知识链接】

为了限制用户对于磁盘配额的使用量，可以对磁盘设置磁盘配额。

磁盘配额的使用条件和参数

（1）使用磁盘配额时，需要满足以下两个前提条件

- 磁盘的文件系统格式要求是NTFS 5.0或以上的版本。
- 用户需要以Administrators组中成员的身份登录到系统。

（2）磁盘配额参数

当启动磁盘配额时，可以设置两个参数，如下所述。

- 磁盘空间限制，配额限制指定了用户可以使用的磁盘空间大小。
- 警告等级，指定了用户接近磁盘空间限制的点。

【问题的提出】

为了限制用户对服务器磁盘的使用量，需要对服务器磁盘进行磁盘配额设置，设置普通用户的磁盘空间为100MB，警告等级为90MB。还需要对于服务器磁盘上的文件夹和文件设置NTFS压缩。

【目标】

- 设置磁盘配额项。
- 文件压缩与加密。

【操作】

1．设置磁盘配额

磁盘配额功能是针对具体的磁盘分区进行设置，不是针对整个磁盘。所以在进行磁盘配额设置时，需要先选择某个具体的磁盘分区。

要点说明

（1）选择要进行磁盘配额设置的分区并用鼠标右键单击，在弹出的快捷菜单中，选择“属性”命令，打开该磁盘分区的属性对话框，如图 3.53 所示。

（2）在磁盘属性对话框中，选择“配额”选项卡，并勾选“启用配额管理”复选项，即可启用磁盘配额管理功能，启用后的磁盘配额选项卡如图 3.54 所示。

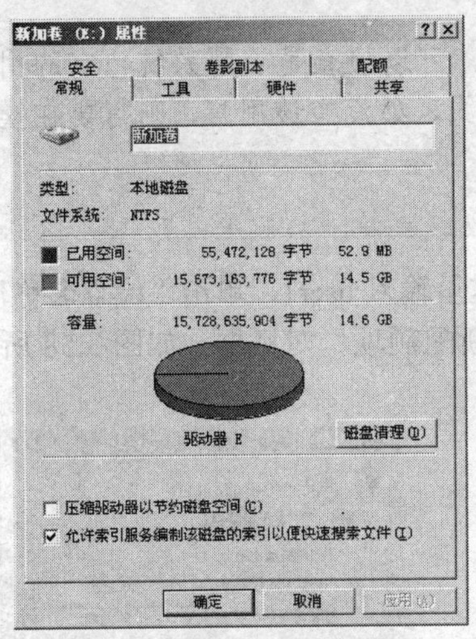

图 3.53 “新加卷（E:）属性”对话框

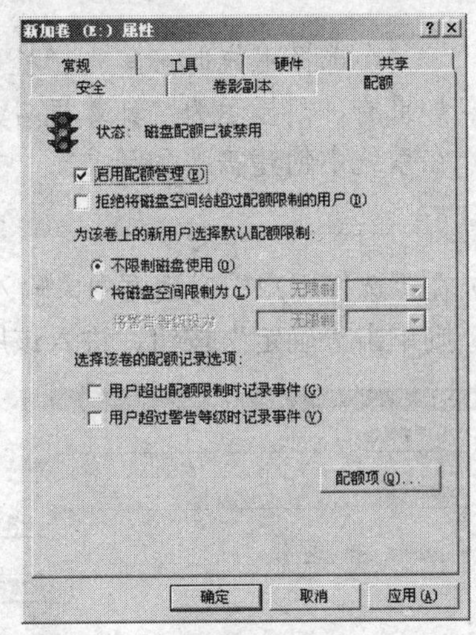

图 3.54 磁盘“配额”选项卡

当启动磁盘配额时，对于在这之后创建的新用户，系统将自动分配磁盘空间供用户使用；对于已有的用户，则不受磁盘配额的限制，需要通过“配额项”对话框为现有用户设置磁盘配额。

要点说明

（3）在磁盘“配额”选项卡中，需要首先对新用户在该卷上的默认配额限制进行设置，这里将磁盘配额限制设置为 10MB，警告等级设置为 9M，并勾选“拒绝将磁盘空间给超过配额限制的用户”、“用户超出配额限制时记录事件”和“用户超过警告等级时记录事件”3 个复选项，如图 3.55 所示。

（4）在磁盘“配额”选项卡中，单击“配额项”按钮，打开“磁盘配额项”对话框，如图 3.56 所示。

（5）在“磁盘配额项”对话框中，选择菜单栏中的“配额”→“新建配额项”命令，打开“选择用户”对话框，如图 3.57 所示。

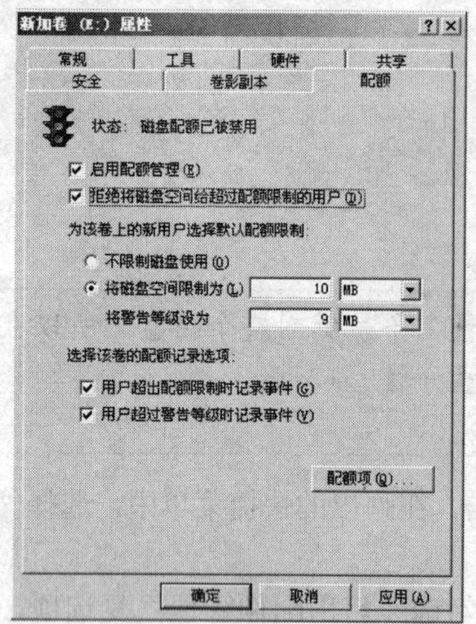

图 3.55 设置磁盘配额的新用户磁盘配额限制

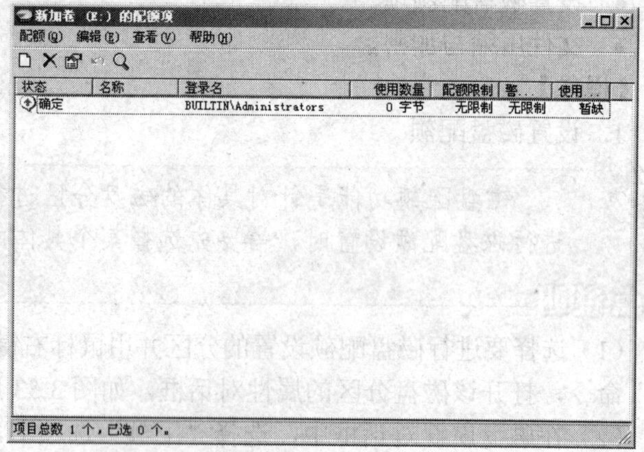

图 3.56 “磁盘配额项”对话框

在选择用户时，单击“检查名称”按钮，可以检查是否是系统已有的用户，如果有，则显示为“计算机名\用户名”的形式，如没有该用户，则需要在操作前在系统中创建需要的用户。

要点说明

（6）在“选择用户”对话框中，输入用户名，如这里输入 user1，单击“检查名称”按钮，如正确，则单击“确定”按钮，进入该用户的“添加新配额项”对话框，如图 3.58 所示。

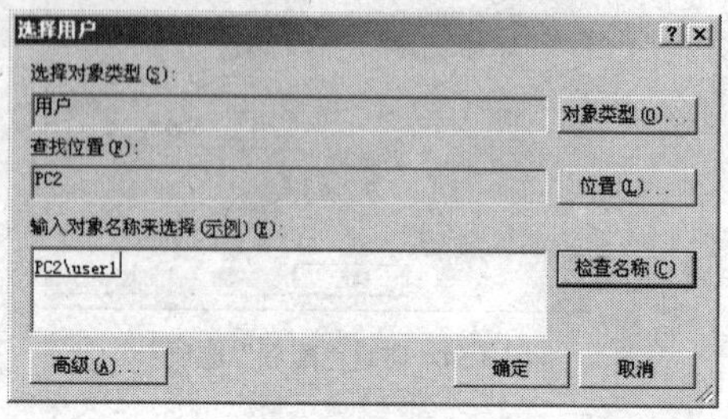

图 3.57 “选择用户”对话框

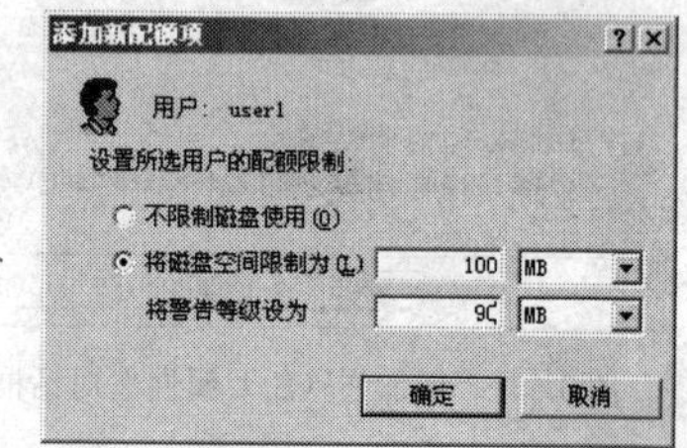

图 3.58 用户 user1 的“添加新配额项”对话框

（7）在“添加新配额项”对话框中，设置 user1 的磁盘空间限制为 100MB，警告等级为 90MB，单击“确定”按钮，即可完成配额项的创建，创建完成后的配额项如图 3.59 所示。

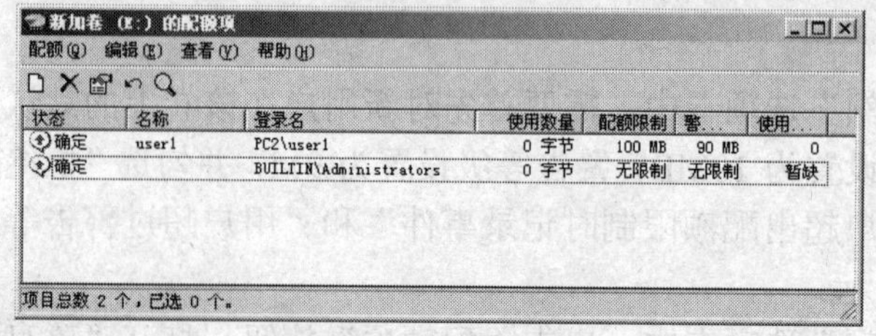

图 3.59 磁盘配额配置完成

2．文件压缩

在 NTFS 格式的磁盘上的数据压缩可以针对整个磁盘分区、某个文件夹及文件，对于

磁盘分区或文件夹设置了压缩功能后，再存入的文件或子文件夹会自动进行压缩，具体操作如下。

（1）选择要设置压缩的磁盘分区、文件夹或单个文件，并用鼠标右键单击，在弹出的快捷菜单中选择“属性”命令，打开“属性”对话框，这里以文件夹 folder1 为例，如图 3.60 所示。

（2）在“folder1 属性”对话框中，单击“高级”按钮，打开“高级属性”对话框，如图 3.61 所示。

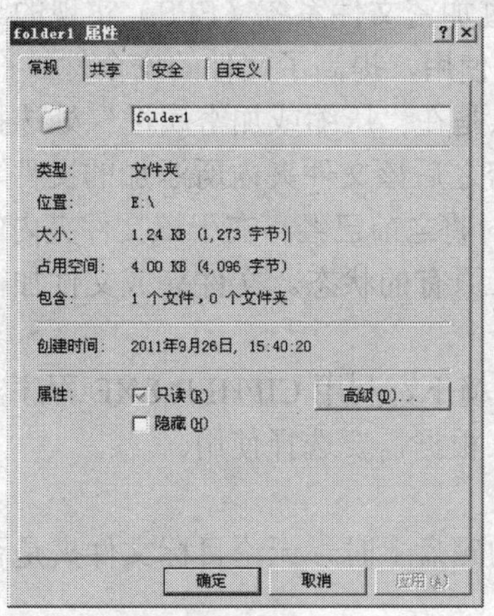

图 3.60 “folder1 属性”对话框

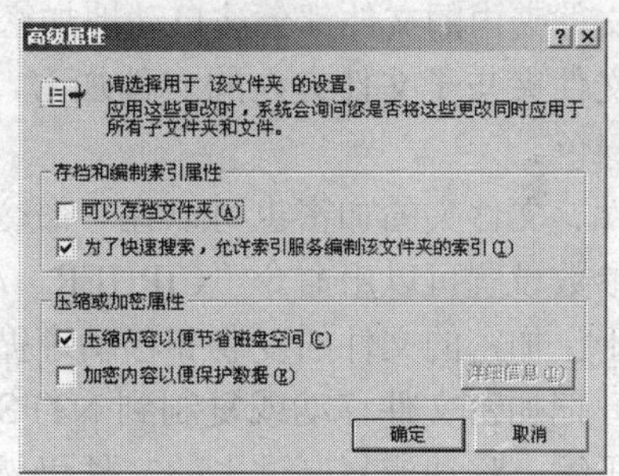

图 3.61 “高级属性”对话框

（3）在“高级属性”对话框中，选择“压缩内容以便节省磁盘空间”复选项，单击“确定”按钮，回到“folder1 属性”对话框，单击“确定”按钮，会弹出“确认属性更改”对话框，如图 3.62 所示。

（4）在“确认属性更改”对话框中，根据实际情况可以选择不同的选项，这里选中“将更改应用于该文件夹、子文件和文件”单选项，单击“确定”按钮，即可完成该文件夹的压缩属性的设置。设置完成后的文件夹呈蓝色显示，如图 3.63 所示。

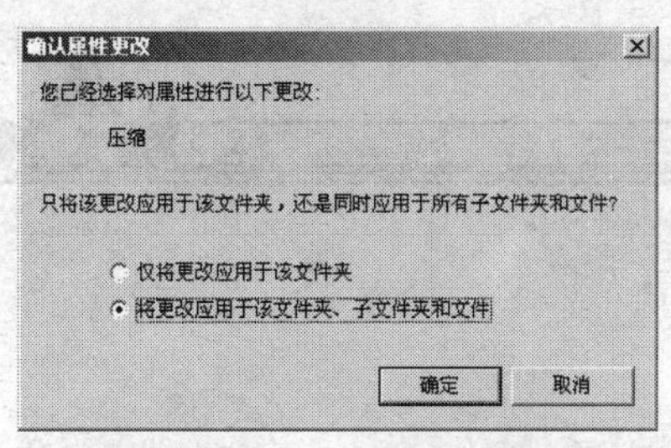

图 3.62 “确认属性更改”对话框

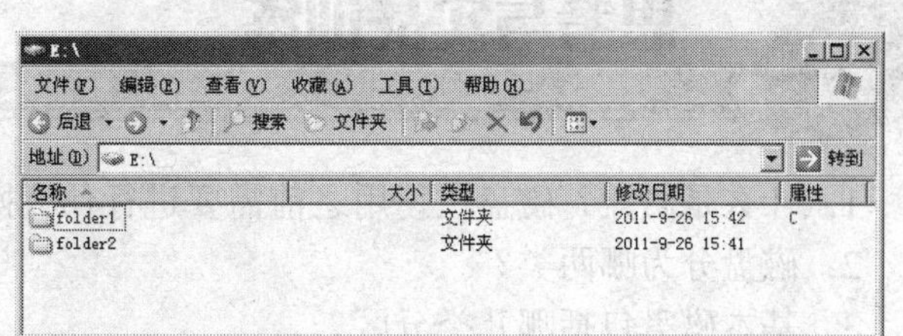

图 3.63　设置压缩属性后的文件 folder1

磁盘分区的压缩属性的设置和文件的压缩属性设置与上面的步骤类似，这里不再赘述。

对于已经压缩的文件，进行复制和移动遵循以下规律。

（1）文件由一个文件夹复制到另外一个文件夹时，由于文件的复制要产生新文件，因此，新文件的压缩属性继承目标文件夹的压缩属性。

（2）文件由一个文件夹移动到另外一个文件夹时，还要分如下两种情况。

- 如果移动是在同一个磁盘分区中进行的，则文件的压缩属性不变。因为在 Windows Server 2003 中，同一磁盘中文件的移动只是指针的改变，并没有真正地移动。
- 如果移动到另一个磁盘分区的某个文件夹中，则该文件将继承目标文件夹的压缩属性。因为移动到另一个磁盘分区，实际上是在那个分区上产生一个新文件。

文件夹的移动或复制的原理与文件是相同的。另外，如果将文件从 NTFS 磁盘分区移动或复制到 FAT 或 FAT32 磁盘分区内，或者是软盘上，则该文件会被解压缩。

3．文件加密

Windows Server 2003 提供的文件加密功能是通过加密文件系统（EFS）实现的。文件、文件夹加密之后，只有当初进行加密操作的用户能够使用，提高了文件的安全性。

要对文件进行加密，操作的过程与压缩类似，只是在“压缩或加密属性”处选择“加密内容以便保护数据”选项即可，如图 3.61 所示。加密之后该文件夹内所添加的文件、子文件夹与子文件夹内的文件都会被自动地加密；也可以同时将之前已经存在于该文件夹内的现有文件、子文件夹与子文件夹内的文件加密，或者保留其原有的状态。文件夹或文件加密之后的颜色为绿色。

文件、文件夹的加密也可以在“命令提示符”环境下，利用 CIPHER.EXE 程序实现，该命令的参数设置可以用命令“CIPHER　/?”来查看，根据需要选择使用。

对于已加密的文件的复制和移动遵循以下规律。

（1）把加密文件移动或复制到 NTFS 文件系统的磁盘上时，无论目标文件夹是否设置为加密或压缩，移动或复制过去的文件仍然保持加密。

（2）把加密文件移动或复制到 FAT 文件系统的磁盘上时，文件都会自动解密。

任务小结

在本任务中，主要对客户端计算机进行了基本磁盘分区规划，对服务器磁盘进行了动态磁盘规划，并设置服务器磁盘的磁盘配额和 NTFS 压缩及加密属性。

思考与实战训练

1．什么是磁盘？磁盘在使用之前需要进行什么操作？

2．磁盘分为哪两类？

3．基本磁盘包括哪几类分区？

4．动态磁盘包括哪几类卷？

5．请对比基本磁盘与动态磁盘。

6．怎样创建主磁盘分区？怎样创建逻辑驱动器？

7．如果 RAID-5 卷中某一块磁盘出现了故障，怎样恢复？

8．怎样限制某个用户使用服务器上的磁盘空间？

9．文件加密之后，在使用的时候需要解密吗？为什么？计算机账户添加到组中作用有何不同？

任务四　连接 Internet

【问题提出】

公司已经从 Internet 服务提供商处获取了上网的账号和密码，为了使公司的每个人都可以同时上网，需要对网络设备进行设置。

【目标】

- 通过设置路由器使公司的每个员工都能接入 Internet。

【前提条件】

- Internet 服务提供商提供的上网账号和密码。
- 路由器。

操作　设置路由器参数

【知识链接】

1．主机和账号

一般来说，在 Internet 网中能够提供多人同时访问的计算机称之为主机（HOST）或服务器（Server）。用户上网的计算机一般不被其他用户访问，所以通常不作为主机看待，而是作为客户机提供访问服务器的工具。特定情况下，如果用户计算机具有独立的有效 IP 地址，也可以作为主机向其他用户提供服务，如文件传送服务等。

在主机或服务器上被授权使用的每个用户都有一个账号，包括其账号名（UserID）、密码（Password）和使用权限。用户访问主机时，先需要履行登录（Login）手续，也就是在用户本地计算机上输入其账号名和密码，让计算机系统确认你是否可以使用它。

2．通信协议

（1）TCP/IP（Transmission Control Protocol / Internet Protocol）

接入 Internet 网，必须使用相同的通信协议，也就是必须遵守 Internet 网的通信规则和约定。TCP/IP 是 Internet 网使用的基本通信协议，其全称是传输控制协议/互联网络协议。连入 Internet 网的任何计算机都必须使用 TCP/IP 与其他计算机交换信息。TCP/IP 可运行于不同的网络介质上，如 IEEE 802.3（以太网）、IEEE802.5（令牌环网）、X.25 线路、卫星线路和串行线路等。

（2）SLIP 和 PPP

SLIP 和 PPP 都是用来实现远程计算机和网络之间通信的协议，如个人用户在家中连接 Internet 网时就要使用这种协议。

SLIP（Serial Line Internet Protocol）是串行通信线路上传输数据的协议。它不是 Internet 网的标准，而只是既成事实的标准，起源于 1980 年 3COM 公司的 UNET TCP/IP 实现过程，定义了在串行线上将 IP 数据包组成帧的一串字符。SLIP 适用于数据传输率很慢（300b/s～28.8Kb/s）的电话线。它没有标准的封装协议，也不提供地址寻址、数据包类型识别、错误检测/纠正或数据压缩机制，因此协议非常小，实现很容易。自从 1984 年公布于世以来，SLIP 很快成了利用串行线连接 TCP/IP 主机和路由器的简便可行的方法，广泛用于专用串行连接和拨号连接。SLIP 协议存在一些缺点：比如 SLIP 目前还不能提供通过 SLIP 连接为主机传送地址信息的机制，通过 SLIP 只能运行 1 个协议，以及 SLIP 不能自己提供某些简单的误码检测

机制和数据包压缩功能等。

PPP（Point to Point Protocol）是在点对点连接线路上，为多协议数据报提供标准传输方法的协议。其目的是在2个对等实体之间通过简单链接来传输数据包，提供全双工的同时双向操作，并假定按序分发数据包。设计PPP的目的是希望为一个广泛范围的各不相同的主机、桥和路由器的简单连接提供通用的解决方案。PPP连接易于配置，通过标准的默认配置就可处理所有的常见情况，操作者对配置的改动也能自动地传到对方而无需干预。因此，在拨号连接中，PPP也得到广泛应用，现在Internet服务供应商（ISP）所采用的远程通信服务器都支持PPP连接。

3．路由器

路由器（Router）是连接因特网中各局域网、广域网的设备，它会根据信道的情况自动选择和设定路由，是以最佳路径，按前后顺序发送信号的设备。

【问题的提出】

为了能够使公司的每个人都能上网，首先需要对已有路由器进行设置，使得连接到路由器的每个计算机都能通过路由器上网。根据项目一的整体规划，路由器的IP地址为192.168.101.1。

【目标】

- 设置路由器LAN端参数。
- 设置路由器WAN端参数。

【操作】

在进行路由器设置之前，需要确保路由器已经连接完好。连接路由器时，根据网络环境的不同，有所不同，一般分为电话线连接和网线连接两种方式。两种方式的不同之处在于，电话线连接需要通过MODEM进行转换，网线连接是直接与Internet连接。

要点说明

1．设置路由器参数

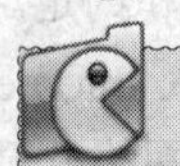

以下路由器设置仅供参考，路由器生产厂家不同，设置过程会有所不同。

重点声明

进行路由器设置之前，需要对连接路由器的计算机设置IP地址，IP地址的网络ID为192.168.0，这里使用服务器对路由器进行设置，先将服务器的IP地址设为192.168.0.1。

要点说明

（1）设置路由器需要首先进入路由器设置的主界面，路由器的默认IP地址一般为192.168.0.1，打开IE浏览器，在地址栏中输入“http://192.168.0.1”，按回车键，首先打开用户名验证窗口，如图4.1所示。

一般路由器生产厂家设置默认用户名和密码都为admin。

要点说明

（2）输入用户名和密码，用户名和密码均为 admin，单击“确定”按钮，打开“路由器设置”主界面，如图 4.2 所示。

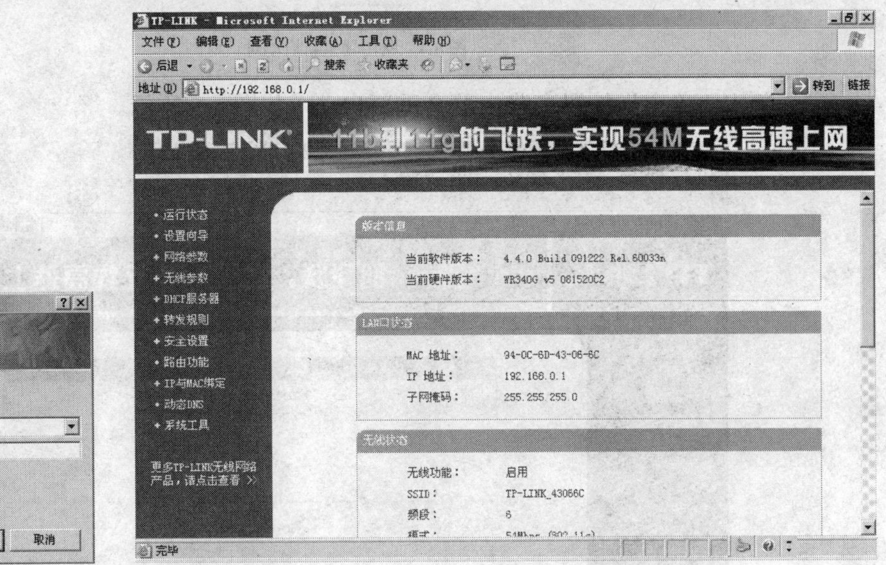

图 4.1　用户验证窗口　　图 4.2 “路由器设置”主界面

（3）在左侧的菜单栏中，单击“网络参数”选项，在打开的目录树中选择“LAN 口设置”选项，则在右侧显示 LAN 端口的相关信息，根据项目规划，将 IP 地址设置为 192.168.101.1，如图 4.3 所示。

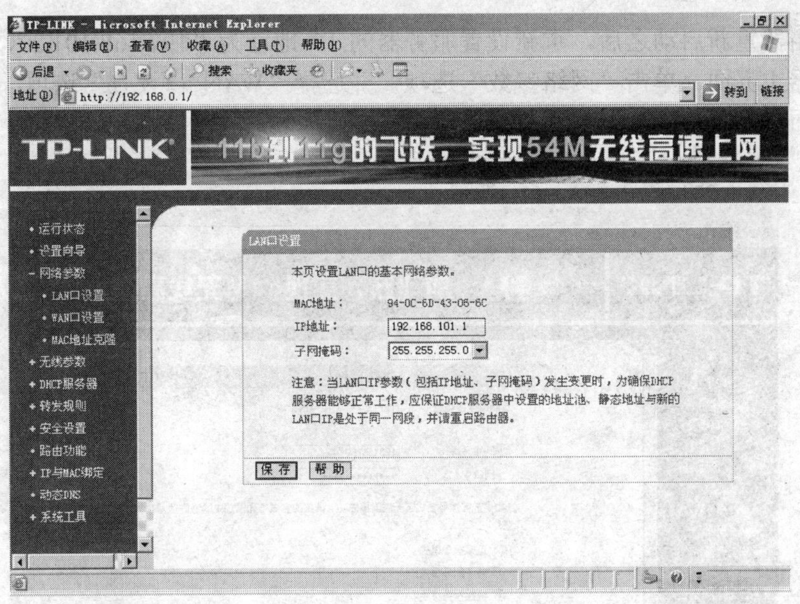

图 4.3 设置 LAN 口信息

（4）设置完 LAN 端口后，单击“保存”按钮，则会弹出“要求重新启动路由器”对话框，如图 4.4 所示。

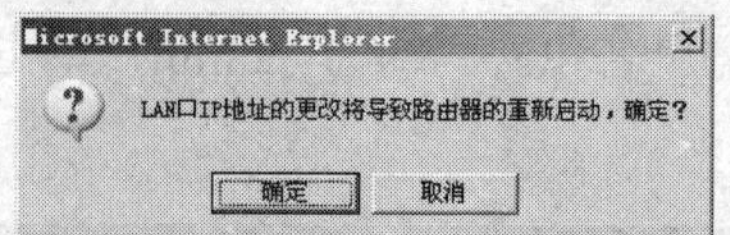

图 4.4　路由器重新启动对话框

（5）单击“确定”按钮，路由器会重新启动，如图 4.5 所示。

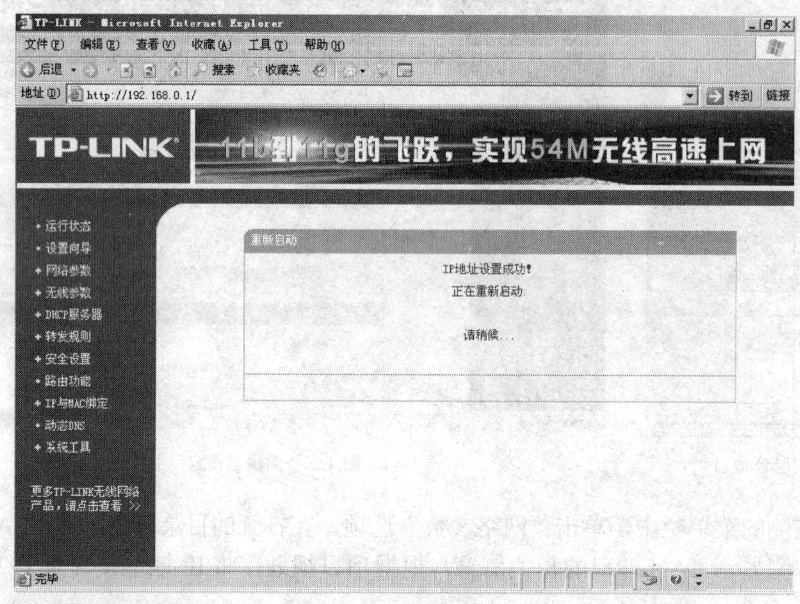

图 4.5　路由器重新启动

（6）路由器重新启动之后，重新设置服务器的 IP 地址为“192.168.101.2”，然后，重新连接到路由器主界面。单击“网络参数”选项，并选择“WAN 口设置”选项，打开“WAN 端设置”界面，如图 4.6 所示。

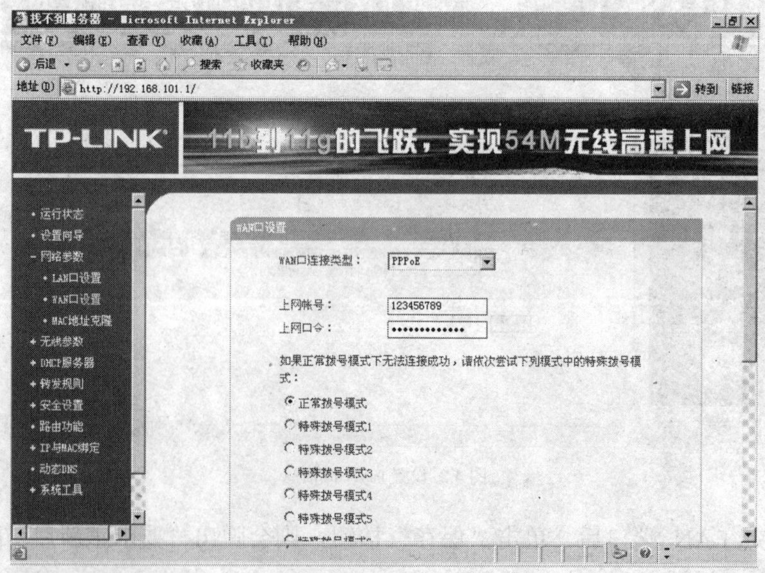

图 4.6　WAN 口设置界面

（7）在“上网账号”栏和“上网口令”栏中，分别输入账号和口令，单击“保存”按钮，即可完成对于路由器的设置。

（8）在路由器设置的主界面中，单击“运行状态”选项，打开路由器的运行状态界面，获取到 WAN 端的信息，如图 4.7 所示。

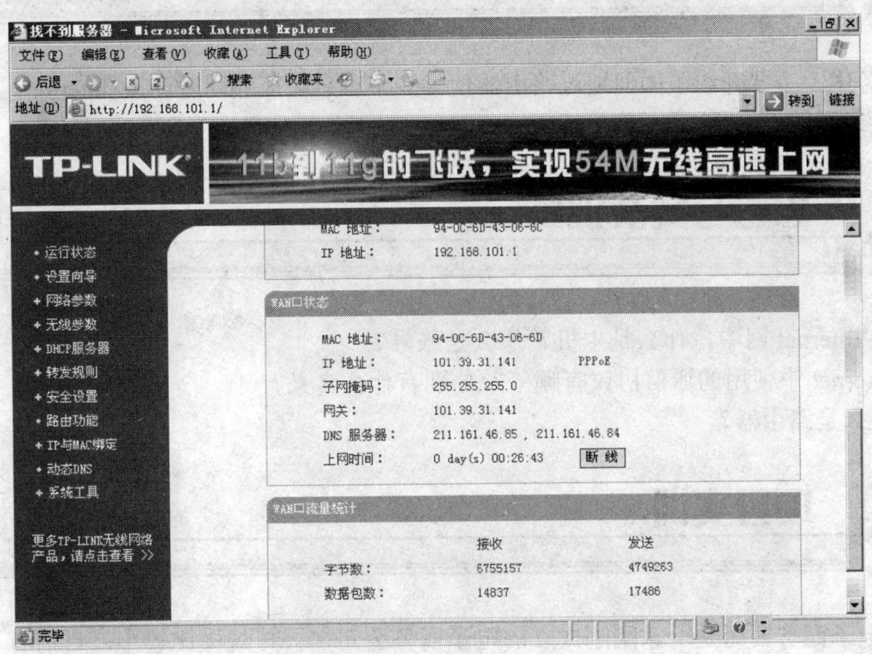

图 4.7　路由器运行状态界面

（9）按照路由器 WAN 口状态中的信息，设置 DNS 服务器的 IP 地址，设置完成后，如图 4.8 所示。

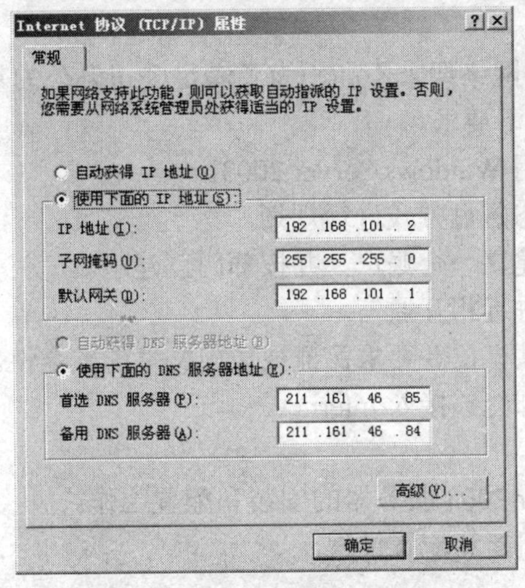

图 4.8　客户端计算机 TCP/IP 设置情况

（10）设置其余客户端计算机时，只有IP地址中的主机ID不同，其余都相同，设置完成后，每个客户端计算机就可以通过路由器连接Internet。

任务小结

本任务中，主要介绍了如何通过路由器使得多个客户端能够同时连接 Internet，还介绍了设置路由参数的相关内容。

思考与实战训练

1．在Internet网中，什么是主机？什么是账号？

2．Internet中使用的通信协议有哪些？分别有什么含义？

3．什么是路由器？

项目实训

眩视电子商务公司是一家刚刚成立的电子商务公司，公司规模比较小，目前有十几名员工，下设销售部、市场部、技术部和行政部4个部门，为了能够更好地进行网络管理，需要对公司的网络进行部署。

1．公司现状

公司为了组建网络，已经购置了一台服务器、15 台客户机、磁盘阵列、打印机、扫描仪、交换机、路由器等网络设备。

2．项目需求

由于公司刚刚成立，对网络要求不高，为了满足公司办公的基本要求，公司经理决定搭建一简单网络，需要满足以下要求。

- 服务器操作系统使用 Windows Server 2003。
- 服务器硬盘使用动态磁盘方式进行规划。
- 为公司的每个员工建立一个账户，并按部门创建组。
- 各计算机之间能够进行相互通信。
- 能够实现网络资源共享，并要求保证被访问文件的安全性。
- 所有员工的计算机都能够接入Internet。

【技能目标】

- 掌握 Windows Server 2003 服务器的安装和配置工作。
- 熟悉工作组网络的组建和配置过程。

实训一 安装和配置操作系统

操作一 安装操作系统

要求：按照“任务一”操作一的步骤完成操作系统的安装。

（1）服务器安装 Windows Server 2003 操作系统。

（2）客户端计算机安装 Windows XP Professional 操作系统。

操作二 配置 IP 地址

要求：按照“任务一”操作二的步骤配置各计算机的 IP 地址。

（1）服务器 IP 地址为 192.168.0.2。

（2）客户端计算机 IP 地址为 192.168.0.X。

实训二 用户、用户组和文件系统管理

操作一 创建用户账户和用户组

要求：按照“任务二”操作一的步骤为每个部门创建用户组，并在组内创建用户账户。具体用户组和用户如表 4.1 所示。

表 4.1 用户组和用户

部门名称	用户组	用户
行政部	Administration	总经理：李强 经理：赵奇；职员：马思怡
销售部	Sale	经理：张晓明；职员：李晓红
市场部	Market	经理：王强；职员：王欣
技术部	Tech	经理：唐玉；职员：李一鸣

（1）按部门创建用户组。

（2）按照职员姓名创建用户账户，账户名为姓名全拼，初始密码为 123456，用户第一次登录需要更改密码。

操作二 指定 NTFS 权限

要求：按照“任务二”操作二的步骤指定每个用户的 NTFS 权限。

（1）为每个部门按照部门名称创建文件夹，为每个员工按照姓名分别创建文件夹。

（2）总经理对于所有文件夹具有读取运行的权限，部门经理对于本部门的文件夹有完全控制的权限，普通员工对于部门文件夹有读取运行的权限，普通员工对于个人文件夹有完全控制的权限。

操作三　共享文件夹的使用

要求：按照“任务二”操作三、四和五的步骤创建公司的共享文件夹。

（1）创建共享文件夹。

（2）连接共享文件夹。

（3）删除文件夹共享功能。

实训三　配置和管理磁盘

操作一　规划客户端计算机磁盘

要求：按照“任务三”操作一的步骤配置客户端计算机磁盘。

（1）创建主分区。

（2）创建逻辑驱动器。

操作二　规划服务器磁盘

要求：按照“任务三”操作二的步骤配置服务器的磁盘。

（1）升级为动态磁盘。

（2）创建动态卷。

操作三　磁盘配额和压缩加密文件

要求：按照“任务三”操作三的步骤设置磁盘配额，并设置压缩文件和加密文件。

（1）设置磁盘配额。

（2）设置文件夹压缩属性和加密属性。

实训四　连接 Internet

操作一　设置路由器参数

要求：按照“任务四”操作一的步骤配置路由器。

（1）设置 LAN 端参数。

（2）设置 WAN 端参数。

项目二 管理和配置基于域的企业局域网络

天峰贸易公司经过一年的发展，通过合理的运营和管理，发展迅速，员工人数已有 200 人左右，为了满足公司未来的发展和企业运营的需求，公司决定重新部署企业网络。公司计划部署一个由 200 台计算机组成的局域网，用于完成企业数据通信和资源共享。

公司的职能部门也由原来的 4 个发展到 7 个，分别如下。

- 行政部：负责日常考勤、后勤服务、日常事务等。
- 人事部：负责员工招聘、绩效考核、员工薪酬、福利管理等。
- 业务部：负责对外业务等。
- 服务部：负责售前、售后服务等。
- 财务部：负责工资结算、公司账目管理等。
- 信息管理部：负责公司内部信息化建设的工作。
- 总经理办公室：负责对公司的决策、管理等。

公司目前已有一个局域网络，运行 200 台计算机，服务器操作系统是 Windows Server 2003，客户机的操作系统是 Windows XP/Windows Vista/Windows7，工作在工作组模式下，员工一人一机进行日常办公。

由于计算机比较多，管理上缺乏层次，信息管理部通过调研和咨询，建议公司的领导采用微软公司的域模式来管理公司的网络资源，提高办公效率，加强内部网络安全，规范计算机使用。

根据信息管理部的要求，要满足以下需求。

1. 账户管理

- 员工一人一个账户。
- 所有账户集中存储管理。
- 按部门管理账户。
- 账户密码长度不小于 8。
- 密码不能为简单密码，不能全为数字或字符。
- 对个别员工试探别人密码的行为要有所防范。
- 员工的权限级别有 3 种：总经理、部门经理、普通员工，他们在访问网络资源时权限不同。

2. 文件管理

- 公司所有的常用软件的安装文件和重要文件共享到一台文件服务器上。
- 员工工作文档需要可靠存储、方便访问。总经理可读取和修改全公司文档。部门经理可读取和修改部门文档。普通员工可读取本部门的文档和修改自己的文档。

- 在文件服务器上对员工进行空间限制：普通员工最大 100MB，部门经理最大 1000MB，公司总经理的使用空间不限制。
- 在文件服务器上的重要文档有定期备份。
- 审核员工登录和访问文档的行为。

3．IP 地址分配

- 客户机数量近 200 台，手动分配 IP 地址易发生冲突，网络管理员的工作负担比较重，需要客户机自动获得 IP 地址。

4．打印机管理

- 总经理和行政部使用一台打印设备，财务使用一台，信息管理部、人事部使用一台，业务部和服务部使用一台。
- 总经理的优先级高于部门经理，部门经理的优先级高于普通员工。

5．DNS 域名服务

- 要实现集中管理账户、集中管理共享资源，必须构建域网络模式，为此需配套 DNS 服务器，使得用户能正常进入到域和访问域中允许访问的资源。

6．WEB 服务器

- 为了提高公司的知名度，需要一个宣传企业的 WEB 站点。公司注册的域名是 ecoinfo.cn，主机名是 www.ecoinfo.cn。WEB 服务器放置在公司机房，网站允许匿名访问，允许通过 Internet 和公司内部用户访问。

7．FTP 服务器

- 公司需要开通一个 FTP 站点，以便公司员工在外能上传下载相关文档，特别是网络管理员通过它对服务器进行维护更新。FTP 站点的域名为 ftp.ecinfo.cn。

8．EMAIL 服务器

- 为了实现企业内部员工邮件的快速、安全寄送，服务用来架设企业内部的邮件服务器。

作为公司的网络管理员，要根据信息管理部的要求，设计域模式、网络拓扑结构，设计 IP 地址的分配策略和域安全策略等，来搭建域网络。要达到公司经理的要求，就要完成以下任务，来完成公司网络的要求。

- 域的规划与实现。
- 安装和配置 DHCP、DNS、WEB、FTP、EMAIL、VPN、CA、文件服务器等网络服务器。
- 域安全管理。

【技能目标】

- 掌握规划域网络的方法。
- 掌握域和活动目录的相关概念及配置管理方法。
- 掌握常用的网络服务的配置管理方法。
- 能够根据企业的网络结构特点和安全需求，设计网络安全策略。

任务一 域规划与设计

【知识链接】

在 Windows 2003 中，活动目录是一种网络目录服务。管理员使用活动目录定义、安排

和管理对象，诸如用户数据、打印机和服务器，以便于他们对于整个组织中的用户和应用可用。在活动目录中，对象在逻辑上按层次结构进行组织。活动目录中的组织角色如图 1.1 所示。

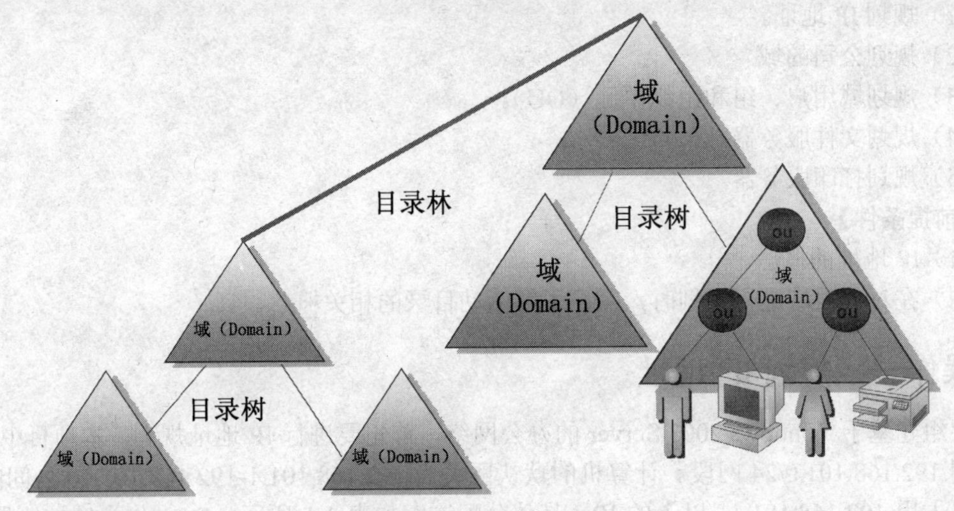

图 1.1　活动目录中组织角色

在活动目录中，创建总体结构层次的对象如下。

（1）域（Domain）：这是活动目录的核心单元。域是对象的容器，它共享安全要求、复制进程和管理。活动目录使用一个多主体复制模型，在该模型，所有域控制器都是平等的。

（2）组织单位（OU，Organizational Unit）：OU 是容器对象，用来把域中的对象组织成逻辑管理组。在组织中，OU 基于管理模型来形成一个层次结构。

（3）域目录树（Tree）：一个域目录树是一个或多个域的层次性安排，它具有一个单独的树根名字。在一个域目录树中的域共享一个公共的根域名，并通过自动信息关系共享信息。

（4）目录林（Forest）：一个目录林是一个或多个域目录树的集合。一个目录林中的多个域目录树不共享一个公共的根域名，但是通过自动信任关系共享信息。多个目录林只有通过显式信任才能共享信息。

（5）信任关系，如下所述。

- 信任关系是网络中不同域之间的一种内在联系。只有在两个域之间创建了信任关系，这两个域才可以相互访问。
- 在通过 Windows Server 2003 系统创建域目录树和域目录林时，域目录树的根域和子域之间，域目录林的不同树根之间都会自动创建双向的、传递的信任关系，有了信任关系，使根域与子域之间、域目录林中的不同树之间可以互相访问，并可以从其他域登录到本域。
- 如果希望两个无关域之间可以相互访问，或从对方域登录到自己所在的域，也可以手工创建域之间的信任关系。

【问题提出】

作为天峰贸易公司的网络管理人员，需要根据公司所提出的要求，来对该公司的网络结构进行规划与设计。

要组建 Windows 办公网络，首先要规划 IP 地址，然后考虑域环境采用单域还是多域结构。接下来考虑账户、文件和打印服务等内容。

【目标】

（1）规划 IP 地址。

（2）规划公司的域。

（3）规划域用户、组和组织单元（OU）。

（4）规划文件服务器。

（5）规划打印服务器。

【前提条件】

（1）IP 地址的概念。

（2）在对公司域进行规划时，需要了解活动目录的相关概念。

操作一　规划 IP 地址

要组建基于 Windows 2003 Server 的办公网络，首先要进行 IP 地址规划，本项目中 IP 地址采用 192.168.101.0/24 网段。计算机的默认网关为 192.168.101.1-192.168.101.10 之间的 IP，客户机占用 192.168.101.11 以上的 IP。具体分配方案如表 1.1 所示。DC1 作为域控制器。同时，DC1 也作为 DHCP 服务器和 DNS 服务器。

表 1.1　　IP 地址分配表

计算机名称	IP 地址	子 网 掩 码	首选 DNS 服务器地址
DC1	192.168.101.2	255.255.255.0	192.168.101.2
DC2	192.168.101.3	255.255.255.0	192.168.101.2
Filesvr	192.168.101.4	255.255.255.0	192.168.101.2
Printsvr1	192.168.101.5	255.255.255.0	192.168.101.2
Printsvr2	192.168.101.6	255.255.255.0	192.168.101.2
Printsvr3	192.168.101.7	255.255.255.0	192.168.101.2
Printsvr4	192.168.101.8	255.255.255.0	192.168.101.2
客户机	192.168.101.X	255.255.255.0	192.168.101.2

DC1：域控制器 1。

DC2：域控制器 2。

Filesvr：文件服务器。

Printsvr1：打印服务器 1。

Printsvr2：打印服务器 2。

Printsvr3：打印服务器 3。

Printsvr4：打印服务器 4。

为了便于说明，本书中的 WEB 服务器、DNS 服务器、DHCP 服务器、FTP 服务器均、VPN 服务器均配置于域控制器 DC1 上。在实际工作中，可以将各种服务配置于不同域控制器或域的成员服务器上。

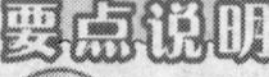
要点说明

操作二　规划域

根据网络规模及集中管理和结构简单原则，在进行域设计时，采用单域结构，域名为 ecoinfo.cn。与多域结构相比，要实现网络资源集中管理，并保障管理上的简单性和低成本。

在域内按照部门名称划分组织单位（OU），即创建 7 个组织单位，分别是行政部、人事部、业务部、服务部、财务部、信息管理部和总经理办公室，用于存储和管理各部门的用户账户、组及打印机等资源。整个域结构与公司管理结构相匹配可以实现资源的层次管理，如图 1.2 所示。

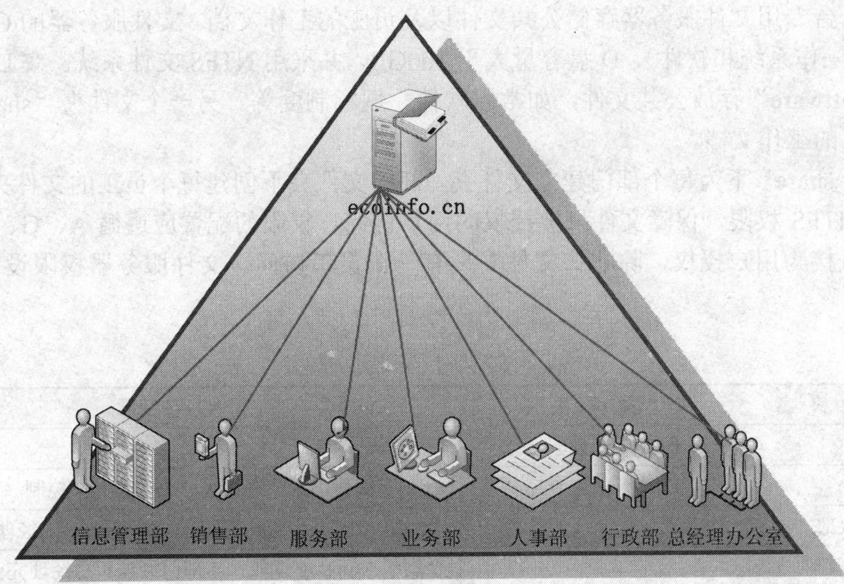

图 1.2　公司资源层次管理

域控制器作为整个域的核心服务器，完成对公司所有员工的账户管理和安全策略实施，为保证其可靠性，需要安装 2 台域控制器，其中一台作为备份域控制器，本方案中备份域控制器为 DC2。

操作三　规划用户账户和组

在各部门的 OU 中，分别为该部门员工创建唯一的域用户账户，账户名为员工姓名的拼音，例如，姓名为张三，则用户名为"zhangsan"。初始密码为"123.com"，并要求域用户账户在首次登录时更改密码。密码最小长度为 8，并且符合复杂性要求。

为每个部门创建全局组，命名规则如表 1.2 所示。

表 1.2　用户组规划表

部　　门	全 局 组
行政部	Administration
人事部	Ministry
业务部	Business

续表

部　门	全 局 组
服务部	Services
财务部	Finance
信息管理部	Information
经理办公室	Manager

并将同部门的员工账户分别加入各部门的全局组。

操作四　规划文件服务器

通过一台专用文件服务器存储公共文件以及员工的工作文档。文件服务器的 C 盘容量为 10G（安装操作系统和软件），D 盘容量大于 100GB，并采用 NTFS 文件系统。在 D 盘的一个文件夹“software”存放公共文件，如常用软件、规章制度等。另一个文件夹“share”，存放部门和员工的工作文档。

在“D:\share”下为每个部门建立文件夹，部门文件夹下创建每个员工的文件夹。配置共享权限和 NTFS 权限，保障文件只被授权的用户访问。权限的配置应遵循 A、G、D、LP 规则。避免直接为用户授权，除非该文件夹只有一个员工访问。文件服务器权限设置如表 1.3 所示。

表 1.3　　文件夹权限设置

文 件 夹 名	共 享 权 限	NTFS 权限
D:\software	Everyone 读取	Everyone 读取
D:\share	Everyone 完全控制	Everyone 列出文件夹目录，总经理完全控制
D:\share\行政部	无	全局组 Administration 读取、本部门经理和总经理完全控制
D:\share\人事部	无	全局组 Ministry 读取、本部门经理和总经理完全控制
D:\share\业务部	无	全局组 Business 读取、本部门经理和总经理完全控制
D:\share\服务部	无	全局组 Services 读取、本部门经理和总经理完全控制
D:\share\财务部	无	全局组 Finance 读取、本部门经理和总经理完全控制
D:\share\信息管理部	无	全局组 Information 读取、本部门经理和总经理完全控制
D:\share\总经理办公室	无	全局组 Manager 读取、本部门经理和总经理完全控制

在文件服务器上，普通员工最大使用空间为 100MB，部门经理最大使用空间为 1000MB，总经理的使用空间不限制。

在文件上传类型上做限制，只允许上传.doc、.xls、.ppt、.wps、.txt、.rar、.zip 这些办公文件类型。

对于重要的文件夹要制定备份策略，可以采用常规备份+差异备份的策略，按任务计划自动执行。

操作五　规划打印服务器

根据公司需求，需要采购 4 台打印设备（HP LaserJet 1020）。4 台设备分别安装在打印服务器 printsrv1、printsrv2、printsrv3、printsrv4 上，printsrv1 供总经理办公室和行政部使用，

printsrv2 供财务部使用，printsrv3 供服务部和业务部使用，printsrv4 供人事部、信息管理部使用。

总经理、部门经理和普通员工的优先级分别规划为 90、50 和 1，还要规划逻辑打印机的权限，如表 1.4 所示。

表 1.4　　打印机权限

服务器名	打印机共享名	优先级	打印权限
printsrv1	HP1100_1_1	90	总经理打印
printsrv1	HP1100_1_2	50	部门经理打印
printsrv1	HP1100_1_3	1	全局组 Administration 打印
printsrv2	HP1100_2_1	50	部门经理打印
printsrv2	HP1100_2_2	1	全局组 Finance 打印
printsrv3	HP1100_3_1	50	部门经理打印
printsrv3	HP1100_3_2	1	全局组 services、Business 打印
printsrv4	HP1100_4_1	50	部门经理打印
printsrv4	HP1100_4_2	1	全局组 Information、Ministry 打印

任务小结

通过本任务，主要学习了域和活动目录的相关概念，主要讲述了域、组织单位、域目录树、目录林的相关概念。并通过一个实际的项目，根据需求，对域的规划进行了描述。

思考与练习

1. 简述什么是活动目录、域、活动目录树和活动目录林。
2. 简述什么是信任关系。

任务二　创建和配置域、OU、用户和用户组

【问题提出】

作为天峰贸易公司的网络管理人员，根据公司网络的规划，需要安装活动目录，建立一个域控制器来管理网络，并建立一个辅助的域控制器来提高网络的性能，并在域中创建和配置 OU、用户和用户组，以方便对网络资源进行管理。

【目标】

（1）了解域的概念和特点、活动目录的结构。

（2）了解域用户账户、域组账户和组织单位的概念、特点和用途。

（3）了解安装域控制器的前提条件。

（4）掌握活动目录的管理与维护的方法。

（5）掌握创建域、管理域和管理域用户账户、域组账户和组织单位的管理方法。

【前提条件】

（1）Windows Server 2003 标准版、企业版、数据中心版任选其一，本任务中采用企业版。

（2）已经配置好的 DNS 服务器或在安装活动目录时安装 DNS 服务。

（3）一个 NTFS 磁盘分区。

（4）设置本机静态 IP 地址和 DNS 服务器地址。

安装活动目录的方法

方法 1，在某台计算机上安装活动目录的过程中同时安装 DNS 服务器。那么这台计算机既充当了域控制器的角色，也充当了 DNS 服务器的角色。方法 1 是用得最多的方法，但安装前必须要为这台计算机配置静态 IP，同时把 DNS 服务器的 IP 地址配置为本机的 IP 地址。

方法 2，首先准备一台 DNS 服务器，可以是已经存在的 DNS 服务器，或者是我们刚刚安装好的，顾名思义，也就是先安装好 DNS 服务器，再安装活动目录。此时不管我们是再找一台计算机安装活动目录，还是在已经是 DNS 服务器的计算机上安装活动目录，都需要在 DNS 中创建一个正向查找区域，并启用“动态更新”功能。同时这个正向查找区域的名称必须和我们要安装的域的名称一样，比如我要安装一个域名为 ecoinfo.cn 的域，那么这个正向查找区域的名字也必须为 ecoinfo.cn。同时在安装前必须要为这台要安装活动目录的计算机配置静态 IP，同时把这台计算机的 DNS 服务器的 IP 地址配置为已经存在的 DNS 服务器的 IP 地址。

重要说明

操作一　安装活动目录

【知识链接】

（1）选择操作系统：Windows Server 2003 中除了 Web 版的不支持活动目录外，其他的 Standard 版、Enterprise 版、Datacenter 版都支持活动目录。我们在本任务中用的是 Enterprise 版。

（2）DNS 服务器：活动目录与 DNS 是紧密集成的，活动目录中域的名称的解析需要 DNS 的支持。而域控制器（装了活动目录的计算机就成为了域控制器）也需要把自己登记到 DNS 服务器内，以便让其他的计算机通过 DNS 服务器查找到这台域控制器，所以我们必须要准备一台 DNS 服务器。同时 DNS 服务器也必须支持本地服务资源记录（SRV 资源记录）和动态更新功能。

（3）一个 NTFS 磁盘分区：安装活动目录过程中，SYSVOL 文件夹必须存储在 NTFS 磁盘分区。SYSVOL 文件夹存储着与组策略等有关的数据，所以我们必须要准备一个 NTFS 分区。

（4）设置本机静态 IP 地址和 DNS 服务器 IP 地址：大多时候，我们安装过程不顺利或者安装不成功，都是因为没有在要安装活动目录的这台计算机上指定 DNS 服务器的 IP 地址以

及自身的 IP 地址。

【问题提出】

根据公司的策略，需要在公司的网络环境中配置域，在此，首先要安装活动目录。

【目的】

将服务器提升为域控制器。

【操作】

为了在一台域控制器的服务器的计算机上安装 AD 服务，必须先为捆绑到 TCP/IP 的网络适配器指定静态的 IP 地址、子网掩码以及 DNS 的地址。

要点说明

1．设置 IP 地址

（1）使用 Administrator 登录。

（2）选择“开始”→“控制面版”→“网络连接”→“本地连接”命令，弹出“本地连接 状态”对话框，如图 2.1 所示。

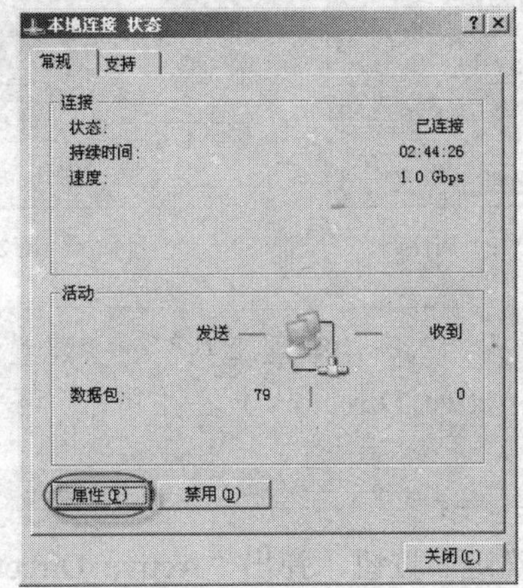

图 2.1 本地连接状态

（3）在图 2.1 中，单击“属性”按钮，弹出“本地连接 属性”对话框，如图 2.2 所示。

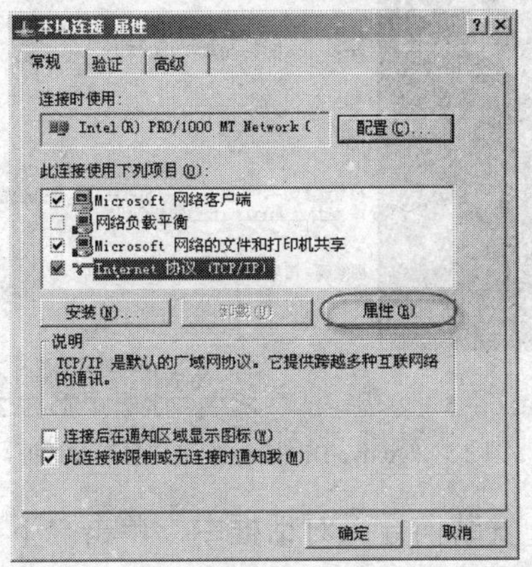

图 2.2 本地连接属性

（4）在“本地连接 属性”对话框中，选择“Internet 协议（TCP/IP）”，单击“属性”按钮，弹出“Internet 协议（TCP/IP）属性”对话框，设置 IP 地址如图 2.3 所示。根据任务一“IP 地址规划”中所描述的，设置为 192.168.101.2。

（5）依次单击“确定”→“关闭”→“关闭”按钮，关闭所有对话框。

2．安装活动目录

（1）选择“开始”→“运行”命令，在“运行”对话框中，输入“dcpromo”，如图 2.4 所示。

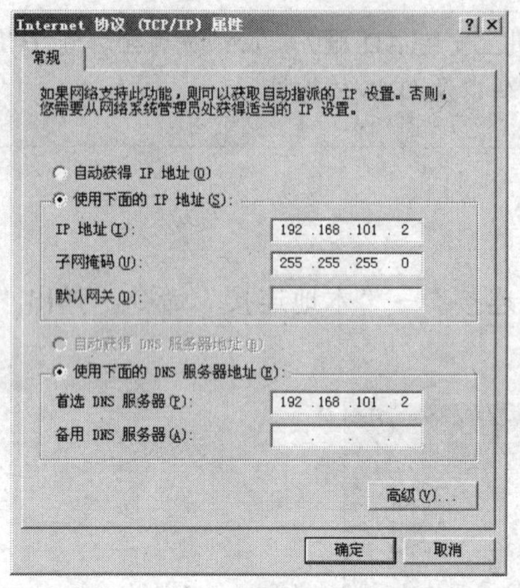

图 2.3　Internet 协议（TCP/IP）属性

图 2.4　运行 dcpromo 命令

提示

可以执行命令：“开始”→“管理工具”→“配置您的服务器向导”命令，然后选择“域控制器（Active Directory）”，并单击“下一步”按钮，启动“Active Directory 安装向导”。

（2）在图 2.4 中，单击“确定”按钮，弹出“Active Directory 安装向导”对话框，该向导将会使当前使用的服务器成为域控制器，如图 2.5 所示。

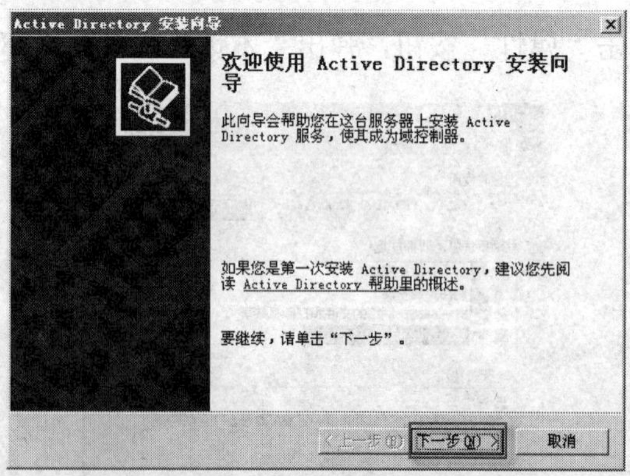

图 2.5　“Active Directory 安装向导”对话框

（3）在“Active Directory 安装向导”对话框中，单击“下一步”按钮，进入“操作系统兼容性”对话框，如图 2.6 所示。

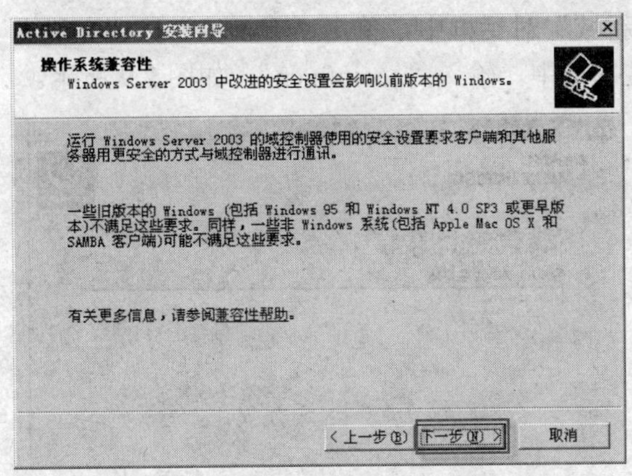

图 2.6 “操作系统兼容性”对话框

（4）在“操作系统兼容性”对话框中，单击“下一步”按钮，进入“域控制器类型”选择对话框，如图 2.7 所示。在此，我们创建“新域的控制器”，如果域已存在，则选择“现有域的额外控制器”。

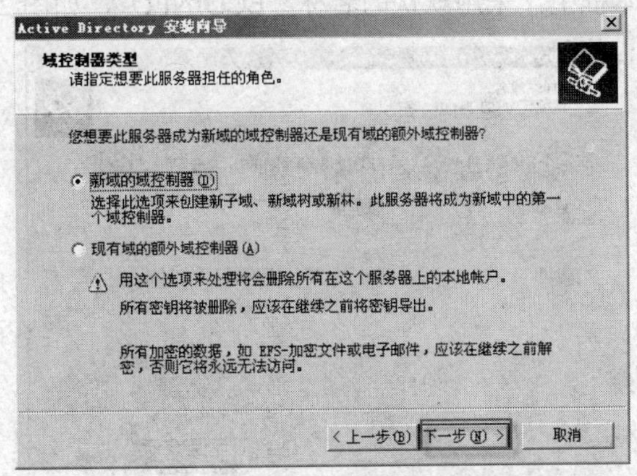

图 2.7 域控制器选择

（5）在“域控制器类型”选择对话框中，单击“下一步”按钮，进入“创建一个新域”对话框中，如图 2.8 所示。在此，我们选择“在新林中的域”。

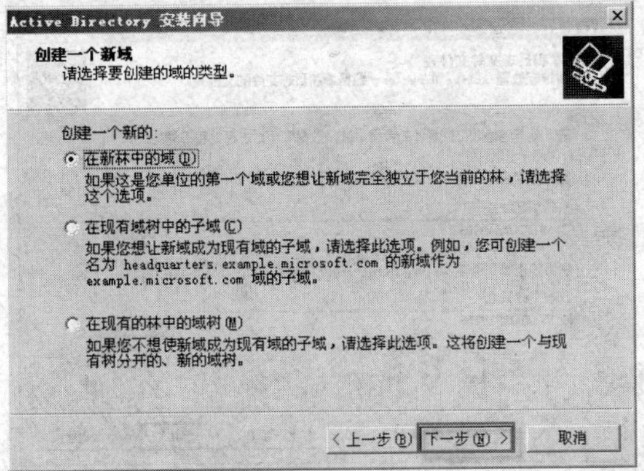

图 2.8 创建一个新域

（6）在“创建一个新域”对话框中，单击“下一步”按钮，进入“新的域名”对话框，在“新域 DNS 全名”文本框中，输入“ecoinfo.cn”，如图 2.9 所示。

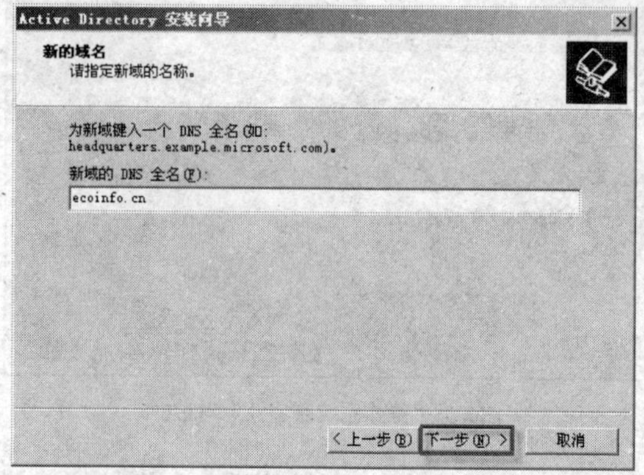

图 2.9　新的域名

（7）在“新的域名”对话框中，单击“下一步”按钮，进入“NetBIOS 域名”对话框，在“NetBIOS 域名”文本框中，采用默认的名称“ECOINFO”，如图 2.10 所示。

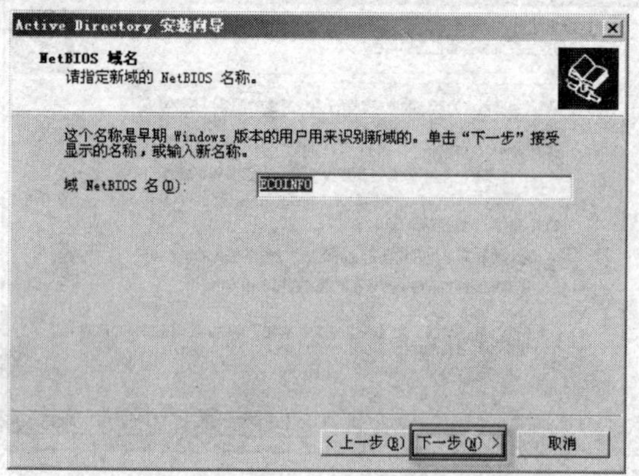

图 2.10　NetBIOS 域名

（8）在“NetBIOS 域名”对话框中，单击“下一步”按钮，进入“数据库和日志文件文件夹”对话框中，如图 2.11 所示，数据库文件夹和日志文件夹采用默认设置即可。

图 2.11　数据库和日志文件夹

（9）在“数据库和日志文件文件夹”对话框中，单击“下一步”按钮，进入“共享的系统卷”对话框，如图 2.12 所示。

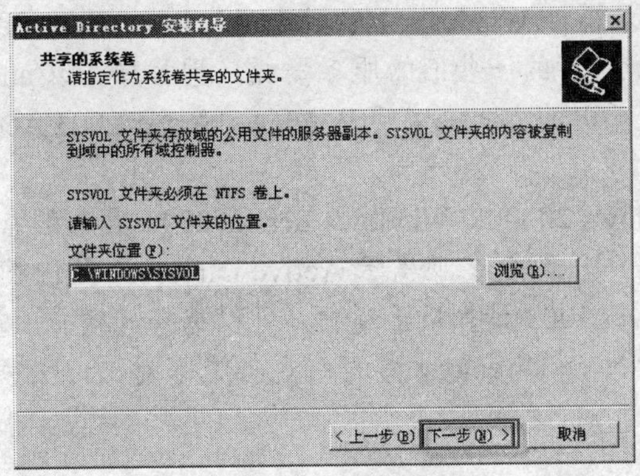

图 2.12　共享的系统卷

（10）在“共享的系统卷”对话框中，单击“下一步”按钮，进入“DNS 注册诊断”对话框，选择“在这台计算机中安装和配置 DNS 服务器，并将这台 DNS 服务器设为这台计算机的首选 DNS 服务器”，如图 2.13 所示。

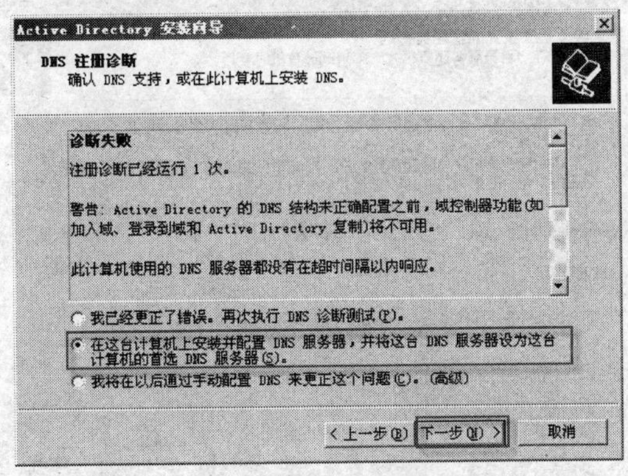

图 2.13　DNS 注册诊断

（11）在“DNS 注册诊断”对话框中，单击“下一步”按钮，进入“权限”对话框，选择“只与 windows 2000 或 windows server 2003 操作系统兼容的权限”，如图 2.14 所示。

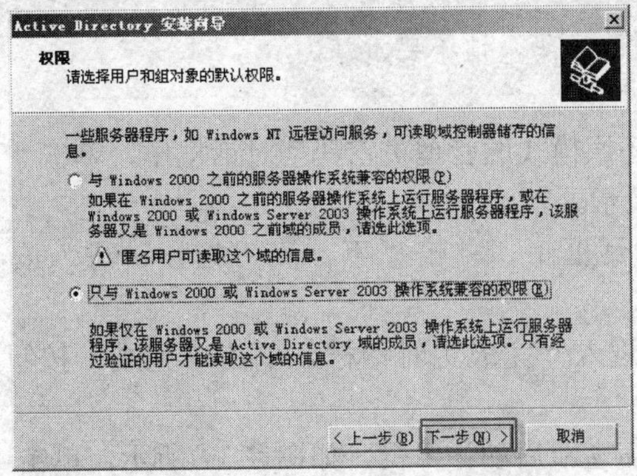

图 2.14　用户和组的权限

"与 Windows 2000 之前的服务器操作系统兼容的权限"，此模式让在 Windows NT Server 或隶录属于 Windows NT 域的 Windows 2000 Server、Windows Server 2003 计算机上所执行的一些旧的服务器级应用程序，以 anonymous（匿名，不需要用户账户与密码）的方式来访问 Windows Server 2003 Active Directory 内的用户与组等对象。

"只与 Windows 2000 或 Windows Server 2003 操作系统兼容的权限"，如果所有服务器级的程序，都是在隶属于 Active Directory 域内的 Windows 2000 Server 或 Windows Server 2003 计算机上运行，可以选择此模式，它不允许以 anonymous 的方式来访问 Active Directory 内的用户与组等对象，必须通过身份确认才可以访问。

提示

（12）在"权限"对话框中，单击"下一步"按钮，进入"目录服务还原模式的管理员密码"对话框，输入还原模式密码和确认密码，本例中的密码为"password"，如图 2.15 所示。

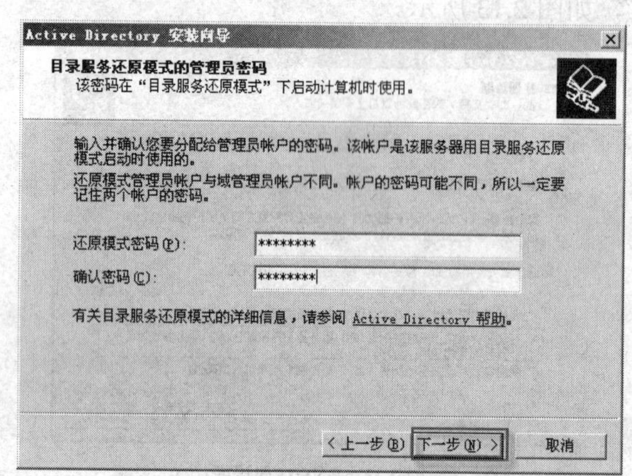

图 2.15　目录服务还原框的管理员密码

"目录服务还原模式"的系统管理员与域的系统管理员是不同的账号，其密码也可以设为不同的密码，请不要混淆。

提示

（13）在"目录服务还原模式的管理员密码"对话框中，单击"下一步"按钮，进入"摘要"对话框，如图 2.16 所示。

（14）在"摘要"对话框中，单击"下一步"按钮，进入安装过程界面，如图 2.17 所示。

（15）完装完成后，进入"完成"对话框，单击"完成"按钮，完成 AD 的安装，如图 2.18 所示。

（16）安装完成后，需重新启动计算机，如图 2.19 所示，单击"立即重新启动"按钮，重新启动计算机。

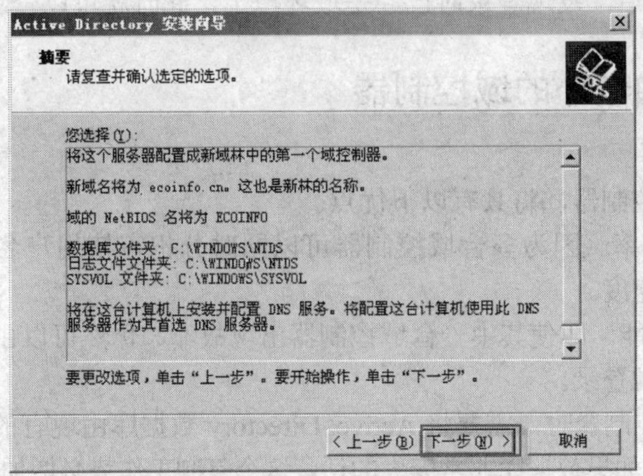

图 2.16　摘要

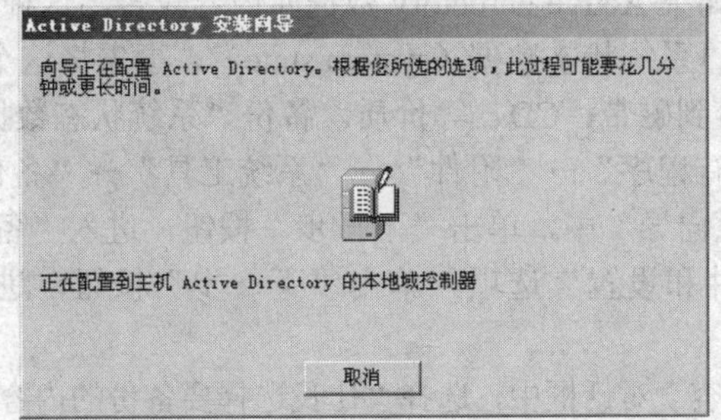

图 2.17　AD 安装过程

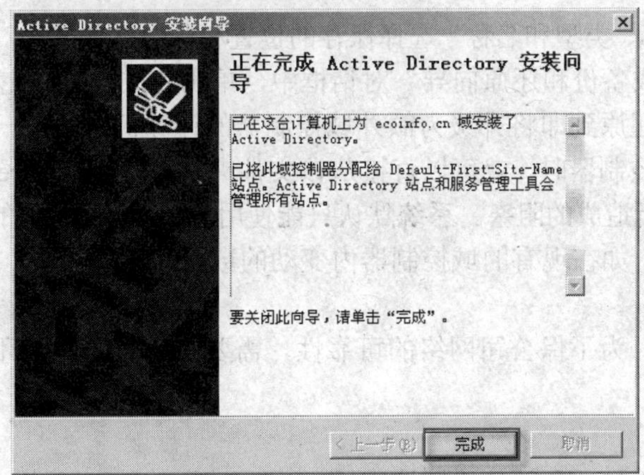

图 2.18　AD 完成安装界面

图 2.19　重新启动计算机

（17）重新启动之后，发现登录时已经是域环境了，此时就可以登录 ecoinfo.cn 域了。

操作二　添加额外的域控制器

【知识链接】

域内若有多台域控制器，将具有以下优点。

- 提高用户的效率。因为多台域控制器可以同时分担审核用户名与密码的工作，因此可以加快用户登录的速度。
- 提供容错的功能。即使其中一台域控制器出现故障，仍然可以由其他域控制器来提供服务，让用户可以正常登录。

在安装额外的域控制器时，需要将 Active Directory 数据库由现有的域控制器复制到这台新的域控制器，然而，如果数据库非常庞大的话，这个复制工作势必增加网络的负担。Windows Server 2003 提供了如下两种复制 Active Directory 数据库方式。

- 通过网络复制。如果 Active Directory 数据库内容较多，这种方式将影响网络效率。
- 通过已备份好的“系统状态数据（system state）”，事先将这个域中的一台域控制器内的“系统状态数据”备份到磁带、CD、等价质。备份“系统状态数据”的方式如下：

（1）“开始”→“所有程序”→“附件”→“系统工具”→“备份”。

（2）在“备份或还原向导”中，单击“下一步”按钮，进入“备份或还原”对话框。

（3）选择“备份文件和设置”选项，单击“下一步”按钮，进入“要备份的内容”对话框。

（4）在“要备份的内容”对话框中，选择“让我选择要备份的内容”，单击“下一步”按钮。

（5）在“要备份的项目”对话框中，展开“我的电脑”→勾选“system state”选项，单击“下一步”按钮。

（6）在“备份目标、类型和名称”选择保存的位置和备份设备名称，单击“下一步”按钮。

（7）在“正在完成备份和还原向导”对话框中，单击完成按钮，完成操作。

然后把备份数据还原到即将升级为额外域控制器的计算机内的任一文件夹内。这样此计算机升级为额外的域控制器时，就可以直接从该文件夹复制 Active Directory 数据库，这种方式将大幅降低对网络所造成的阻塞。系统默认只能使用 60 天内所备份的数据，有一些数据仍必须通过网络来复制，如在现有的域控制器内变动的数据。

【问题提出】

根据公司的策略，为了保公司网络的可靠性，需要在公司的网络环境中添加一个额外的域控制器。

【目的】

在公司的网络中添加一台额外的域控制器。

【操作】

1．设置 IP 地址

（1）使用 Administrator 登录，密码为“password”。

（2）选择“开始”→“控制面版”→“网络连接”→“本地连接”→“属性”→“Internet 协议（TCP/IP）”→“属性”命令，在“Internet 协议（TCP/IP）属性”对话框中，输入本机的 IP 地址“192.168.101.3”，在“子网掩码”处输入“255.255.255.0”，“首选 DNS 服务器”

处输入“192.168.101.2”，如图 2.20 所示。

（3）添加完成后，单击“确定”按钮完成设置，并单击“关闭”按钮关闭此对话框。

2．安装活动目录

（1）执行“开始”→“运行”命令，在“运行”对话框中，输入“dcpromo”，如图 2.21 所示。

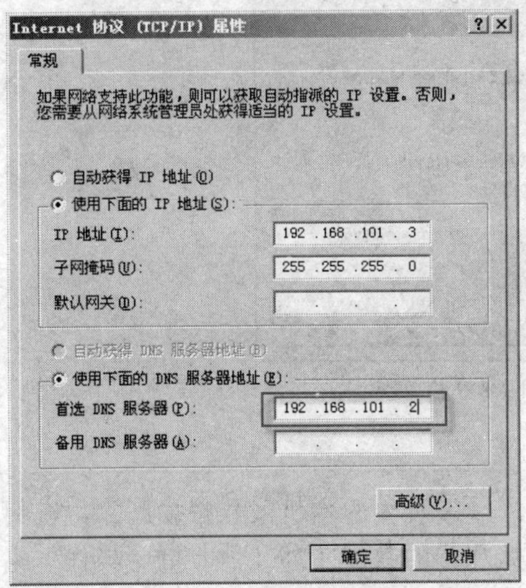

图 2.20 设置 IP 地址

图 2.21 运行 dcpromo 命令

如果要从备份介质中复制 Active Directory 数据库，使用以下命令：dcpromo/adv。

（2）在弹出的“欢迎使用 Active Directory”安装向导对话框中单击“下一步”按钮。

（3）图 2.22 所示的画面，说明了由于 Windows Server 2003 域控制器的安全措施较为严谨，一些较早版本的操作系统，如 windows 95、windows NT 4.0 SP3 或更早版本，将无法通过 windows server 2003 域控制器登录与访问域的资源。单击“下一步”按钮。

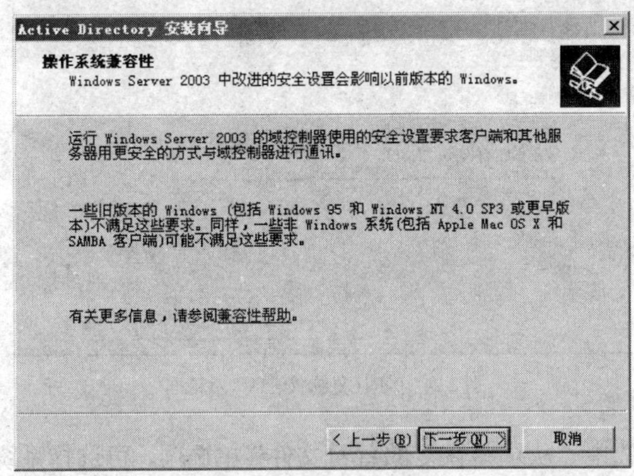

图 2.22 操作系统兼容性

（4）在图 2.23 所示的对话框中进行选择，选择“现有域的额外控制器”，然后单击“下一步”按钮。

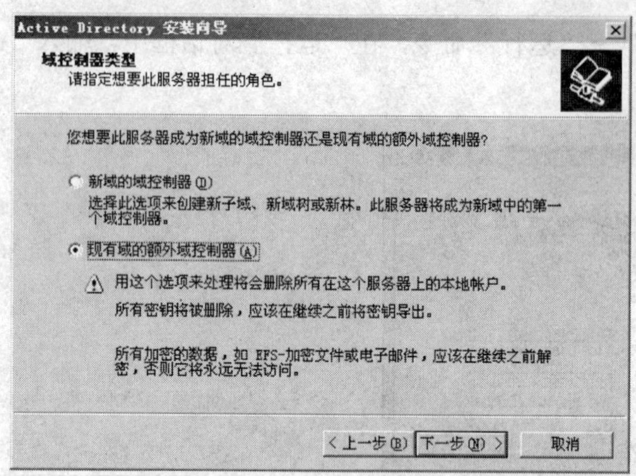

图 2.23　选择域控制器类型

一旦将此域升级为额外的域控制器后，原来机内的本机账号将被删除，密钥也将被删除，因此应该先将输出存档，已被加密的数据（如文件与电子邮件）也将无法读取，应先将这些数据解密。

（5）如果在运行 dcpromo 命令时未加/adv 参数，将不会出现图 2.22 所示的对话框，此时直接跳到步骤 8。在图 2.24 中，可以选择从何处来复制 Active Directory 数据库。可以选择从何处来复制 Active Directory 数据库。可以通过网络上的域控制器，它与执行 dcpromo 命令相同。也可选择“从这些恢复的备份文件”，跳转到步骤 6。

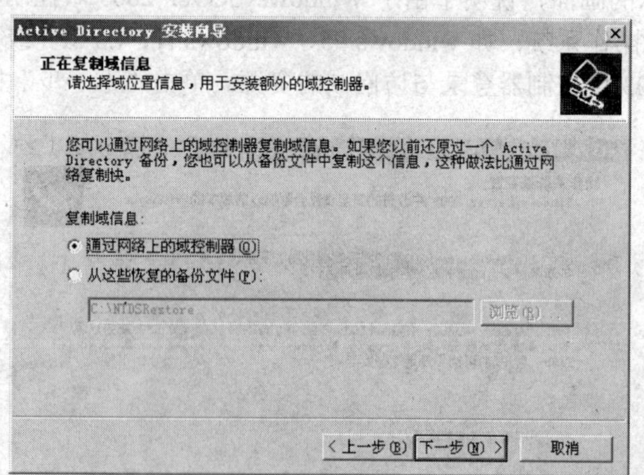

图 2.24　“正在复制域信息”对话框

（6）在图 2.24 中选中“从这些恢复的备份文件”单选项，可选择系统默认值来存储 Active Directory 数据库的备份文件，也可以通过“浏览”按钮选择其他文件夹。

执行“开始”→“所有程序”→“附件”→“系统工具”→“备份”命令。在“备份或还原向导”中，单击“下一步”按钮，进入“备份的内容”对话框。选择“还原文件和设置”选项。单击“下一步”按钮，进入“要备份的内容”对话框。在“还原项目”对话框中，展开“文件”→勾选“system state”选项，单击“下一步”按钮。在“正在完成备份和还原向导”对话框中，单击完成按钮，完成操作。

要点说明

（7）如果这份备份数据来自于一台“全局编录”的域控制器，此时可以选择是否将这台新域控制器设置为“全局编录”。

（8）说明目前仍未指定这台计算机的 DNS 服务器的 IP 地址。在指定好后，单击“下一步”按钮。

（9）在图 2.25 所示对话框中输入拥有将计算机升级为域控制器权力的用户名和密码，此用户名必须是隶属于目的域的 Domain Admins 组、Enterprise Admins 组，或是授权用户。

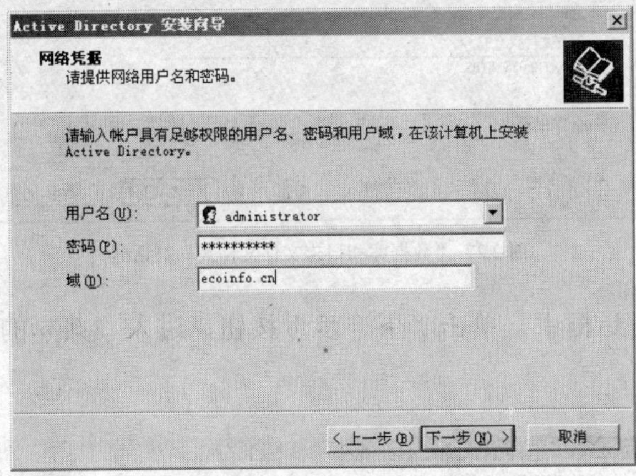

图 2.25　“网络凭据”对话框

（10）在图 2.26 所示的对话框中，输入该域控制所属域的域名“ecoinfo.cn”。

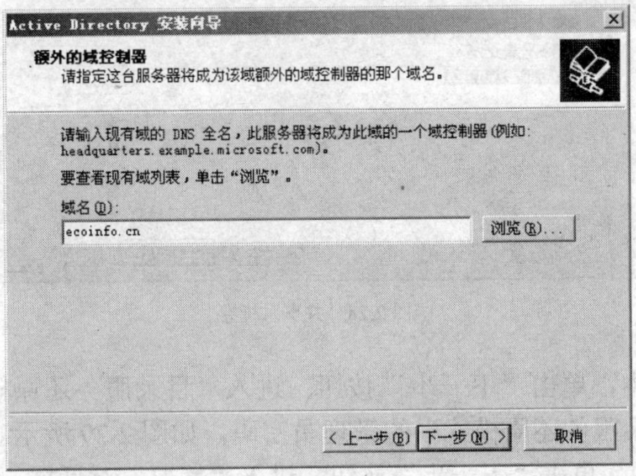

图 2.26　额外的域控制器

如果利用 dcpromo/adv 命令，并选择“从这些恢复的备份文件”来复制 Active Directory 数据库，则 Active Directory 会自动选择记录在备份文件内的域里，不会出现图 2.24 所示对话框。

要点说明

（11）在图 2.26 中，单击“下一步”按钮，进入“数据库和日志文件文件夹”对话框，如图 2.27 所示。

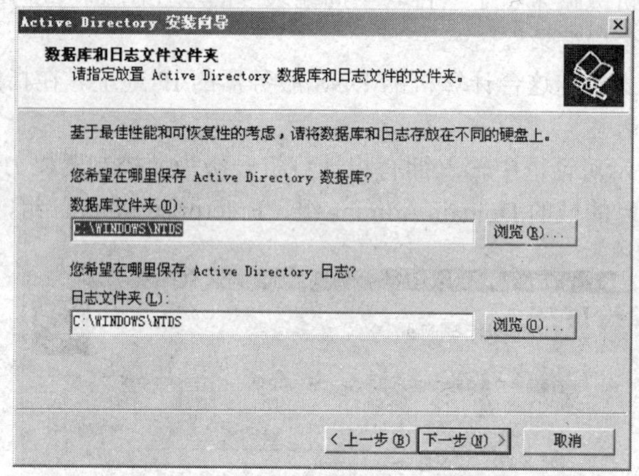

图 2.27 “数据库和日志文件文件夹”对话框

（12）在图 2.27 对话框中，单击“下一步”按钮，进入“共享的系统卷”对话框，如图 2.28 所示。

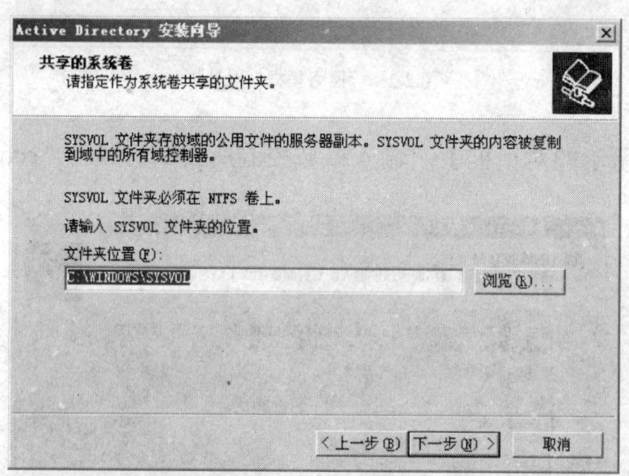

图 2.28 共享系统卷

（13）在图 2.28 中，单击“下一步”按钮，进入“目录服务还原模式的管理员密码”对话框，在此输入“目录服务还原模式”的管理员密码，如图 2.29 所示。

（14）在图 2.29 中，单击“下一步”按钮，进入“摘要”对话框，如图 2.30 所示。

（15）在“摘要”对话框中，单击“下一步”按钮，进入“Active Directory 安装向导”对

话框，如图 2.31 所示。

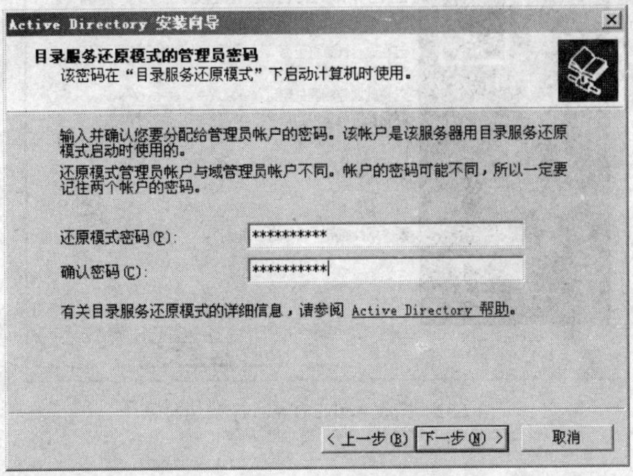

Active Directory 安装向导

目录服务还原模式的管理员密码
该密码在“目录服务还原模式”下启动计算机时使用。

输入并确认您要分配给管理员帐户的密码。该帐户是该服务器用目录服务还原模式启动时使用的。

还原模式管理员帐户与域管理员帐户不同。帐户的密码可能不同，所以一定要记住两个帐户的密码。

还原模式密码(P): **********

确认密码(C): **********

有关目录服务还原模式的详细信息，请参阅 Active Directory 帮助。

< 上一步(B) 下一步(N) > 取消

图 2.29 目录服务还原模式的管理员密码

Active Directory 安装向导

摘要
请复查并确认选定的选项。

您选择(Y):
将这个服务器配置成 ecoinfo.cn 域的额外域控制器。

数据库文件夹: C:\WINDOWS\NTDS
日志文件文件夹: C:\WINDOWS\NTDS
SYSVOL 文件夹: C:\WINDOWS\SYSVOL

要更改选项，单击“上一步”。要开始操作，单击“下一步”。

< 上一步(B) 下一步(N) > 取消

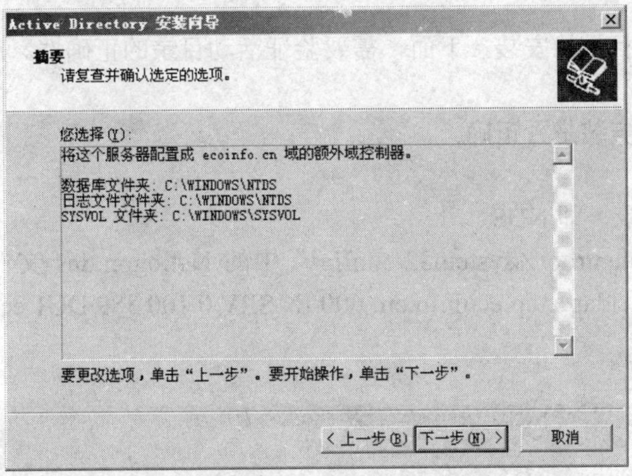

图 2.30 “摘要”对话框

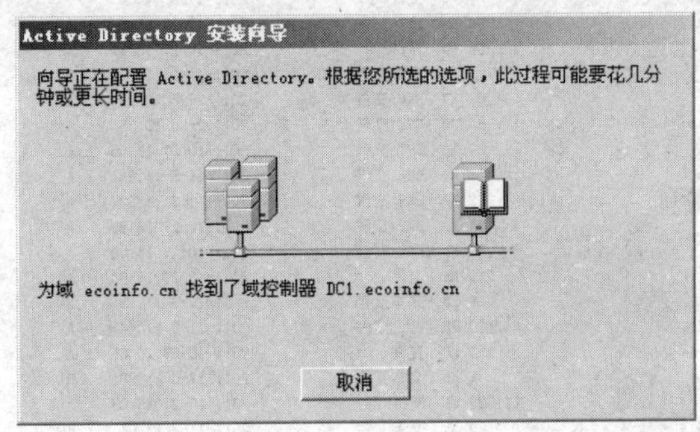

图 2.31 Active Directory 安装向导

（16）当出现“完成 Active Directory 安装向导”对话框时，单击“完成”按钮，然后重新开机即可，如图 2.32 所示。

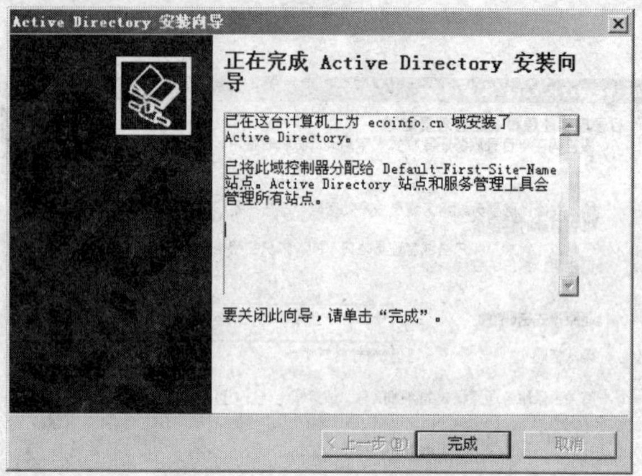

图 2.32　完成 Active Directory 安装向导

操作三　验证活动目录

【问题提出】

已经完成了活动目录的安装，下面，需要验证活动目录的正确性。

【目标】

验证活动目录的安装是否正确。

【操作】

1．验证 SRV 记录，即 NDS

（1）打开“%systemroot%system32/config/”中的 Netlogon.dns 文件，查看 LDAP 服务记录，在本例中为“_ldap._tcp.ecoinfo.cn. 600 IN SRV 0 100 389 DC1.ecoinfo.cn”，如图 2.33 所示。

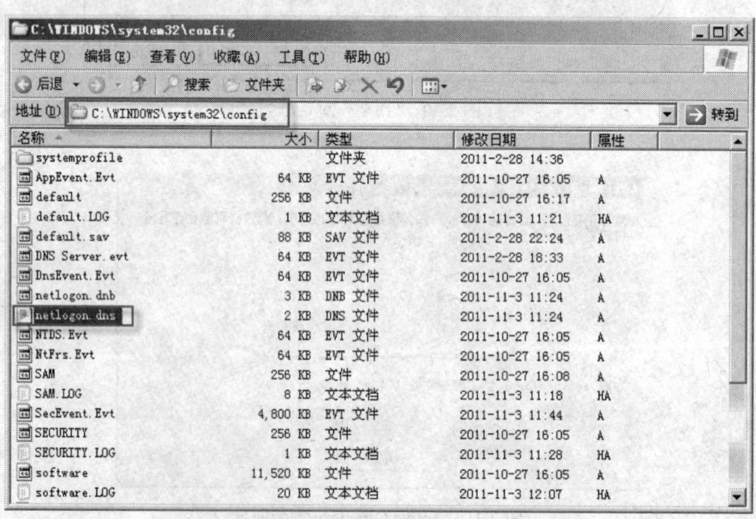

图 2.33　查看 Netlogon.dns 文件

（2）查看 Netlogon.dns 文件的内容，如图 2.34 所示。

图 2.34 查看 Netlogon.dns 文件内容

2．验证 SRV 记录在 NSLOOKUP 命令工具中执行是否正常

在命令提示行下，输入 NSLOOKUP，如图 2.35 所示。

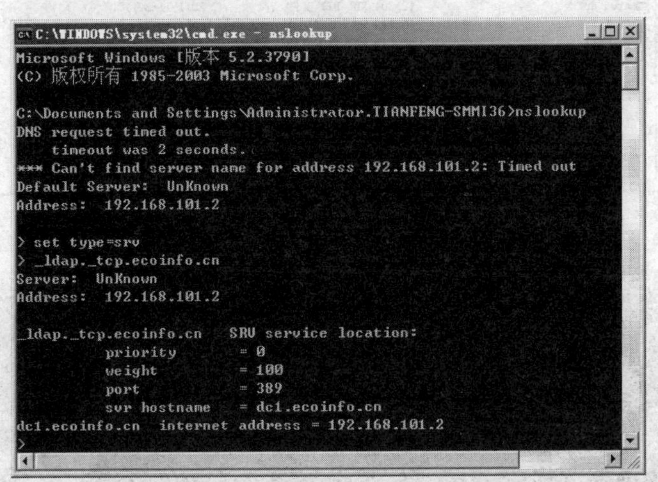

图 2.35 查看 Netlogon.dns 文件内容

如果返回了服务器名和 IP 地址，说明 SRV 记录工作正常。

3．验证系统卷 SYSVOL

打开目录“%systemroot%\sysvol”，查看是否包括 domain、staging、staging areas、sysvol 文件夹，如果存在，则表示正常，如图 2.36 所示。

4．验证目录数据库和日志文件

打开“%systemroot%\ntds”文件夹，查看文件是否包括 ntds.dit（目录数据库文件）、res*.log（保留日志文件）、edb.*（事务日志和检查点文件），如图 2.37 所示。

5．验证共享

在命令提示符下，输入“net share”，查看是否包括共享名为“netlogn”和“sysvol”两个文件夹，如图 2.38 所示。

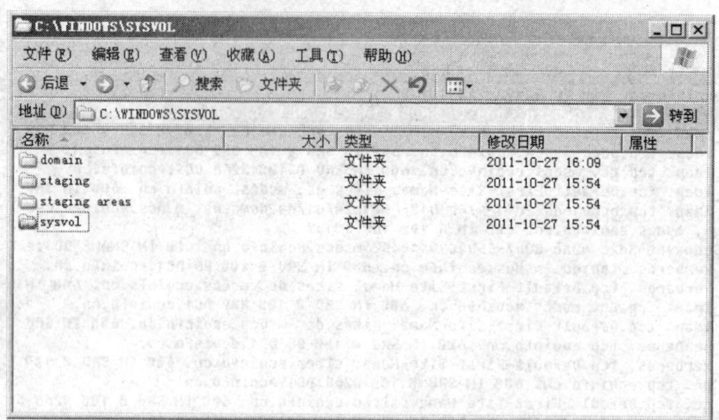

图 2.36　验证系统的 SYSVOL

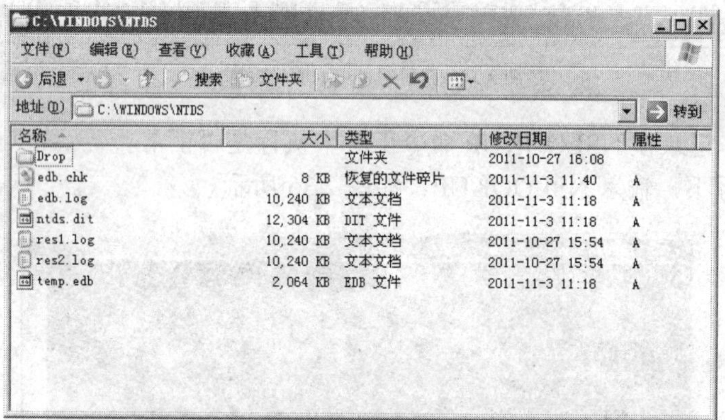

图 2.37　验证系统的目录数据库和日志文件

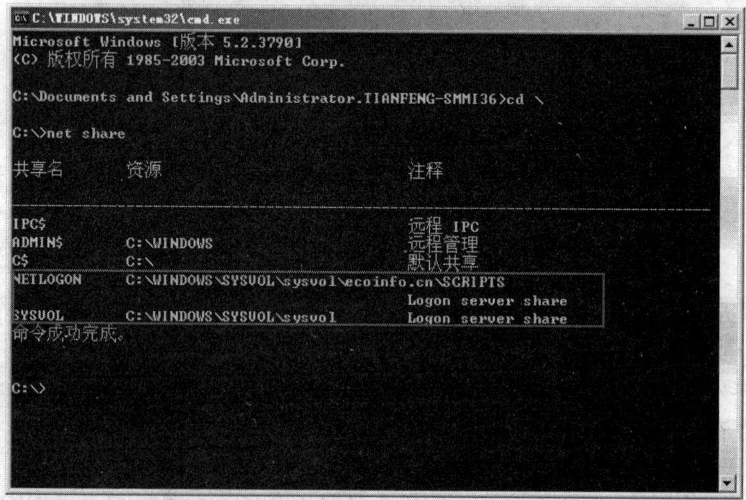

图 2.38　查看共享文件夹

6．查看事件日志文件

执行“开始”→“所示程序”→“管理工具”→“事件查看器”命令，如图 2.39 所示，可以利于系统、目录服务、DNS 服务器、文件复制服务等 4 个日志文件内的记录来检查。

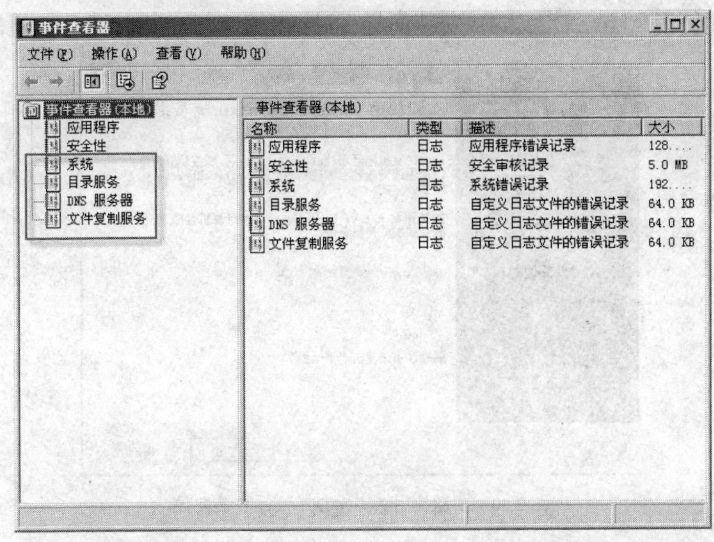

图 2.39　事件查看器

操作四　删除 Active Directory

【知识链接】

只要将域控制器降级为独立服务器或成员服务器，就可以将 Active Directory 从此计算机中删除。降级前的注意以下事项。

- 必须是 Domain Admins 或 Enterprise Admins 组的成员才有权力执行降级操作。
- 如果这台域控制器是这个域内最后一台域控制器，此域内已不存在任何域控制器，整个域将被删除，而该计算机也会被降级为独立服务器。在降级前，应先让域内的所有计算机脱离域，因为这台域控制器降级后，此域也就跟着删除了。
- 如果这个域下还有子域，无法删除该域，必须先删除子域。
- 如果这个域内还有其他域控制器存在，它将被降级为该域的成员服务器。
- 如果这台域控制器是“全局编录”，则将其降级后，它将不再扮演“全局编录”的角角，因此请先确定网络上是否还有其他的“全局编录”。若没有其他的“全局编录”，则需要指派别外一台域控制器来扮演“全局编录”，否则将影响用户的登录操作。指派通过步骤为：

执行“开始”→“管理工具”→“Active Directory 站点和服务”命令，展形“Sites”→“Default-First-Site-Name”→“Servers”→双击欲扮演“全局编录”角色的服务器。右击“NTDS Settings”→选择“属性”→勾选“全局编录”选项。

【问题提出】

作为公司的网络管理员，如果不再需要域控制器，可以将域控制器进行降级。

【目标】

删除活动目录。

【操作】

1．删除 Active Directory

（1）在域控制器上启动“Active Directory 安装向导”来执行降级的操作，执行“开始”→“运行”命令，输入 dcpromo。

（2）在“欢迎使用 Active Directory 安装向导”对话框中单击“下一步”按钮，如图 2.40 所示。

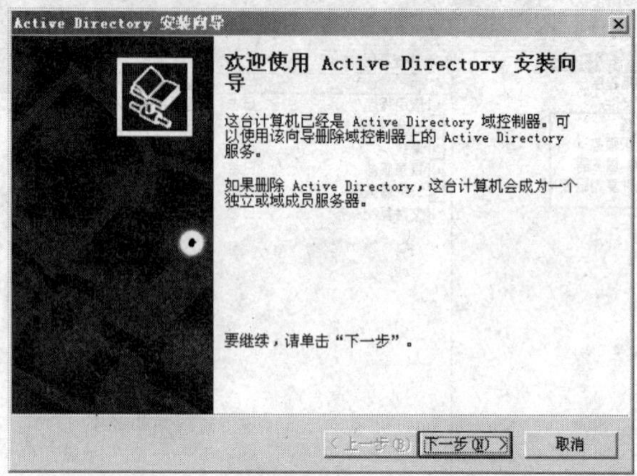

图 2.40　欢迎使用 Active Directory 安装向导

（3）在“删除 Active Directory”对话框中，如果选择“这个服务器是域中最后一个域控制器”复选项，则降级后将变成独立服务器，否则将变成这个域的成员服务器，单击“下一步”按钮，如图 2.41 所示。

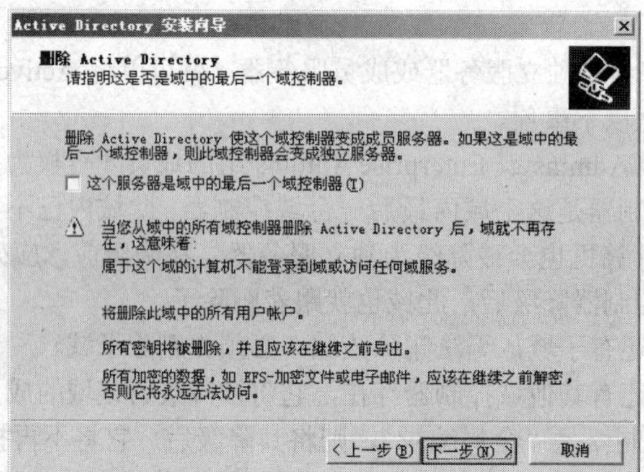

图 2.41　删除 Active Directory

（4）弹出消息提示框，如图 2.42 所示。

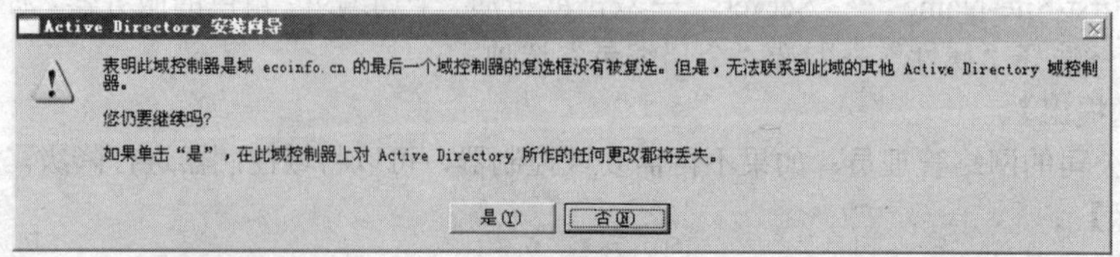

图 2.42　降级为独立服务器

（5）在图 2.43 中，输入降级为独立服务器或成员服务器的计算机设定的新管理员密码，单击“下一步”按钮。

（6）在“摘要”对话框中，单击“下一步”按钮，完成域控制器的降级。

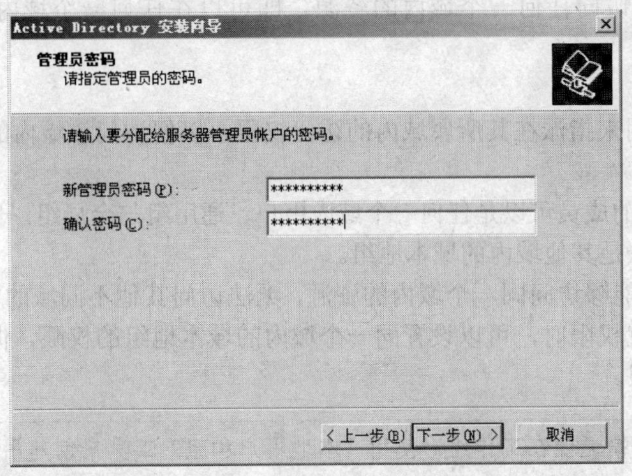

图 2.43　新管理员密码

操作五　创建和配置 OU、用户和用户组

【知识链接】

1．组织单位（OU）

使用组织单位（OU）首先可以加强管理控制，主要是在网络资源上委派管理控制，可以把相似的网络资源用 OU 来分组，简化对象管理，控制网络资源的可视性，使资源管理更有效。其次，可以控制组策略的应用。

2．域用户组

通过组来管理用户账户，则能够减轻许多网络管理的负担。例如，当为“行政部”组设定权限后，“行政部”组内的所有用户都拥有些权限，不需要逐个进行设置。

可以利用“Active Directory 用户和计算机”来添加、删除与改变域组的名称、添加域组成员。组可以分为 3 类，分别为“通用组”、“全局组”、“域本地组”。它们分别被使用在网络上的不同地方，例如有的只可以在所属的域内使用，而有的可以在整个林中的所有域内使用。

（1）通用组

通用组可以设定在所有域内的访问权限，以便访问每一个域内的资源。通用组的特性如下所示。

- 通用组具备“通用领域”的特性，其成员能够包含整个林中任何一个域内的用户、通用组与全局组，但是它无法包含任何一个域内的域本地组。
- 通用组可以访问任何一个域内的资源，也就是说可以在任何一个域内设置通用组的权限。

（2）全局组

全局组主要用来组织用户，可以将多个被赋予相同权限的用户账户加入到同一个全局组内，全局组的特性如下。

- 全局组内的成员，只能够包含所属域内的用户与全局组，即只能够将同一个域内的用户或其他全局组加入到全局组内。

- 全局组可以访问任何一个域内的资源，即可以在任何一个域内设置全局组的使用权限。

（3）域本地组

域本地组主要用来指派在其所属域内的访问权限，以便访问该域内的资源。域本地组的特性如下。

- 域本地组内的成员可以是任何一个域内用户、通用组与全局组，也可以是同一个域内的域本地组，但无法是其他域内的域本地组。
- 域本地组只能够访问同一个域内的资源，无法访问其他不同域的资源，换句话说，当在某台计算机上设置权限时，可以设置同一个域内的域本地组的权限，但是无法设置其他域内的域本地组的权限。

大家习惯还像在工作组时使用“本地用户和组”工具来创建用户账户，但发现在“域控制器”中没有“本地用户和组”，这是因为提升为“域控制器”后，就没有本地用户和组了，原来的账户和组都提升为域账户和域中的组了。

重点提示

3．组的使用准则

为了让网络管理更为容易，同时也为了减轻网络维护的负担，因此在利用组来管理网络资源尤其是大型网络时，建议尽量采用以下准则。

- A，G，DL，P
- A，G，G，DL，P
- A，G，U，DL，P
- A，G，G，U，DL，P

A 代表用户账户（user Account）、G 代表全局组（Global group）、DL 代表域本地组（Domain Local group）、U 代表通用组（Universal group）、P 代表权限（Permission）。

（1）A，G，DL，P 策略

A，G，DL，P 策略就是先将用户账户（A）加入到全局组（G），再将全局组加入到域本地组（DL）内，然后设置域本地组的权限（P），如图 2.44 所示，以此图为例，域中的任何一个用户要针对图中的域本地组来设定权限，则处于该域本地组中的全局组中的所有用户，都自动具有权限。

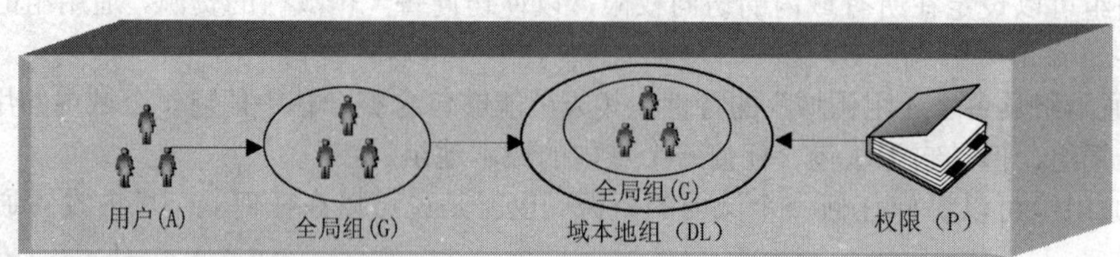

图 2.44　A，G，DL，P 策略

（2）A，G，G，DL，P 策略

A，G，G，DL，P 策略就是先将用户账户（A）加入到全局组（G），将此全局组加入到另一个全局组（G）内，再将此全局组加入到域本地组（DL）内，然后设置域本地组的权限（P），如图 2.45 所示，以此图为例，图中的全局组（G3）内包含了 2 个全局组（G1 和 G2），

它们必须是同一个域内的全局组，因为全局组内只能够包含位于同一个域内的用户账户与全局组。

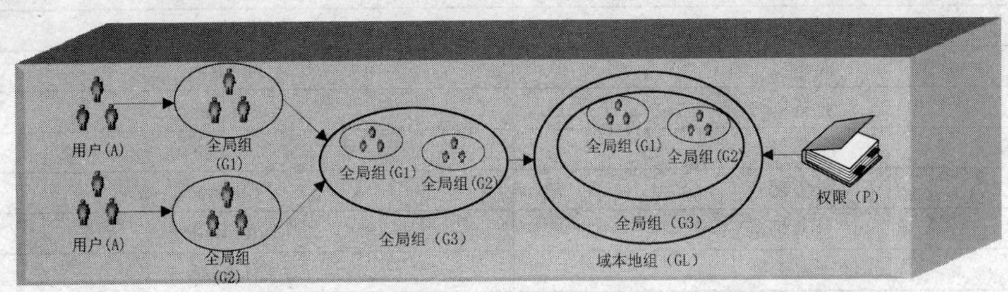

图 2.45　A，G，G，DL，P 策略

（3）A，G，U，DL，P 策略

若图 2.45 中的全局组 G1 与 G2 不与 G3 在同一个域内，则无法采用 A，G，G，DL，P 策略，因为全局组（G3）无法包含位于另外一个域内的全局组，此时就必须将全局组（G3）改为通用组，也就是必须改用 A，G，U，DL，P 策略，A，G，U，DL，P 策略就是先将用户账户（A）加入到全局组（G），将此全局组加入到通用组（U）内，再将此通用组加入到域本地组（DL）内，然后设置域本地组的权限（P），如图 2.46 所示。

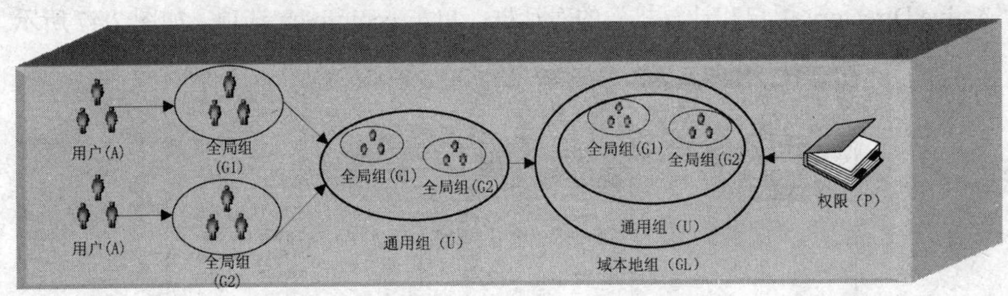

图 2.46　A，G，U，DL，P 策略

（4）A，G，G，U，DL，P 策略

A，G，G，U，DL，P 策略与上面所述策略类似，在此不再重复说明。当然也可以不遵循以上策略使用组，不过会存在一些缺点，如下所述。

- 直接将用户账户加入到域本地组内，然后直接设置此组对某资源的权限。它的缺点是无法在其他域内设定此域本地组的权限，因为域本地组只能够访问所属域内的资源。
- 直接将用户账户加入到全局组内，然后直接设置此组对某资源的权限。它的缺点是如果网络内包含多个域，而每个域内都有一些全局组需要对此资源具有相同的权限，则必须分别替每一个全局组设置权限，这种方法比较浪费时间，会增加网络管理的负担。

【问题提出】

根据对公司网络的规划，需要创建组织单位（OU）来管理各组机构，作为公司的网络管理人员，需要在各部门的 OU 中分别为该部门员工创建唯一的域用户账户，账户名为员工姓名的拼音，例如，姓名为张三，则用户名为“zhangsan”。初始密码为“123.com”，并要求域用户账户在首次登录时更改密码。密码最小长度为 8，并且符合复杂性要求。

为每个部门创建全局组，命名规则如表 2.1 所示。

表 2.1 用户组规划表

部　　门	全　局　组
行政部	Administration
人事部	Ministry
业务部	Business
服务部	Services
财务部	Finance
信息管理部	Information
经理办公室	Manager

并将同部门的员工账户分别加入各部门的全局组。

【目标】

为公司的每个部门创建组织单位，并为部门的员工创建用户和组。

【操作】

1．在域中，创建组织单位（OU）

（1）作为 administrator@ecoinfo.cn 登录，密码为空。

（2）执行“开始”→“程序”→“管理工具”→“Active Directory 用户和计算机”命令，打开“Active Directory 用户和计算机”的对话框，单击 ecoinfo.cn 选项，如图 2.47 所示。

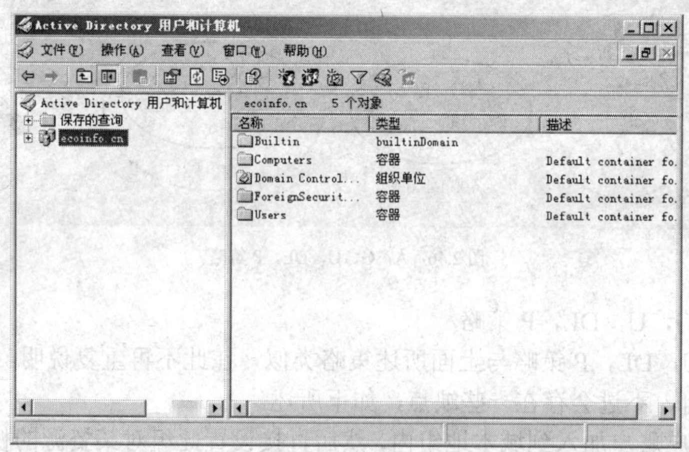

图 2.47 查看共享文件夹

ecoinfo.cn 域的默认对象说明如下。

- Builtin：用来保存默认的 Windows 2003 安全组。
- Computers：计算机账户的默认位置。
- domain controllers：域控制器计算机账户的默认位置。
- Default container for security：保存外部有信任关系域的安全标识（SIDs）。
- Users：保存内建的系统设置。

（3）选择“ecoinfo.cn 选项”，单击鼠标右键，选择“新建”→“选择组织单位”命令，如图 2.48 所示。

（4）在“新建对象-组织单位”对话框中，输入组织单位的名称，单击“确定”按钮，如

图 2.49 所示。

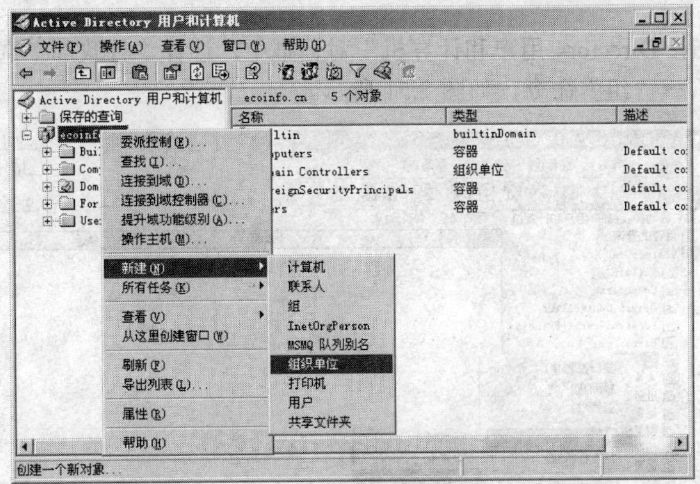

图 2.48　新建组织单位

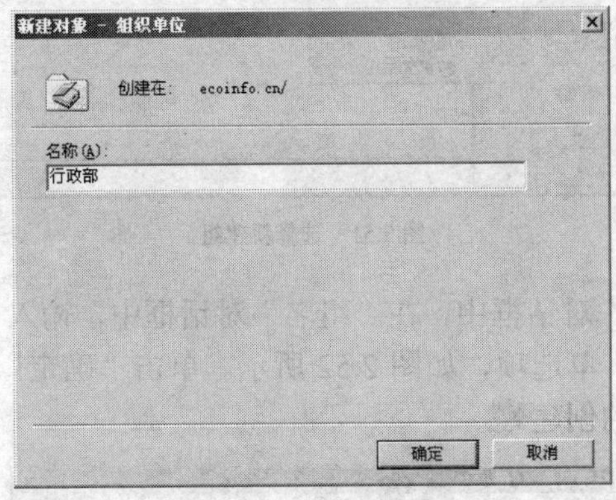

图 2.49　新建组织单位

（5）重复步骤 3～4，创建其他部门的组织单位，创建完成后，如图 2.50 所示。

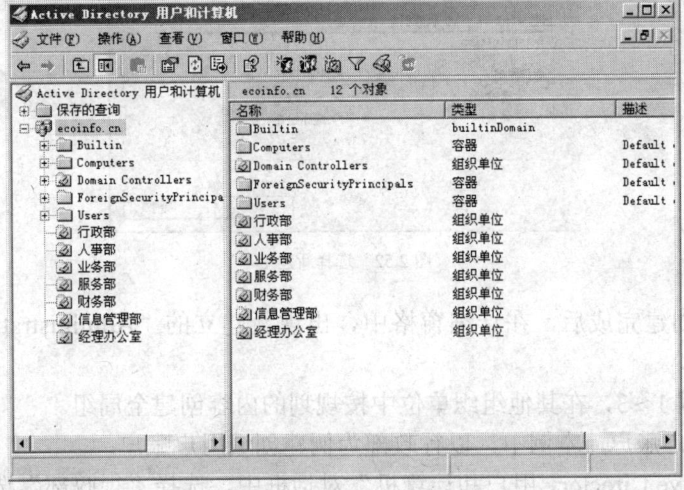

图 2.50　其他部门的组织单位

2．在组织单位（OU）中，创建用户组，本例中以“行政部”组织单位为例，创建用户和用户组

（1）在“Active Directory 用户和计算机”对话框中，选择“行政部”选项，单击鼠标右键，选择“新建”→“组”命令，如图 2.51 所示。

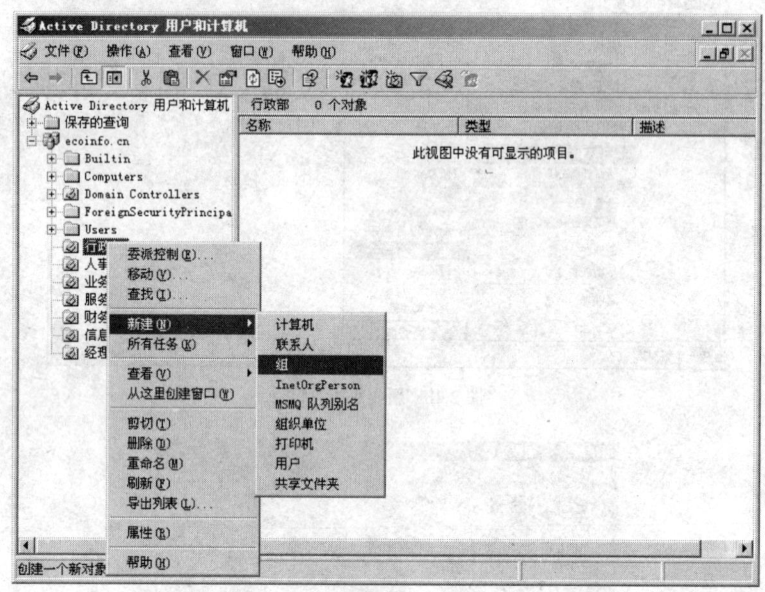

图 2.51　选择新建组

（2）在“新建对象-组”对话框中，在“组名”对话框中，输入“Administration”，在“组作用域”区域选中“全局”单选项，如图 2.52 所示。单击“确定”按钮，完成“行政部”的全局组“Administration”的创建。

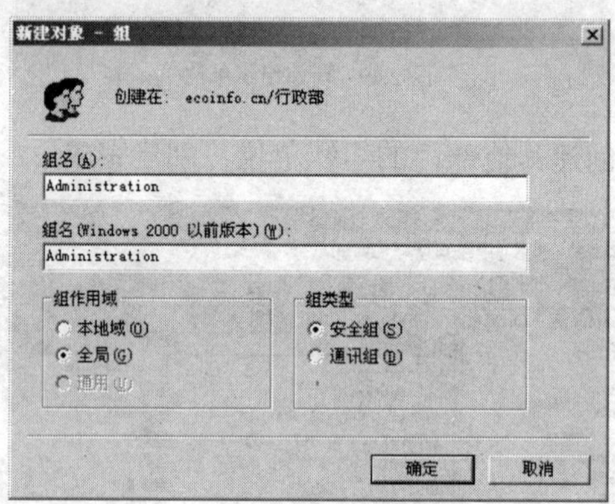

图 2.52　选择新建组

（3）全局组创建完成后，在详细窗格中，出现新建立的“Administration”全局组，如图 2.53 所示。

（4）重复步骤 1～3，在其他组织单位中按规划的内容创建全局组。

3．创建域用户账户，本例中，以行政部为例建创域用户账户。

（1）在“Active Directory 用户和计算机”对话框中，选择“行政部”选项，单击鼠标右

键，选择“新建”→“用户”命令，如图 2.54 所示。

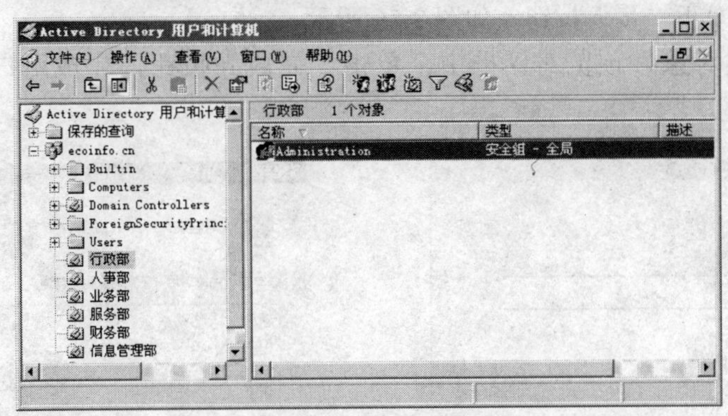

图 2.53　全局组创建完成

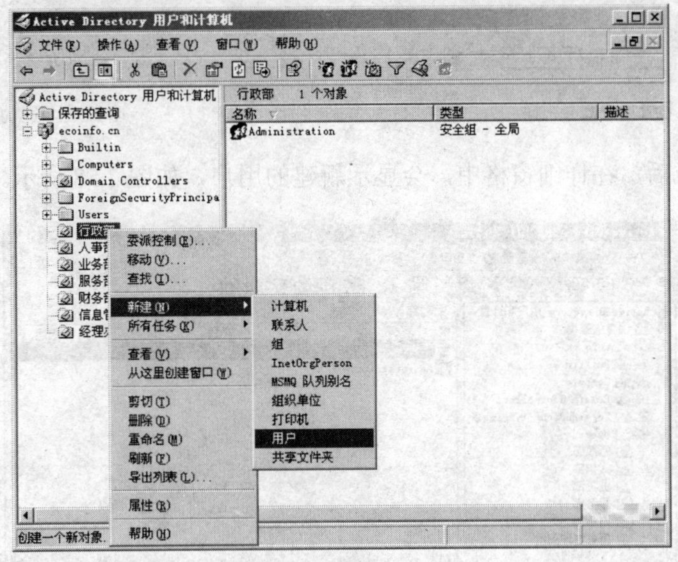

图 2.54　新建域用户账户

（2）在“新建对象-用户”对话框中，在“姓”文本框中，输入“李”，在“名”文本框中输入“岩”，在“用户登录名”处输入“liyan”，单击“下一步”按钮，如图 2.55 所示。

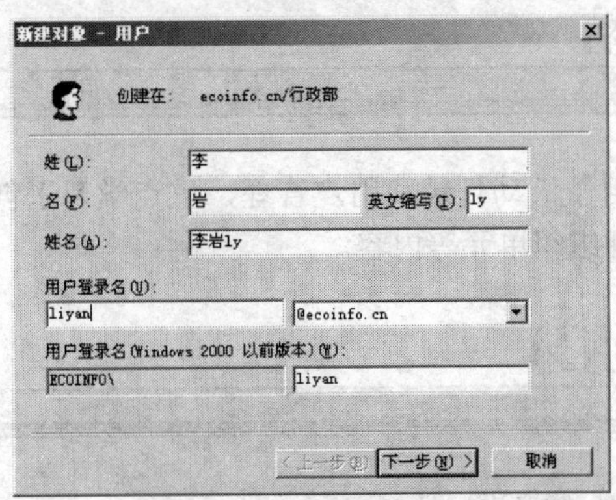

图 2.55　新建用户对象

（3）在输入密码及确认密码对话框，输入“123.com”，选中“密码永不过期”复选项，设置完成后，单击“下一步”按钮，如图 2.56 所示。

（4）在“新建对象”预览对话框中，单击“完成”按钮，完成用户创建，如图 2.57 所示。

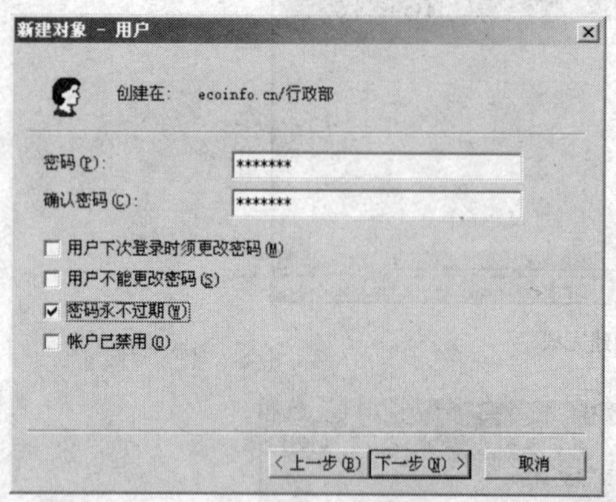

图 2.56　设置用户账号密码

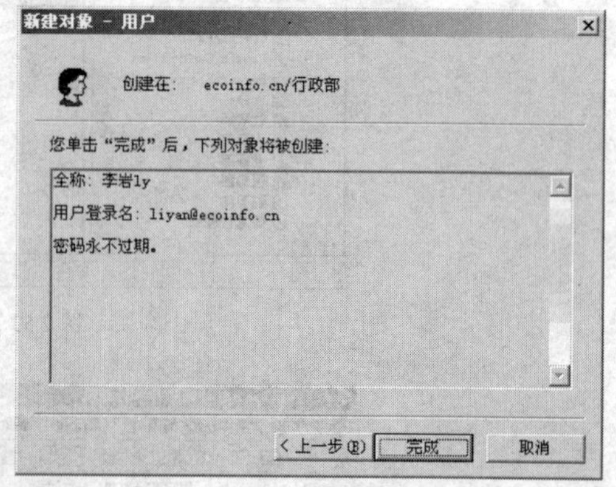

图 2.57　预览窗口

（5）创建完成后，在详细窗格中，会显示新建的用户，如图 2.58 所示。

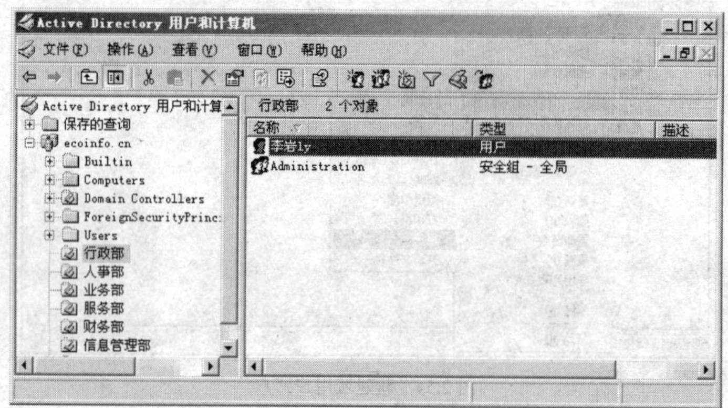

图 2.58　用户查看

任务小结

通过本任务，主要学习了活动目录和用户管理，重点学习了创建 Windows Server 2003 域、管理域用户和组、管理组织单元等内容。

思考与练习

1．域内有多台域控制器有哪些好处？

2．配置一台域控制器需要哪些先决条件？

3．什么是组织单元（OU）？使用组织单元管理网络资源有哪些优势？

4．域组可能分为哪几类？分别是什么？各有什么样的特点？

5．为什么在域中常常需要 DNS 服务器？

6．活动目录中存放了哪些信息？

7．Active Directory 的优点是什么？如何安装 Active Directory？

8．在 Active Directory 安装结束后，如何检验 Active Directory 安装是否正确？

9．不同的组对网络性能具有哪些影响？

10．如何限制用户由某台客户机在某个特定时段登录？

11．组织单位的委派控制有何意义？

12．将用户账户、计算机账户添加到组中作用有何不同？

任务三　配置域安全策略

【问题提出】

作为公司的网络管理人员，根据公司的管理策略，需要设置组策略功能，来减轻管理的工作负担，降低网络管理的成本。

【目标】

- 了解组策略。
- 了解组策略的处理规则。
- 利用组策略管理用户环境。
- 利用组策略管理计算机环境。

【前提条件】

- 已经配置好的域控制器。

操作一　组策略用户配置

【知识链接】

组策略是一个管理用户工作环境的技术，通过它可以确保用户拥有所需的工作环境，也可以通过它来限制用户，这不仅让用户拥有适当的环境，也减轻了系统管理员的管理负担。

通过组策略 GPO（Group Policy Object）来实现用户和计算机的集中配置和管理。这些设置包括安全选项、软件安装、脚本文件设置、桌面外观和用户文件管理等。组策略的所有配置信息都保存在组策略对象。

GPO 可分为两类，分别是系统内建的默认 GPO 和用户自定义 GPO。

系统内建的默认 GPO 包括：默认域策略（Default Domain Policy），该策略将影响域中的所有用户和计算机；默认域控制器组策略（Default Domain Controllers Policy）：通常只影响到域中所有的域控制器。

创建和管理 GPO 的工具包含如下。

（1）组策略管理控制台 GPMC

它不是 Windows Server 2003 内置的工具，但可以从微软网站免费下载。该工具可以完成

对组策略的各种配置和管理，包括备份，还原和生成组策略报表。

（2）Active Directory 用户和计算机

用于管理域和 OU 的组策略。

（3）Active Directory 站点和服务

用于管理站点的组策略。

【问题提出】

根据公司策略，作为公司的网络管理人员，为了保证网络的安全性，要求“业务部”OU 内的所有用户在登录域名，删除“开始”菜单中的“运行”选项。由于目前并没有任何的 GPO 被链接到“业务部”OU 内，因此，需要先建立一个 GPO，然后将其链接到“业务部”OU，最后通过修改此 GPO 配置值的方式来达到目的。

【目的】

- 新建 GOP，并将 GOP 连接到 OU。
- 设置用户配置。

【操作】

若还没有建立“业务部”OU，请先添加，然后在此 OU 内建立几个用户账号。

（1）作为 administrator@ecoinfo.cn 登录，密码为 password。

（2）选择“开始”→“管理工具”→“Active Directory 用户和计算机”→“业务部 OU”命令，单击鼠标右键，在弹出的菜单中选择“属性”命令，如图 3.1 所示。

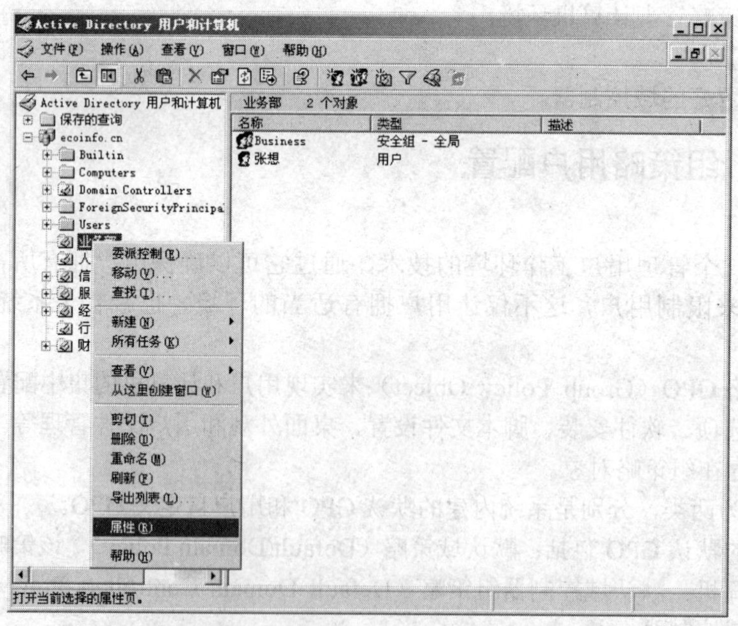

图 3.1 Active Directory 用户和计算机

（3）在图 3.1 中，单击“属性”按钮，弹出“业务部 属性”对话框，选择“组策略”选项卡，如图 3.2 所示。

（4）在图 3.2 中，单击“新建”按钮，此 GPO 名称默认为“新建组策略对象”，可修改此名称，如“业务部 GPO”，如图 3.3 所示。

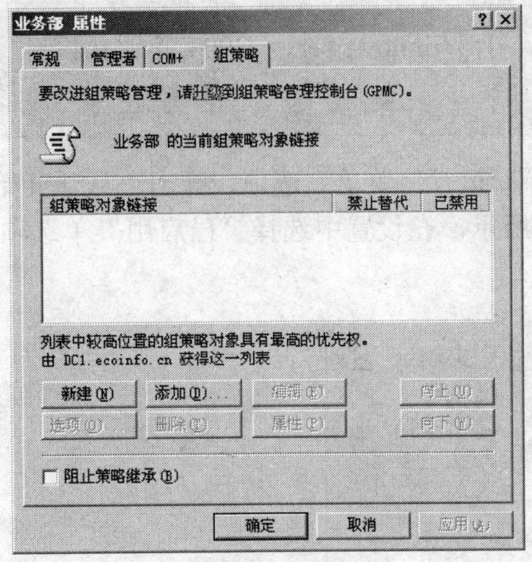

图 3.2 “组策略”选项卡

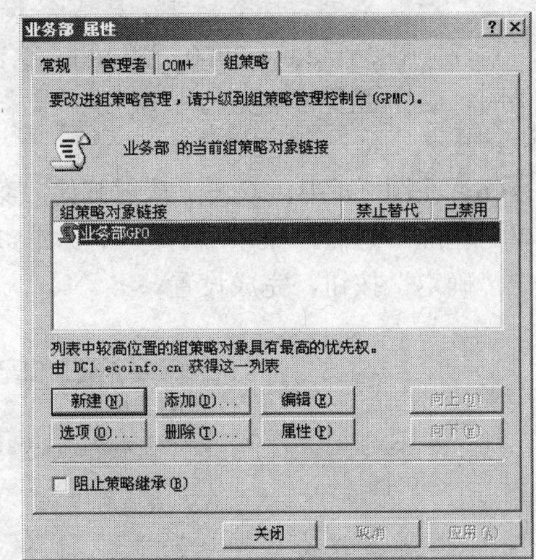

图 3.3 新建“业务部 GPO”

当单击“新建”铵钮时，它不但会建立一个新的 GPO，同时也会将此 GPO 链接到“业务部”OU，你也可以通过单击“添加”按钮，将一个已经存在的 GPO 链接到此 OU。

提示

（5）单击“编辑”按钮，运行“组策略编辑器”，如图 3.4 所示，选择“用户配置”→“管理模板”→“任务栏「开始」菜单”选项，在右侧“设置”栏中双击“从「开始」菜单中删除‘运行’菜单”选项。

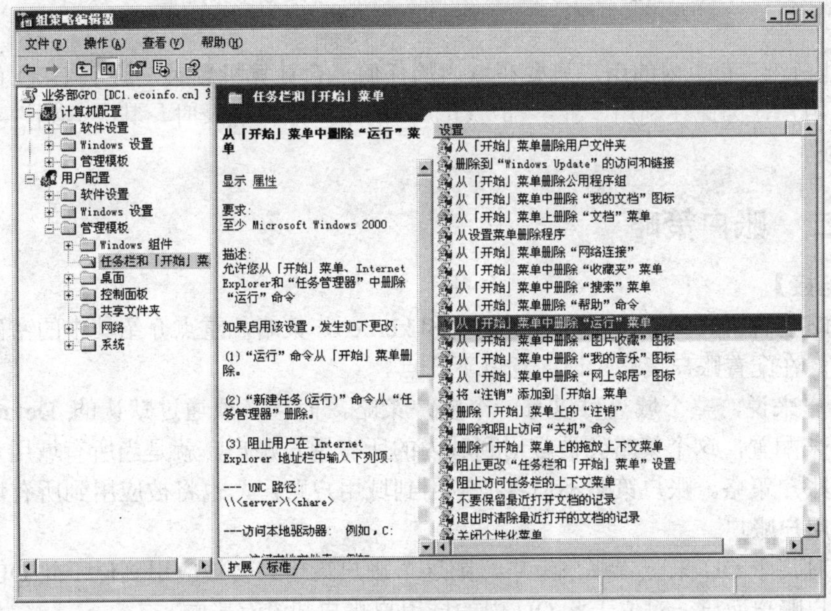

图 3.4 组策略编辑器

GPO 内的配置并非都适用于所有的计算机，例如“从「开始」菜单中删除“运行”菜单”这个配置，只适合于 Windows 2000 以上的计算机，也就是说用户登录在 Windows 2000、Windows XP Professional、Windows server 2003 等计算机时，这个配置才有效。

注意

（6）在图 3.4 中，双击“从「开始」菜单中删除‘运行’菜单”选项，弹出“从「开始」菜单中删除‘运行’菜单 属性”对话框，如图 3.5 所示，在设置中选择“已启用”单选项，单击“确定”按钮，完成设置。

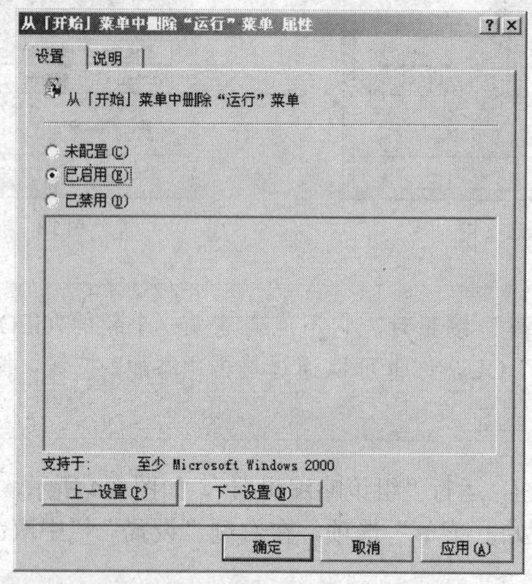

图 3.5 “从「开始」菜单中删除‘运行’菜单 属性”对话框

（7）“业务部”OU 内的用户只要在域内的任何一台计算机登录，这个 GPO 的配置值就会应用到该用户，因此在利用“业务部”OU 内的用户账户登录时，其“开始”菜单中将没“运行”选项。

操作二 账户策略

【知识链接】

账户策略包含密码策略、账户锁定策略和 kerberos 策略，重点介绍其中的密码策略与账户锁定策略。在配置账户策略时请注意以下几点。

对域用户来说，整个域只可以有一个账户策略，而且必须通过默认的 Default Domain Policy GPO 来配置，这个策略会被应用到域内的所有用户账户，就是当所有域用户登录时，都将应用些账户策略。账户策略不但将被应用到域用户账户，也将被应用到所有域成员计算机内的本机用户账户。

如果针对某个 OU 来配置账户策略，则这个账户策略只会被应用到位于此 OU 的计算机内的本机用户账户而已，对位于此 OU 内的域用户账户却没有影响。

加入域的计算机也可以有自己的本机账户策略，不过如果配置与域的配置有冲突，以域的配置优先。

1．密码策略

密码必须符合复杂性要求，要启用此功能，密码必须至少符合以下要求。

- 不可包含用户账户名称的全部或部分文字。
- 至少要6个字符。
- 至少要包含A～Z、a～z、0～9、非字线数字（如!、$、#、%）第4组字符中的3组。

如果密码设为123ABCa是有效的，但设为1234567则是无效的，因为它只用到数字这一组字符。域控制器默认地启用此策略，独立服务器则默认禁用。

密码最长使用期限：密码最长使用期限（可为0～999天）。用户在登录时，若密码使用期限已到，则系统会自动要求用户更改密码。若设为 0，则表示密码没有使用期限，可以一直用下去。默认为42天。

密码最短使用期限：密码最短的使用期限（可为0～998天），在期限末到前，用户不得改变密码。若设为0，则表示用户可以随时改变密码。域控制器的默认值为1，独立服务器的默认值为0。

强制密码历史：可以设置是否要记录用户曾经使用过的旧密码，以便用来决定用户在改变其密码时，是否可以使用旧的密码。此处的值可为0～24。分以下两种情况。

- 1～24：表示要保存密码的历史数据。
- 0：表示不保存密码历史数据，因此密码可以随时重复使用，也就是用户在更改密码时，可以将其设为以前使用过的旧密码。

域控制器的默认值为24，独立服务器的默认值为0。

密码长度最小值：用来设定用户的密码最少需几个字符。此处的值可为0～14，若设为0，则表示可以没有密码。域控制器的默认值为7，独立服务器的默认值为0。

用可还原的加密来储存密码：默认为禁用此策略。

2．账户锁定策略

账户锁定阈值：此处可设置在用户登录多次失败后，将其账户锁定。在末解除锁定之前，用户无法再用该账户来登录。此处的值可以是0～999，若设为0，则表示账户永远不会被锁定。默认值为0。

账户锁定时间：设置要将账户锁定多久的时间，时间过后自动解除锁定。此处的值可以是0～99999分钟，如果您将锁定时间设为0分钟，则表示此账户将被永久地锁定，不会被自动地解除锁定，此时必须由系统管理员手动解除锁动。

复位账户锁定计数器：“锁定计数器”用来记录用户登录失败的次数，起始值为0，用户每登录失败一次，锁定计数的值会加 1；匮乏登录成功，则锁定计数器的值就归零。当锁定计数器的值等于账户锁定阈值时，该账户就会被锁定。

【问题提出】

根据公司策略规划的要求，密码不能为简单的密码，不能全为数字或字母，需要设置用户密码策略，使之符合密码复杂度的要求，账户密码长度不小于 8，需要设置密码长度，来

对其进行限制，要对个别员工试探别人密码的行为有所防范，必须设置账户锁定策略，保证如 3 次登录失败，则锁定该账户。

【目的】

- 设置密码策略。

【操作】

1．必须符合复杂性要求

（1）作为 administrator@ ecoinfo.cn 登录，密码为 password，登录域控制器 DC1。

（2）选择“开始”→“管理工具”→“Active Directory 用户和计算机”命令，打开“Active Directory 用户和计算机”窗口。

（3）在“Active Directory 用户和计算机”窗口中，选择“ecoinfo.cn”节点选项，单击鼠标右键选择“属性”命令，如图 3.6 所示。

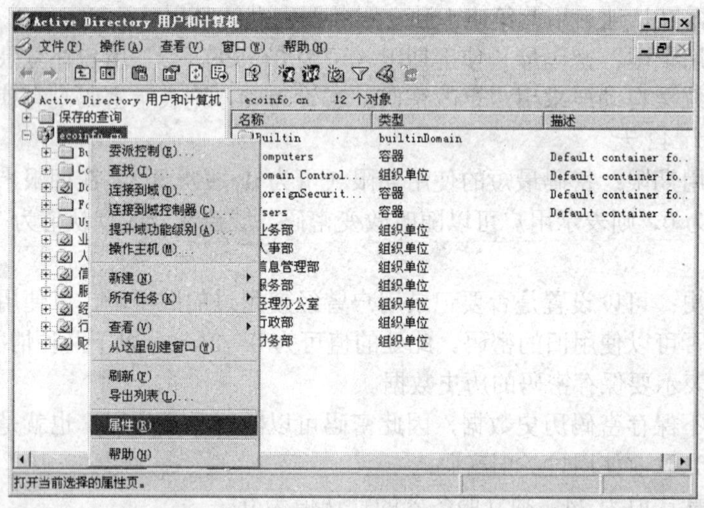

图 3.6 “Active Directory 用户和计算机”窗口

（4）在弹出的“ecoinfo.cn 属性”对话框中，选择“组策略”选项卡，选择“Default Domain Policy”选项，如图 3.7 所示。

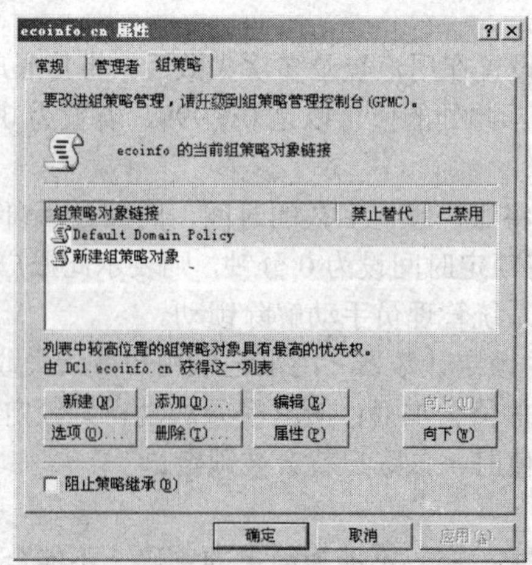

图 3.7 ecoinfo.cn 属性

（5）在图 3.7 中，单击“编辑”按钮，对组策略进行编辑，弹出“组策略编辑器”窗口，如图 3.8 所示。在组策略编辑器”窗口中，选择“计算机配置”→“Windows 设置”→“安全设置”→“账户设置”→“密码策略”选项，在右侧的详细窗格中，保证“密码必须符合复杂性要求”的策略设置为“已启用”。

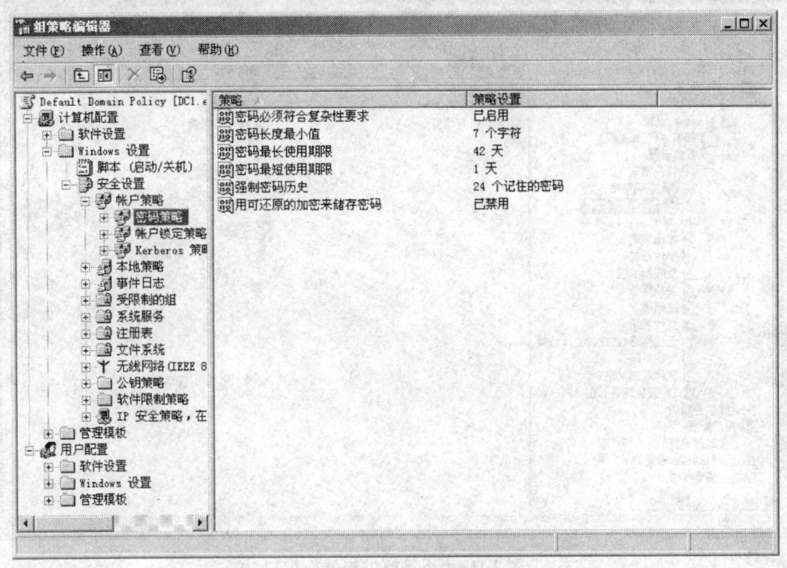

图 3.8　组策略编辑器

在域控制器中，“Default Domain Policy”中默认启用该策略。

（6）如果为新的组策略，则在图 3.8 中双击“密码必符合复杂性要求”选项，则会弹出“密码必须符合复杂性要求 属性”对话框，如图 3.9 所示，选中“定义这个策略设置”复选项，再选中“已启用”单选项，单击“确定”按钮，完成设置。

2．设置密码长度

在图 3.8 中，双击“密码长度最小值”选项，则会弹出“密码长度最小值 属性”对话框，如图 3.10 所示，选中“定义这个策略设置”复选项，修改“密码必须至少是”为“8 个字符”，单击“确定”按钮，完成设置。

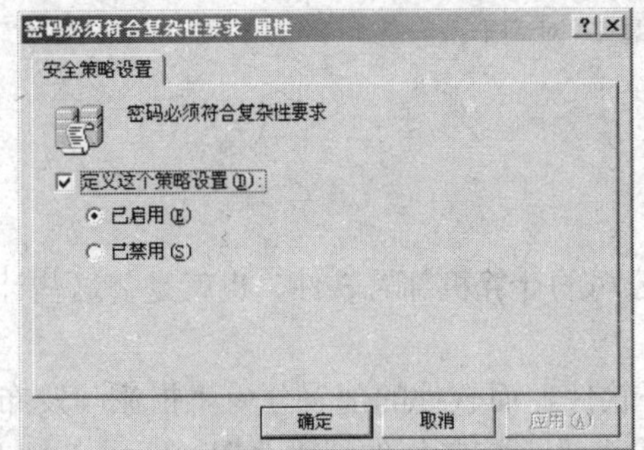

图 3.9 “密码必须符合复杂性要求 属性”对话框

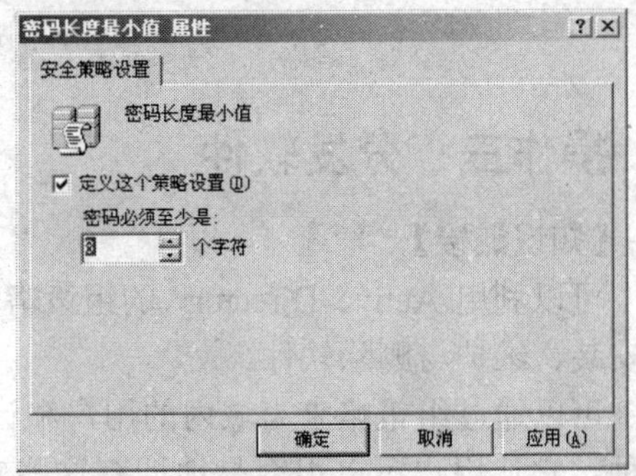

图 3.10 “密码长度最小值 属性”对话框

3．账户锁定

（1）在图 3.8“组策略编辑器”窗口中，在左侧的“导航”窗格中，选择“账户锁定策略”选项，在右侧的详细窗格中，双击“账户锁定阈值”选项，如图 3.11 所示。

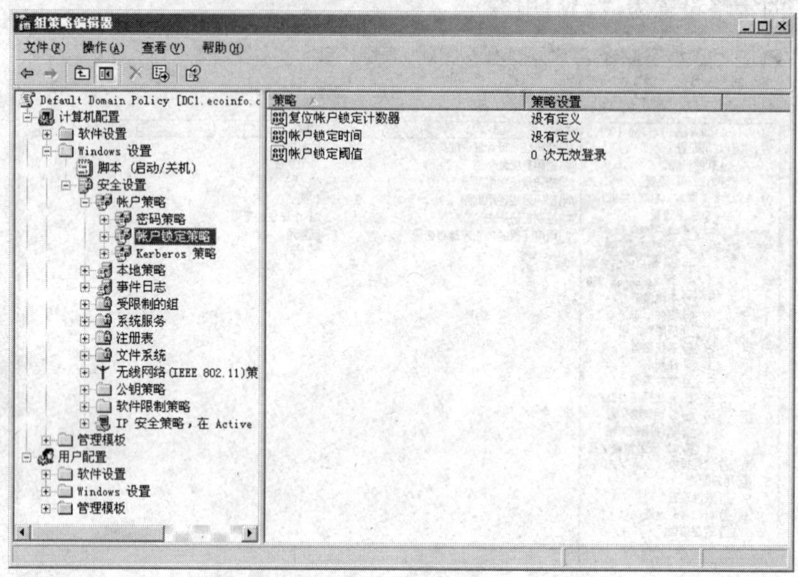

图 3.11 “组策略编辑器”窗口

（2）在图 3.11 中，双击“账户锁定阈值”选项，则会弹出“账户锁定阈值 属性”对话框，如图 3.12 所示，选中“定义这个策略设置”复选项，“在发生以下情况之后，锁定账户”栏选择“3 次无效登录”，然后单击“确定”按钮，完成设置。

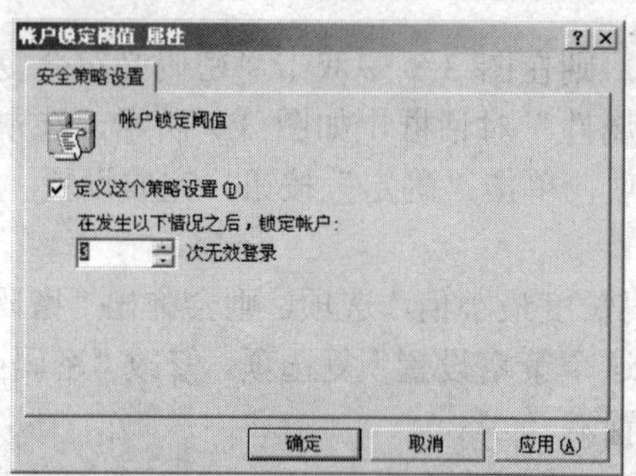

图 3.12 “账户锁定阈值 属性”对话框

操作三　分发软件

【知识链接】

可以利用 Active Directory 的组策略功能来为公司的计算机部署软件，也就是替这些计算机安装、维护与删除软件。

可以通过组策略来为域内的用户和计算机部署软件，而软件的部署分为“指派与发布”两种，它让用户可以很容易地拥有这些软件，一般来说，这些软件就为“Windows Installer Package”，也就是这些软件内包含着一个扩展名为.msi 的文件。

也可以部署扩展名为.zap 或.msp 的软件，或是将其他类型的软件包装成.msi 的“Windows Installer Package”。

【问题提出】

根据公司策略，作为公司的网络管理人员，为了保证维护的方便性，需要设置为域内的用户发布一些常用的工具软件，以便于使域内的用户可以很容易地使用该软件，在此需要给“业务部”OU 中的“业务部 GPO”来发布给此 OU 内的用户。

【目的】

- 将软件发布给用户。
- 用户可以安装发布的软件。

【操作】

下面的操作在域控制器 DC1 中完成。

1．建立软件发布站点

（1）作为 administrator@ ecoinfo.cn 登录，密码为 password，登录域控制器 DC1。

（2）在 DC1 的 C:盘下建立一个文件夹，名称为“C:\packages”，这个文件夹用来存储 Windows Installer Package。

提示

“软件发布站点（software distribution point）”是用于存储 Windows Installer Package 的共享文件夹。

（3）将此文件夹设为共享文件夹，并赋予一个共享名，建议将此共享文件夹隐藏起来，也就是共享名后附加$符号，如 Packages$，如图 3.13 所示。

（4）将 adminpak.msi 文件复制到 packages 文件夹中，如图 3.14 所示。

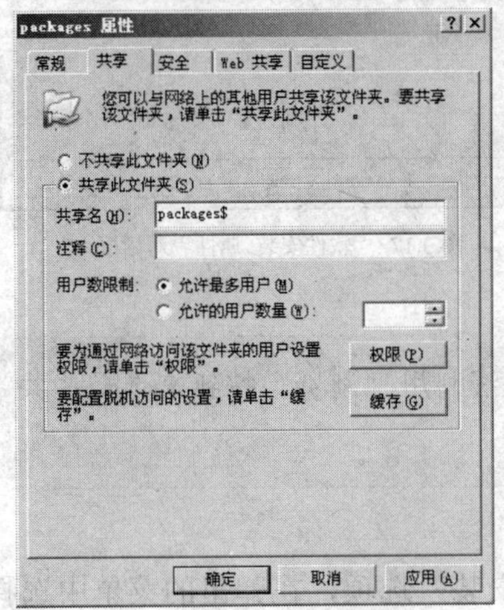

图 3.13　设置文件夹的属性

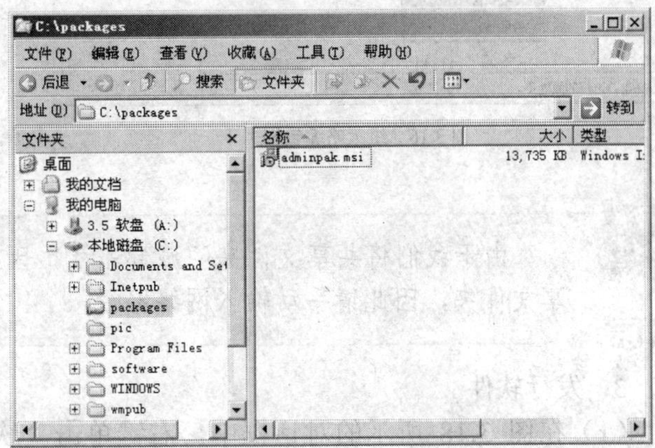

图 3.14　文件复制

adminpak.msi 为 Windows2003 Server 管理工具包，可以在 Windows XP 中进行安装，默认存储在 C:/Windows/System32 下。

2．设置默认封装位置

（1）选择“开始”→“管理工具”→“Active Directory 用户和计算机”命令，打开“Active Directory 用户和计算机”窗口，右键单击“业务部”OU，选择“属性”命令，在弹出的对话框中选取“业务部 GPO”选项，如图 3.15 所示。

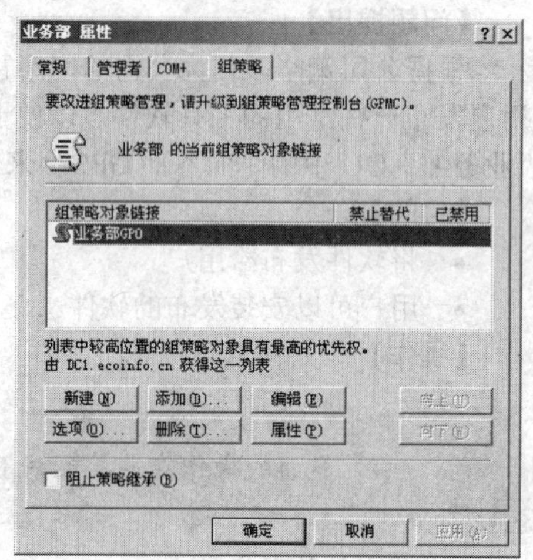

图 3.15 “业务部属性”对话框

（2）在图 3.15 中，单击“编辑”按钮，对组策略进行编辑，弹出“组策略编辑器”对话框，如图 3.16 所示，选择“用户配置”→“软件设置”选项，右键单击“软件安装”选项，在弹出的菜单中右键单击“属性”选项。

（3）在图 3.17 所示的对话框中，在“默认程序包位置”处输入软件的存储位置，注意必须是网络路径（UNC 路径），本例中为“\\Dc1\packages$”，完成后单击“确定”按钮。

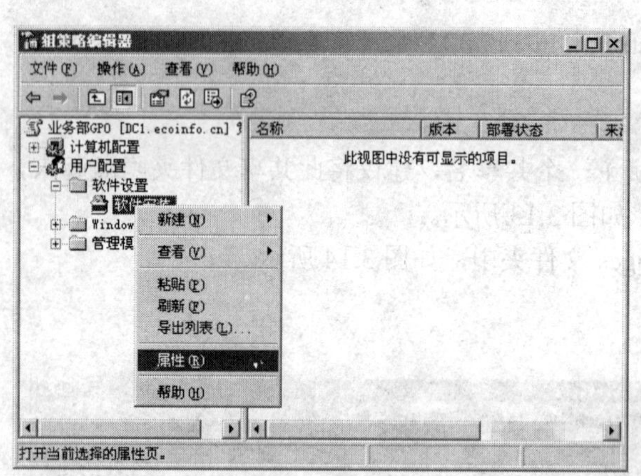

图 3.16 组策略编辑器

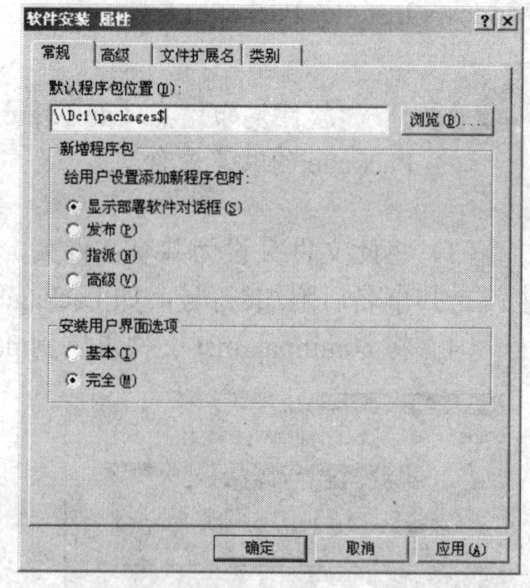

图 3.17 “软件安装 属性”对话框

由于我们将共享文件夹隐藏起来了，因此无法利用“浏览”按钮来选择些共享文件夹，因此请手动输入网络路径。

3．发行软件

（1）在图 3.18 所示的对话框中，右键单击“软件安装”选项，在弹出的菜单中选择“新建”→“程序包”命令。

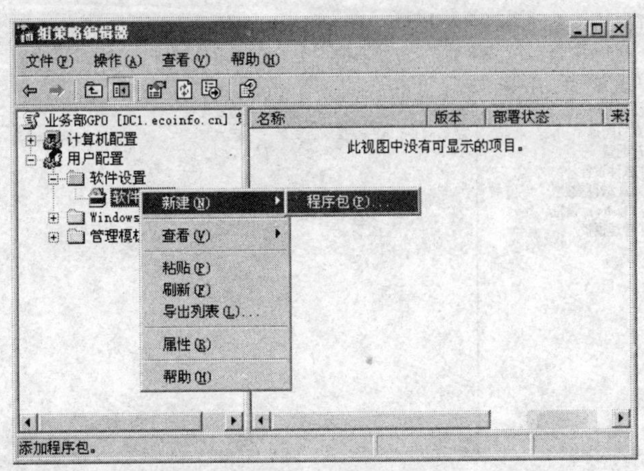

图 3.18　新建程序包

（2）在图 3.19 所示对话框中选择.MSI 文件，本例中为 adminpak.msi 文件，然后单击“打开”按钮。

（3）在“部署软件”对话框中，选中“已发布”单选项，单击“确定”按钮，如图 3.20 所示。

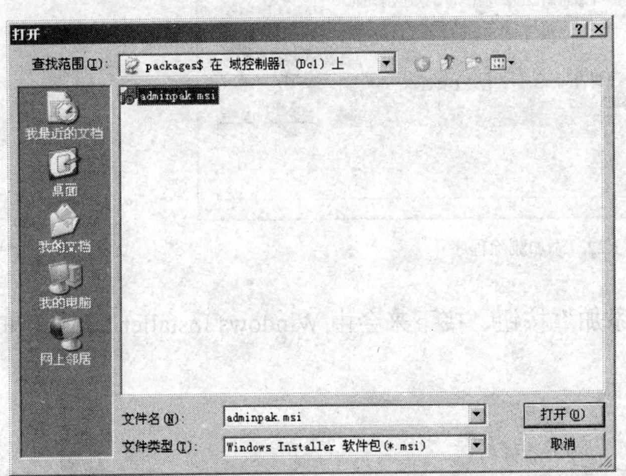

图 3.19　选择要分发的文件

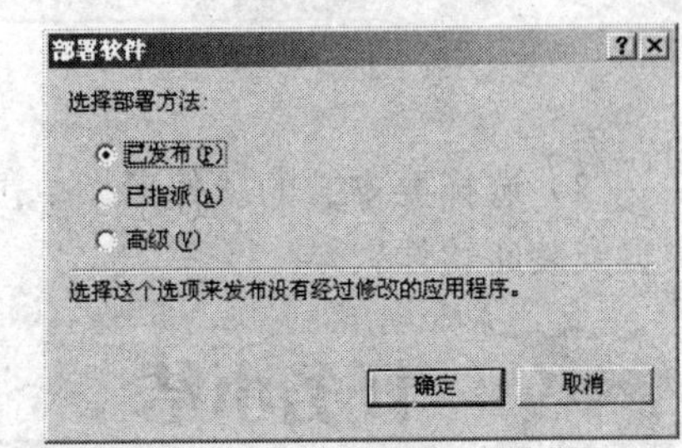

图 3.20　“部署软件”对话框

（4）图 3.21 是完成发布后的对话框，从图中右边可知软件已经被成功地发布。

以下操作是在域的成员用户的计算机中完成。

4．安装发布的软件

（1）作为 zhangxiang@ ecoinfo.cn 登录，密码为 123.com，登录域控制器 DC1.ecoinfo.cn。

（2）执行“开始”→“控制面板”→“添加或删除程序”命令，在图 3.22 所示的对话框中单击“添加新程序”图标，之后对话框中的“从网络添加程序”处就会显示所有已发布给该用户的软件。

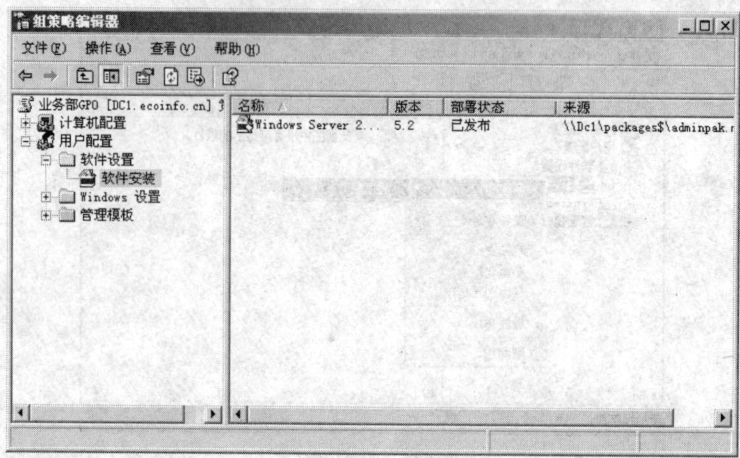

图 3.21　成功发布

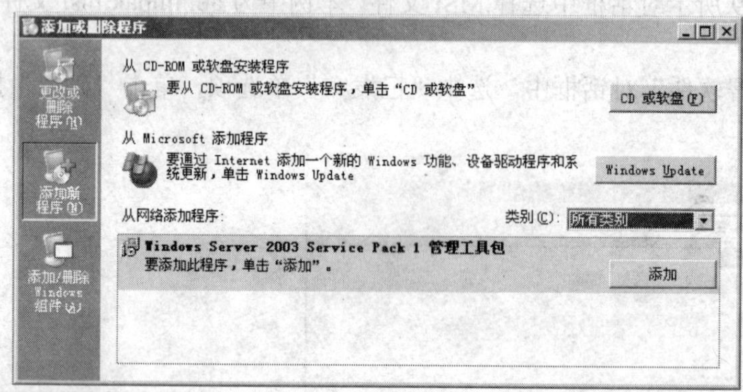

图 3.22　添加删除程序

（3）选择要安装的软件后，单击“添加”按钮，接下来会由 Windows Installer Service 来负责安装此软件。

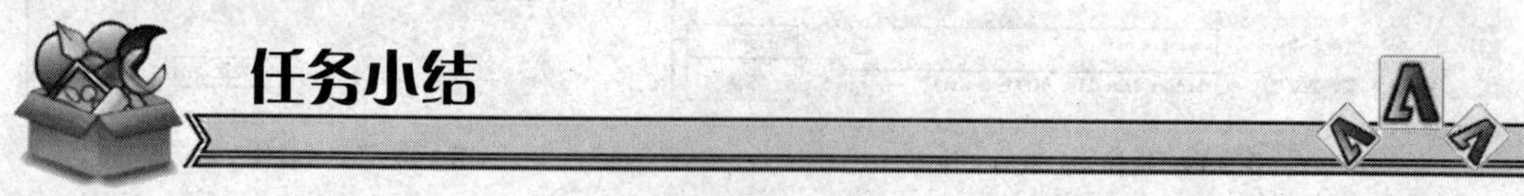

任务小结

通过本任务，主要学习了什么是组策略，组策略的处理规则是什么，及如何使用组策略来管理用户环境和计算机环境。

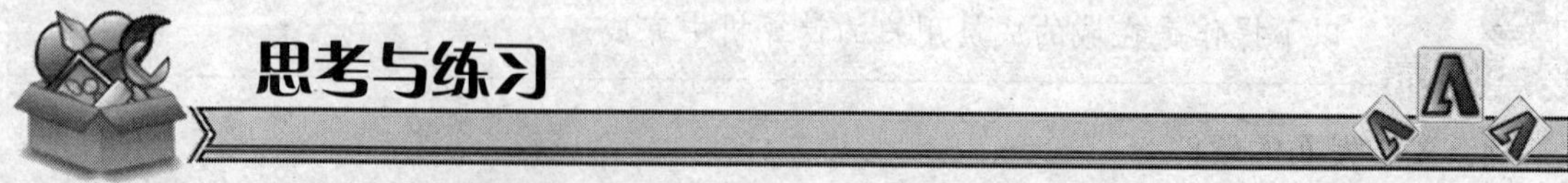

思考与练习

1. 组策略 GPO（Group Policy Object）包括哪几中类型？
2. 创建和管理 GPO 的工具包括哪些？
3. 管理组策略的工具包括哪些？

任务四　安装和配置 DHCP 自动分配 IP 地址

【问题提出】

由于公司的规模扩大，采用静态 IP 地址分配加大了对网络日常管理的开销，采用手动静态配置 IP 还有可能导致网络问题，对于此类问题，追踪根源非常困难，为了减少网络管理的工作量和复杂度，公司的 IT 部门经理要求配置 DHCP（动态主机配置）服务，以减少网络维护的工作量，从而提高工作效率。

在此，需要安装“DHCP 服务器”服务，并为其进行授权。接下来，在将该服务器正式投入运行之前，需要配置一个作用域，用于测试该服务，以便确认它能够正常运转。在网络中，有一个服务器正在运行某个应用程序，需要连接固定的 IP 地址对网络连接进行鉴别，因此，必须配置客户机保留地址，当该客户机从 DHCP 服务器请求地址时，它都收到相同的 IP 地址。

【目标】

- 安装“DHCP 服务器”服务，并将其添加到已经授权的服务器列表中。
- 配置 DHCP 作用域，客户机能够从 DHCP 服务器获取动态 IP 地址。
- 能够为客户机创建一个客户机保留地址。
- 能够卸载“DHCP 服务器”。

【前提条件】

- 只有服务器等级的计算机，可以安装 DHCP。
- DHCP 服务器本身的 IP 地址必须是静态的，也就是其 IP 地址、子网掩码、默认网关等信息必须以手工的方式输入。
- 事先规划好可出租给客户端计算机的 IP 地址池（也就是 IP 地址的作用域）。

操作一　安装“DHCP 服务器”服务并授权

【知识链接】

1．IP 地址配置

网络中每一台主机的 IP 地址与相关配置，可以采用以下两种方式。

手工输入：这种输入的方式比较容易出错，而出错时不易找出问题，因此会加重系统管理员的负担。

自动向 DHCP 服务获取：用户不需要自行输入 IP 地址等相关配置，而是由 DHCP 服务器来自动分配 IP 地址给客户端计算机。它可以减少手工输入所造成的错误、减轻管理上的负担。

2．分配 IP 地址的方式

DHCP 分配地址的方式有两种，分别如下。

永久租用：当 DHCP 客户端向 DHCP 服务器租用到 IP 地址后，这个地址就永远租给 DHCP 客户端来使用。只有有足够的 IP 地址给客户端使用，就可以不限定租期。

限定租期：当 DHCP 客户端向 DHCP 服务器租到 IP 地址后，DHCP 客户端只是暂时使用这个地址一段时间。若客户端在租约到期前未更新租约，则 DHCP 服务器会收回此 IP 地址，并会将此 IP 地址转租给其他客户端。

【问题提出】

根据公司策略，需要安装 DHCP 服务，并将其添加到已经授权的服务器列表。

【目的】

- 安装 DHCP 服务。
- 授权 DHCP 服务器。

【操作】

重要说明

为了在一台 DHCP 服务器的计算机上安装 DHCP 服务，必须先为捆绑到 TCP/IP 的网络适配器指定静态的 IP 地址、子网掩码以及默认网关的地址。

1．设置 IP 地址

（1）作为 administrator@ecoinfo.cn 登录，密码为 password。

（2）选择“开始”→“控制面版”→“网络连接”→“本地连接”命令，弹出“本地连接 状态”对话框，如图 4.1 所示。

（3）在图 4.1 中，单击“属性”按钮，弹出“本地连接 属性”对话框，如图 4.2 所示。

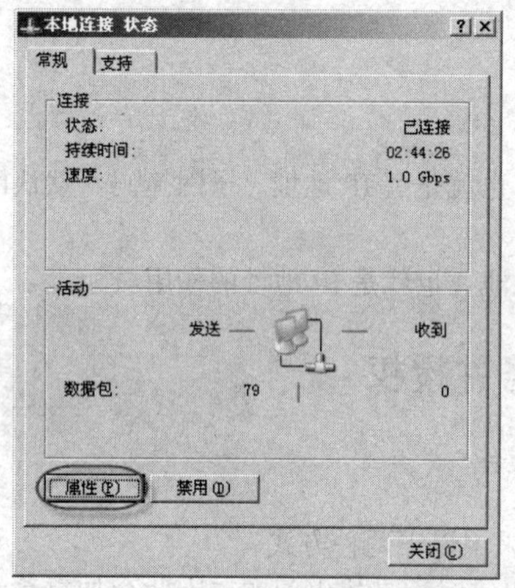

图 4.1　本地连接状态

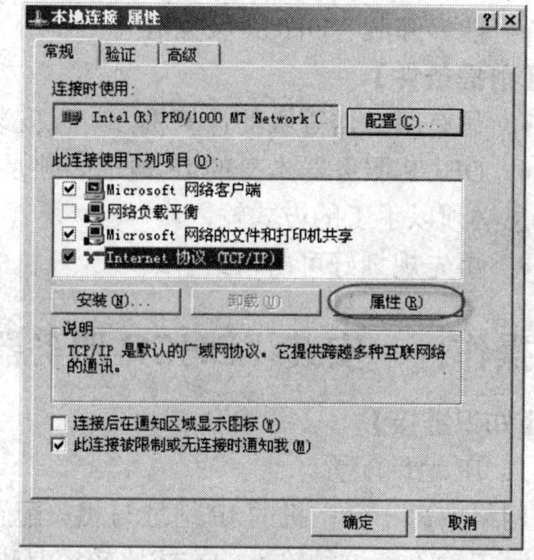

图 4.2　本地连接属性

（4）在“本地连接 属性”对话框中，选择“Internet 协议（TCP/IP）”选项，单击“属性”按钮，弹出“Internet 协议（TCP/IP）属性”对话框，设置 IP 地址如图 4.3 所示。根据任务一中“IP 地址规划”中所描述的，设置为“192.168.101.2”，子网掩码为“255.255.255.0”，默认网关为“192.168.101.2”。

（5）依次单击“确定”→“关闭”→“关闭”按钮，关闭所有对话框，完成 IP 地址设置。

2．安装“DHCP 服务器”（DHCP Server 服务）。

（1）选择“开始”→“设置”→“控制面版”→“添加或删除程序”命令。

（2）在“添加或删除程序”对话框中，单击“添加/删除 Windows 组件”按钮，如图 4.4 所示。

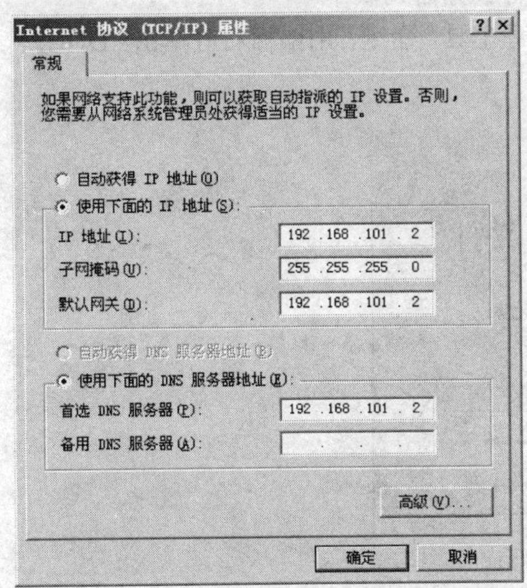

图 4.3 “Internet 协议（TCP/IP）属性”对话框

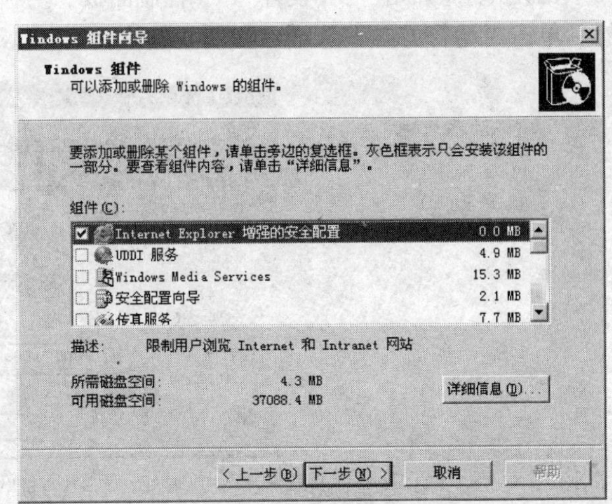

图 4.4　添加删除 Windows 组件

在下一个详细步骤中，单击文本“网络服务”而非复选框，以避免选择“网络服务”下的所有选项。

要点提示

（3）在“Windows 组件向导”中，在“Windows 组件”页中，单击“网络服务”选项，然后单击“详细信息”按钮，如图 4.5 所示。

（4）在“网络服务”对话框中，选择“动态主机配置协议（DHCP）”复选框，然后单击“确定”按钮。

（5）在“Windows 组件”页中，单击“下一步”按钮。

（6）如果此时出现“所需文件”对话框，则选择安装文件位置。

（7）当完成配置后，单击“完成”按钮，然后关闭所有打开的窗口，如图 4.6 所示。

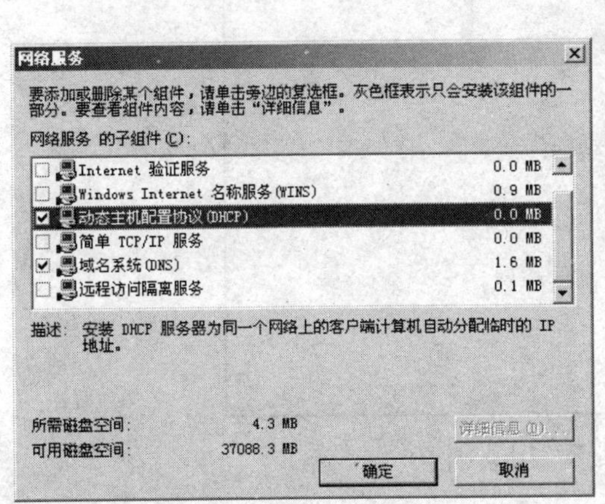

图 4.5　“网络服务”对话框

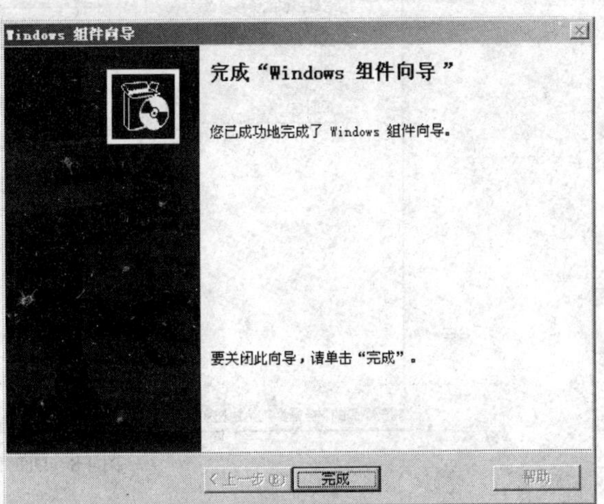

图 4.6　完成“Windows 组件向导”

3．将该 DHCP 服务器添加到网络上已经被授权的服务器列表中

（1）执行“开始”→“设置”→“控制面板”→“管理工具”命令，用鼠标右键单击“DHCP”，然后单击“运行方式”选项，如图 4.7 所示。

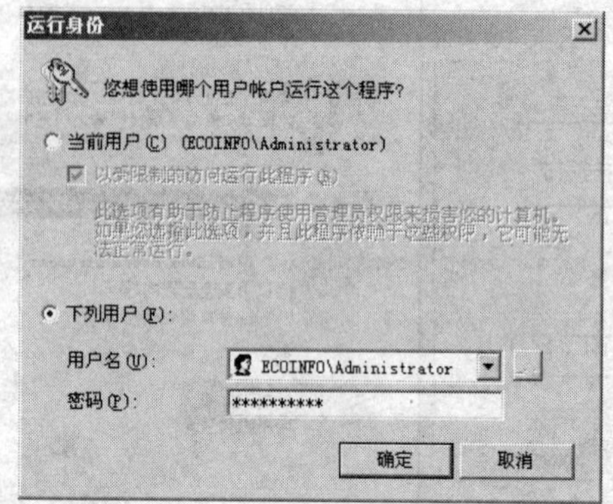

图 4.7 “运行身份”对话框

（2）在“运行身份”对话框中，选择“下列用户”单选项，在“用户名”文本框中键入“ECOINFO\Administrator”。在“密码”框中输入密码 password，单击“确定”按钮。

重要说明

为了对某个 DHCP 服务器进行授权，必须是 Enterprise Admins 组的成员，这一组的成员具有全网络范围的日常管理特权。可以将为 DHCP 服务器授权的能力委托给一个不是 Enterprise Admins 组的成员用户。

（3）在 DHCP 的控制台树中，用鼠标右键单击 DHCP，然后单击“管理被授权的服务器”选项，如图 4.8 所示。

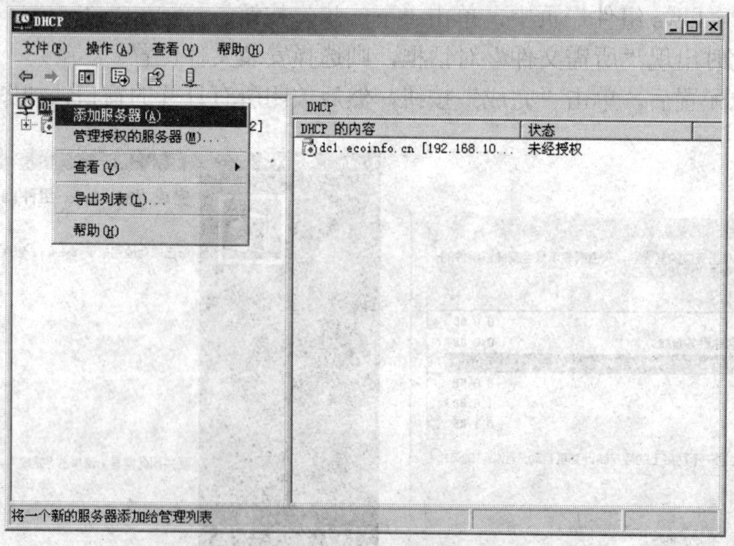

图 4.8 DHCP 控制台

（4）在“管理被授权的服务器”对话框中，单击“授权”按钮，如图 4.9 所示。

（5）在“为 DHCP 服务器授权”对话框中，键入 DHCP 服务器的 IP 地址，然后单击“确定”按钮，如图 4.10 所示。

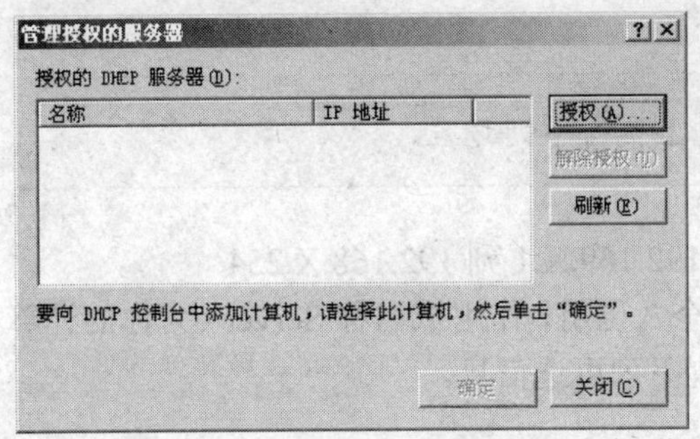

图 4.9　管理被授权的服务器

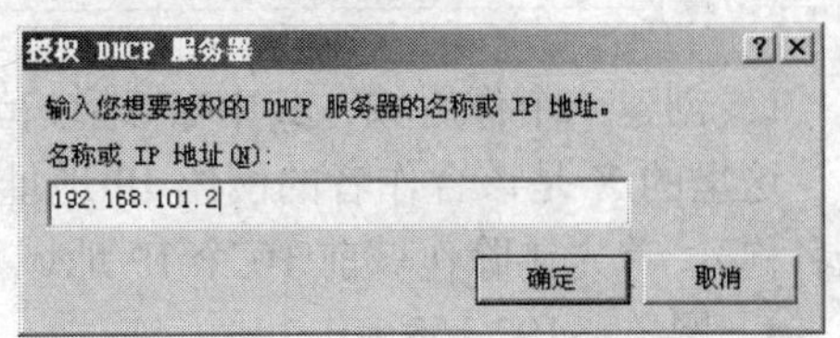

图 4.10　授权 DHCP 服务器

（6）在 DHCP 消息框中，确认你想要添加到被授权服务器列中的服务器名称和地址，然后单击“确定”按钮，如图 4.11 所示。

（7）单击“关闭”按钮，以关闭“确认授权”对话框，返回“管理被授权的服务器”对话框，如图 4.12 所示。

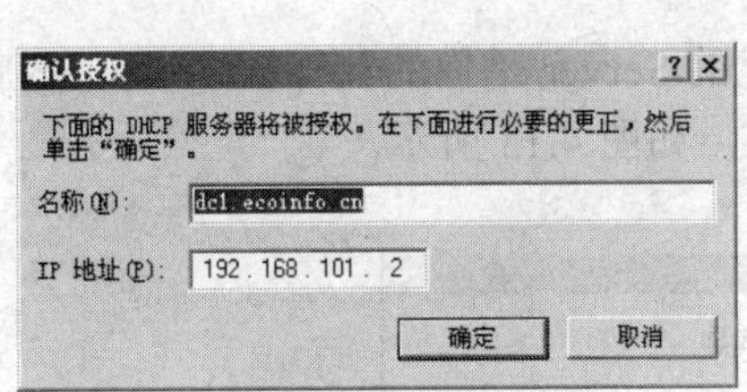

图 4.11　确认授权

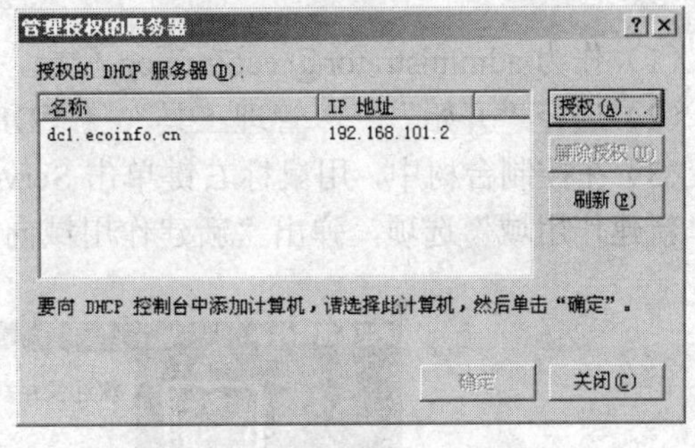

图 4.12　管理授权服务的服务器

（8）关闭所有窗口，然后退出登录。

操作二　创建、配置必指派作用域

【知识链接】

必须在 DHCP 服务器内，建立一个或多个 IP 作用域，当 DHCP 客户端在向 DHCP 服务器租用 IP 地址时，DHCP 服务器就可以从这些作用域内，选取一个适当的、尚未出租的 IP 地址，然后将其分配给 DHCP 客户端。

> 除了 administrators 组之外，DHCP administrators 组的成员也可以执行 DHCP 服务器的管理工作，另外 DHCP users 组内的成员也可以检查 DHCP 服务器内的数据库与配置，但无权修改。
>
> 重要说明

【问题提出】

根据公司策略，需要配置 DHCP 作用域。

【目的】

指派 DHCP 作用域。

【操作】

要点提示

只在指定为 DHCP 服务器的计算机上执行下列过程。

1．创建一个作用域，其中 IP 地址范围为：192.169.X.1 到 192.168.X.254

这里的 X 是该合作者的网络 IP 地址中第三个八位组，作用域名称 Server（为你的计算机的名称）。首先排除作域前 10 个 IP 地域，并配置下列可选信息。

- 网关：192.168.101.2
- DNS 服务器：192.168.101.2
- WINS 服务器：192.168.101.2

重要说明

一个作用域是一个合法的 IP 地址范围，用于向客户计算机出租或者分配 IP 地址。

（1）作为 administrator@ ecoinfo.cn 登录，密码为 password。

（2）选择“开始”→“管理工具”→“DHCP”命令。

（3）在控制台树中，用鼠标右键单击 Server（这里的 Server 是你的计算机名称），然后单击“新建作用域”选项，弹出“新建作用域向导向导”，如图 4.13 所示。

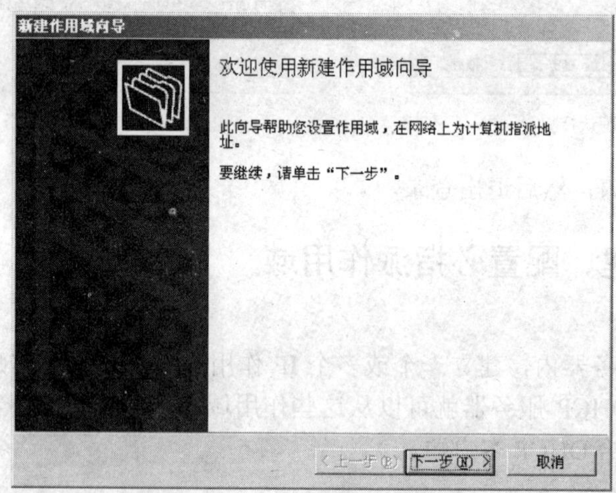

图 4.13　新建作用域欢迎界面

（4）在“新建作用域向导”对话框中，单击“下一步”按钮。

（5）在“作用域名”页中，在“名称”栏中键入 Server（这里的 Server 是你计算机的名称），然后单击“下一步”按钮，如图 4.14 所示。

（6）在“IP 地址范围”页中，在“开始 IP 地址”栏中键入 192.168.101.1，在“终止 IP

地址”栏中键入“192.168.101.254”，单击“下一步”按钮，如图 4.15 所示。

图 4.14　作用域名称

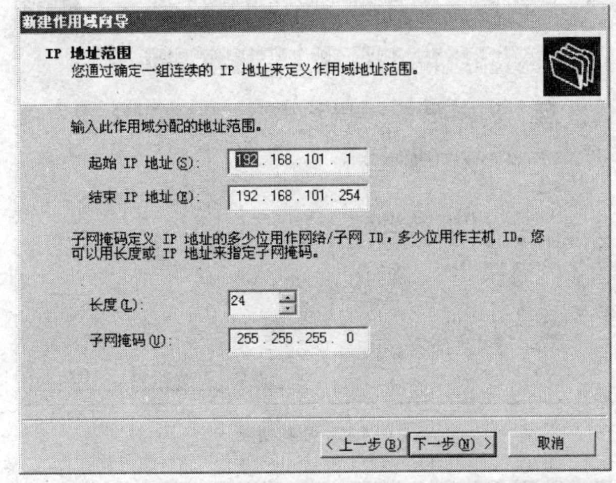

图 4.15　IP 地址范围

该向导将自动填充正确长度的子网掩码，以及该子网掩码的 IP 地址。

（7）在“添加排除”页中，在“开始 IP 地址”框中键入 192.168.101.1，在“终址 IP 地址”框中键入 192.168.101.10，然后单击“添加”按钮，完成后单击“下一步”按钮，如图 4.16 所示。

（8）在“租约期限”页中，阅读关于租约持续时间说明，然后单击“下一步”按钮，如图 4.17 所示。

（9）在“配置 DHCP 选项”页面中，确认“是，我想现在配置这些选项”被选择，然后单击“下一步”按钮，如图 4.18 所示。

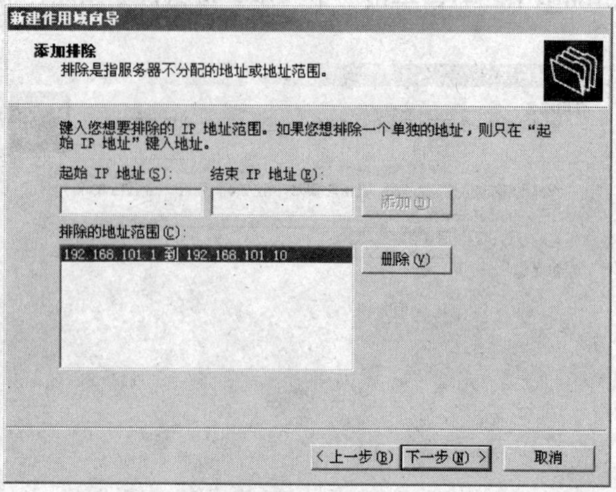

新建作用域向导

添加排除

排除是指服务器不分配的地址或地址范围。

键入您想要排除的 IP 地址范围。如果您想排除一个单独的地址，则只在“起始 IP 地址”键入地址。

起始 IP 地址(S)： 结束 IP 地址(E)：

添加(D)

排除的地址范围(C)：

192.168.101.1 到 192.168.101.10

删除(V)

< 上一步(B) 下一步(N) > 取消

图 4.16 添加排除

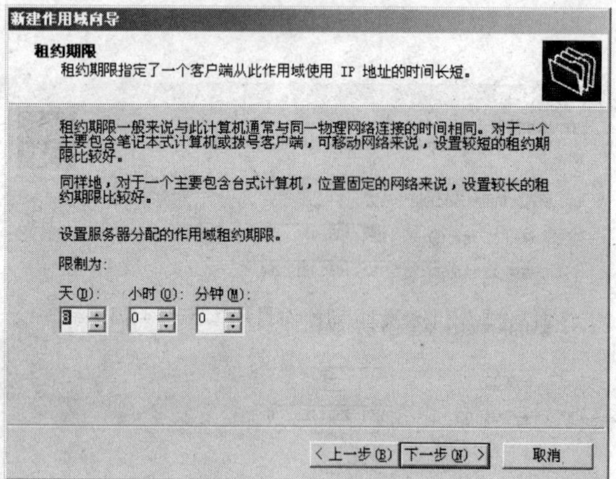

图 4.17 租约期限

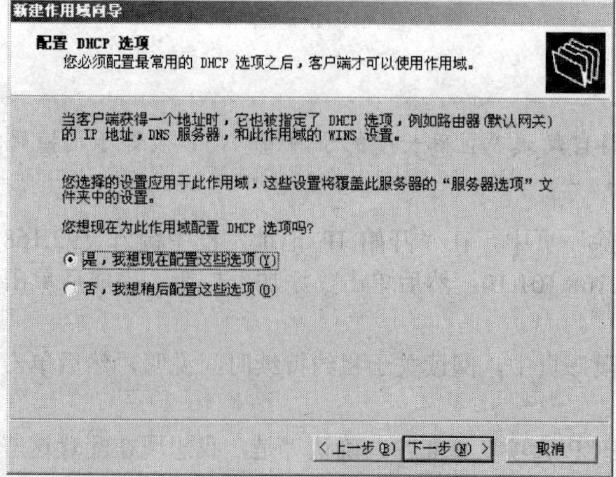

图 4.18 配置 DHCP 选项

（10）在“路由器（默认网关）”页中，在“IP 地址”框中，键入 192.168.101.2，单击“添加”按钮，然后单击“下一步”按钮，如图 4.19 所示。

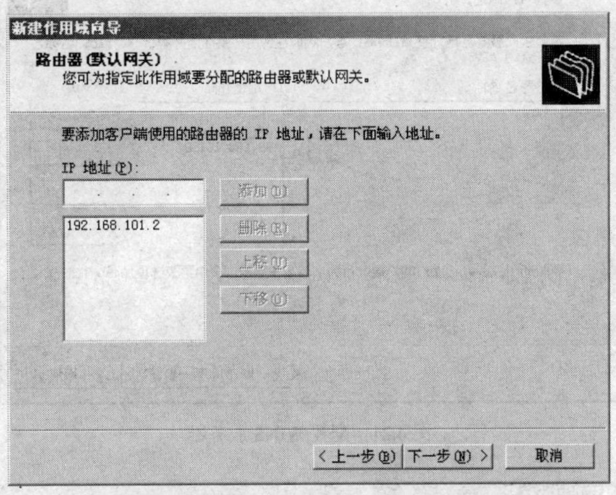

图 4.19　配置路由器（默认网关）IP 地址

（11）在“域名称和 DNS 服务器”页中，在“IP 地址”框中，键入 192.168.101.2，单击“添加”按钮，然后单击“下一步”按钮，如图 4.20 所示。

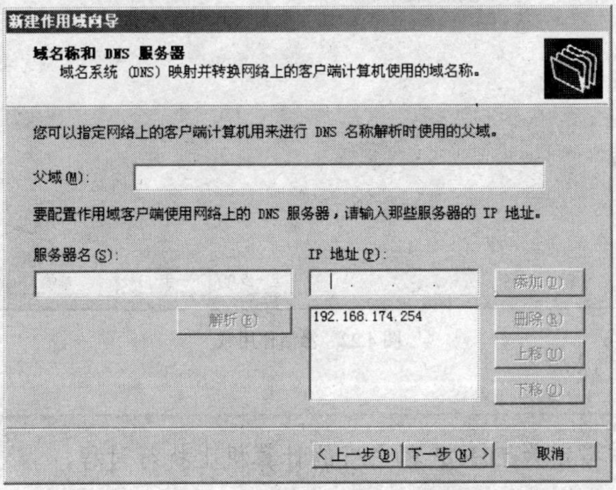

图 4.20　配置域名称和 DNS 服务器

（12）在“WINS 服务器”页中，在“IP 地址”框中键入 192.168.101.2，单击“添加”按钮，然后单击“下一步”按钮，如图 4.21 所示。

（13）在“激活作用域”页中，确认“是，我想现在激活作用域”选项被选择，然后单击“下一步”按钮，如图 4.22 所示。

（14）在“正在完成创建作用域向导”页中，单击“完成”按钮，完成作用域的配置。

如果 DHCP 服务器的授权信息已经被复制到你的计算机，在控制台树中，当你单击服务器的图标时，该图标上将出现一个绿色箭头。

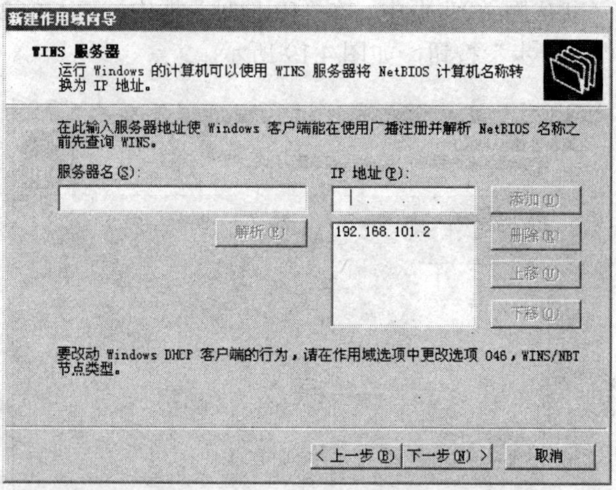

新建作用域向导
WINS 服务器
运行 Windows 的计算机可以使用 WINS 服务器将 NetBIOS 计算机名称转换为 IP 地址。
在此输入服务器地址使 Windows 客户端能在使用广播注册并解析 NetBIOS 名称之前先查询 WINS。
服务器名(S):
IP 地址(P):
添加(D)
解析(E)
192.168.101.2
删除(R)
上移(U)
下移(O)
要改动 Windows DHCP 客户端的行为，请在作用域选项中更改选项 046，WINS/NBT 节点类型。
< 上一步(B)
下一步(N) >
取消

图 4.21　配置 WINS 服务器

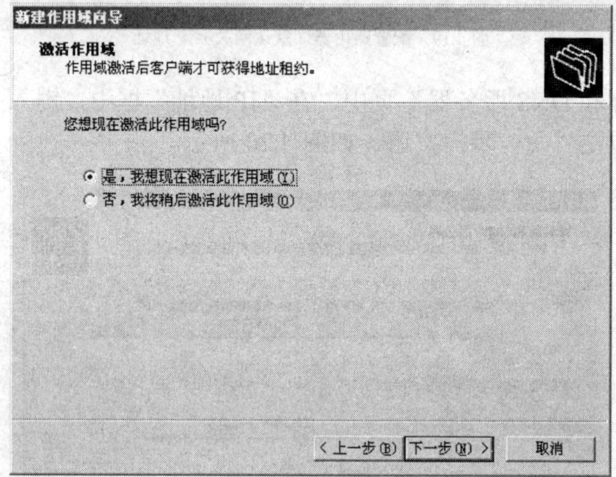

新建作用域向导
激活作用域
作用域激活后客户端才可获得地址租约。
您想现在激活此作用域吗?
是，我想现在激活此作用域(Y)
否，我将稍后激活此作用域(O)
< 上一步(B)
下一步(N) >
取消

图 4.22　激活作用域

要点提示　以下操作指定为 DHCP 客户机的计算机上执行过程。

2．配置你的计算机，使之自动获取 IP 地址

（1）使用“administrator@ecoinfo.cn”登录到计算机。

（2）在命令提示符下，键入 ipconfig/all，然后按 Enter 键。

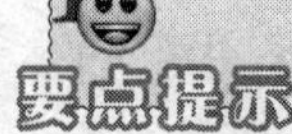

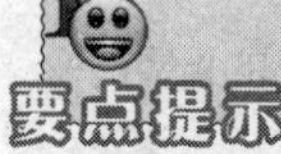

要点提示　此时，Ipconfig 将显示你的计算机上所有网络适配器的 IP 地址设置值。

（3）记录 DNS 服务器地址。

（4）最小化命令提示窗口。

（5）打开“本地连接 属性”对话框，如图 4.23 所示。

（6）选择“Internet 协议（TCP/IP）”选项，单击“Internet 协议（TCP/IP）”，单击“属性”按钮。

（7）在“Internet 协议（TCP/IP）属性”对话框中，选中“自动获取 IP 地址”单选项，再选中“自动获得 DNS 服务器地址”单选项，单击“确定”按钮，如图 4.24 所示。

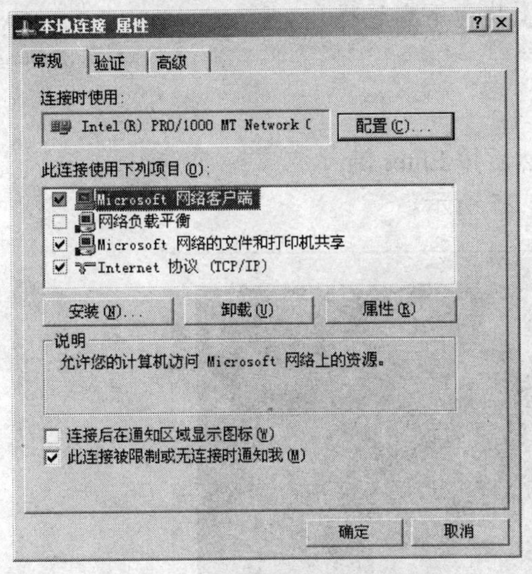

图 4.23 “本地连接 属性”对话框

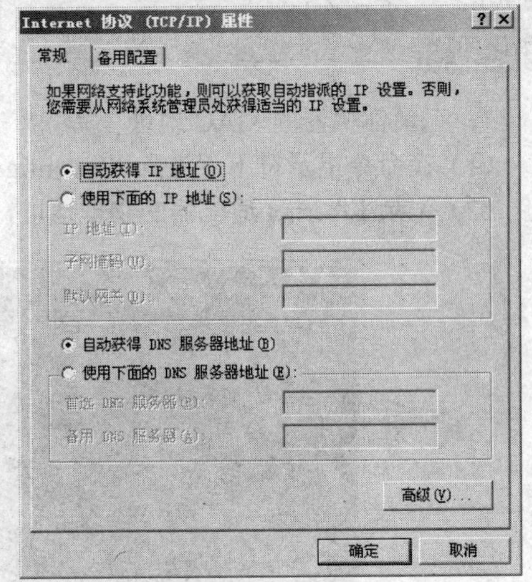

图 4.24 “Internet 协议（TCP/IP）属性”对话框

（8）恢复命令提示窗口。

（9）在命令提示符下，键入“ipconfig/release”，然后按 Enter 键。

（10）键入“ipconfig/renew”，然后按 Enter 键。

（11）在你的合作伙伴的 DHCP 作用域中，确认为你配置为自动获取 IP 地址的网络适配器指定了一个地址。

操作三　创建和测试客户机保留地址

【知识链接】

MAC（Medium/Media Access Control）地址，或称为 MAC 位址、硬件地址、用来定义网络设备的位置，由 48 比特长，12 位的 16 进制数字组成，0 到 23 位是厂商向 IETF 等机构申请用来标识厂商的代码，也称为“编制上唯一的标识符”（Organizationally Unique ldentifier），是识别 LAN（局域网）结点的标志。地址的 24 位到 47 位由厂商自行分派，是各个厂商制造的所有网卡的一个唯一编号。在 OSl 模型中，第三层网络层负责 IP 地址，第二层数据链路层则负责 MAC 位址。因此一个网卡会有一个全球唯一固定的 MAC 地址，但可对应多个 IP 地址。第 40 位是组播地址标志位。

【问题提出】

在你的网络中，有一个服务器在运行某个应用程序，该应用程序利用作为连接起源的计算机的 IP 地址对网络连接进行鉴别。连接到这一服务器的某个客户计算机，从一个 DHCP 服务器接收到它的 TCP/IP 配置信息。你必须配置客户机保留地址，使得每当这一客户计算机从该 DHCP 服务器请求地址时，都接收到相同的 IP 地址。

【目的】

创建和测试保留地址。

【操作】

只在指定为 DHCP 客户机的计算机上执行下列过程。

1．记录你机器的 MAC 地址

（1）在命令提示符下，键入“ipconfig/all”，然后按 Enter 键。

（2）记录 Ethernet 适配器的物理地址，如图 4.25 所示。

```
命令提示符
Windows IP Configuration

   Host Name . . . . . . . . . . . . : C1
   Primary Dns Suffix  . . . . . . . :
   Node Type . . . . . . . . . . . . : Hybrid
   IP Routing Enabled. . . . . . . . : No
   WINS Proxy Enabled. . . . . . . . : No

Ethernet adapter 本地连接:

   Connection-specific DNS Suffix  . :
   Description . . . . . . . . . . . : Intel(R) PRO/1000 MT Network Connection
   Physical Address. . . . . . . . . : 00-0C-29-FA-3D-63
   DHCP Enabled. . . . . . . . . . . : Yes
   Autoconfiguration Enabled . . . . : Yes
   IP Address. . . . . . . . . . . . : 192.168.101.11
   Subnet Mask . . . . . . . . . . . : 255.255.255.0
   Default Gateway . . . . . . . . . : 192.168.101.2
   DHCP Server . . . . . . . . . . . : 192.168.101.2
   DNS Servers . . . . . . . . . . . : 192.168.101.2
   Primary WINS Server . . . . . . . : 192.168.101.2
   Lease Obtained. . . . . . . . . . : 2011年11月8日 16:22:35
   Lease Expires . . . . . . . . . . : 2011年11月16日 16:22:35

C:\Documents and Settings\Administrator>
```

图 4.25　查看网络配置情况

只在指定为 DHCP 服务器的计算机上执行下列过程。

2．配置 DHCP，使之为合伙者的计算机指定 IP 地址：192.168.101.11。

（1）在 DHCP 中，在控制台权中，在前面的任务中创建的作用域下，单击“保留地址”选项。

（2）用鼠标右键单击“保留地址”，然后单击“新建保留地址”选项。

（3）在“新保留地址”对话框中，在“保留地址”名称栏中键入客户的计算机名称。

（4）在“IP 地址”框中键入“192.168.101.11”。

（5）在“MAC 地址”框中键入你的合伙者的网络适配器地址，其中不含短线字符，如：00-0C-29-FA-3D-63，则键入 000c29fa3d63。

（6）单击“添加”按钮，然后单击“关闭”铵钮。

（7）关闭“DHCP”。

只在指定为 DHCP 客户机的计算机上执行下列过程。

3．获取新的 IP 地址，并确认 DHCP 服务器将 IP 地址 192.168.101.11 指定给了你的计算机。

（1）在命令提示符下，键入“ipconfig/release”，然后按 Enter 键。

（2）键入“ipconfig/renew”，然后按 Enter 键。

（3）确认将 IP 地址 192.168.101.11 指定给了你的计算机。

（4）关闭命令提示符窗口。

操作四　删除 DHCP

【问题提出】

在你的网络中，存在着一个 DHCP 服务器，现在公司另外重新配置了一台 DHCP 服务器，替代当前服务器的 DHCP 作用，你需要将该 DHCP 变成普通服务器，不再担任 IP 地址分配的作用。

【目的】

删除 DHCP。

【操作】

在你和合作伙伴的机器上都执行。

删除 DHCP 服务

（1）选择“开始”→“设置”→“控制面版”→“添加或删除程序”命令。

（2）在“添加或删除程序”对话框中，单击“添加/删除 Windows 组件”按钮。

（3）在“Windows 组件向导”中，在“Windows 组件”页中，单击“网络服务”选项，然后单击“详细信息”按钮。

（4）在“网络服务”对话框中，选中“动态主机配置协议（DHCP）”复选框，然后单击“确定”按钮。

（5）在“Windows 组件”页中，单击“下一步”按钮。

（6）当完成配置后，单击“完成”按钮，然后关闭所有打开的窗口。

任务小结

通过本任务，了解了什么是 DCHP，如何安装 DHCP 服务，并为其进行授权，如何创建和配置作用域，以及管理和配置 DHCP 服务。

思考与练习

1．网络中，IP 地址的配置有几种方式？都分别是什么？

2．DHCP 分配地址的方式有哪几中形式？都分别是什么？

3．动态 IP 地址方案有什么优点和缺点？

4．哪些组的成员可以对 DHCP 服务进行配置和管理？

任务五 安装和配置 DNS 服务器

【问题提出】

在前期的网络规划中，已经实现了集中管理账户、集中管理共享资源的域网络模式，在使用域网络模式中，需配套 DNS 服务器，使用户能正常进入到域和访问域中允许访问的资源。另外，后期还需要创建 Web 服务器和 FTP 服务器，为了实现对这两类服务的域名进行访问，也需要配置一台 DNS 服务器来提供域名解析服务。

在本任务中，需要安装“DNS 服务器”，并配置 DNS 服务器。另外还需要在 DNS 服务器上创建一个正向搜索区域 ecoinfo.cn（此处域名为该域控制器所管理的域），并创建与之对应的反向搜索区域，在 ecoinfo.cn 区域中，需要创建 Web 服务器的主机记录 www.ecoinfo.cn 和 FTP 服务器的主机记录 ftp.ecoinfo.cn。

【目标】

- 安装 DNS 服务器并能够进行授权域代理。
- 创建 DNS 正向搜索区域和反向搜索区域，从而对域名进行统一的管理。
- 对 DNS 服务器进行管理和维护。

【前提条件】

- 域名空间。
- DNS 服务的基本概念。
- DNS 的工作原理。

操作一 安装“域名系统服务器服务”

【知识链接】

DNS 的英文全称是 Domain Name System，中文名称是“域名系统”，它是一种域层次化组织结构的网络命名服务系统。

在 TCP/IP 的网络中，每台计算机是通过 IP 地址进行定位的，因此，只能通过主机的 IP 地址才能找到计算机。IP 地址是由 4 个字节 32 位二进制数字组成，想要记住由数字组成的 IP 地址很困难，为了解决这个问题，就出现了 DNS 服务，在 DNS 服务器中记录下容易记忆的主机域名和与之对应的 IP 地址，当用户需要访问某个主机时，就直接输入主机域名，如“http://www.sohu.com”，DNS 服务器就会自动将其解析为主机的 IP 地址。

在 Windows Server 2003 网络管理中，DNS 服务器担负着 Internet、Intranet、Extranet 等网络域名解析的任务，同时，在域方式组建的局域网中，它还承担着用户账户名、计算机名、组名及各种对象的名称解析服务。因此，DNS 服务器直接影响着整个网络的运行。

1．域名及构成

域名是由一串用点分隔的名字组成的 Internet 上某台计算机或计算机组的名称，用于表示计算机在 Internet 上的位置。域名是组织或个人在域名管理机构注册的名称，也是互联网

上企业或机构间相互联络的网络地址。

域名解析：就是将用户提出的名字变换成网络地址的方法和过程，从概念上讲，域名解析是一个自上而下的过程。

2．域名空间

在 Internet 中，整个域名空间是树形结构，如图 5.1 所示。

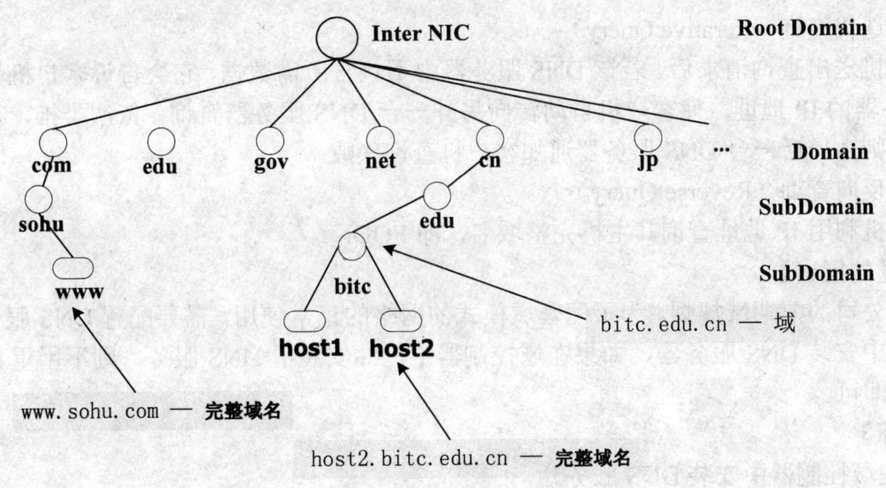

图 5.1　Internet 域空间示意图

从图中可以看出所有的域名都在 Internet 根域之下，与根域相连的域名称为顶级域名。顶级域名一般分为两种，一种是按照域名适用的机构来命名的，如 com 代表商业机构的域名；另一种是按照域名适用的地区来命名的，如 cn 代表中国的域名。常用的 DNS 顶级域名及其代表的含义可以参见表 5.1。

表 5.1　常用 DNS 顶级域名及其代表的含义

域　名	含　义
com	商业机构
edu	教育机构
gov	政府机构
net	网络服务机构
mil	军事机构
org	非营利机构
cn	中国
jp	日本
au	澳大利亚
us	美国
uk	英国

3．DNS 工作原理

当客户机需要访问 Internet 上某一主机时，首先向本地 DNS 服务器查询对方的 IP 地址，往往本地 DNS 服务器继续向另外一台 DNS 服务器查询，直到解析出需访问主机的 IP 地址。

这一过程称为“查询”。查询主要分为以下 3 种方式。

（1）递归查询（Recursive Query）

客户机送出查询请求后，DNS 服务器必须告诉客户机正确的数据（IP 地址）或通知客户机找不到其所需数据。如果 DNS 服务器内没有所需要的数据，则 DNS 服务器会代替客户机向其他的 DNS 服务器查询。客户机只需接触一次 DNS 服务器系统，就可得到所需的节点地址。

（2）迭代查询（Iterative Query）

客户机送出查询请求后，若该 DNS 服务器中不包含所需数据，它会告诉客户机另外一台 DNS 服务器的 IP 地址，使客户机自动转向另外一台 DNS 服务器查询。依次类推，直到查到数据，否则由最后一台 DNS 服务器通知客户机查询失败。

（3）反向查询（Reverse Query）

客户机利用 IP 地址查询其主机完整域名，即 FQDN。

【问题的提出】

根据公司的前期域规划，为了配套域模式的网络的正常使用，需要配置 DNS 服务，首先要在系统中安装 DNS 服务器，如果在域控制器中已经安装了 DNS 服务，则不用重新安装，只需验证即可。

【目标】

- 在域控制器中安装 DNS 服务。
- 独立的 DNS 服务器。

【操作】

下面讲解 DNS 服务器的安装。

在一台计算机上安装 DNS 服务器之前，应该确定一下在网络上是否已经安装了 DNS 服务器。如果本机是域控制器，则不需要再进行 DNS 的安装了，因为已经自动生成和安装了 DNS 服务器。如果是工作组网络，则需要手动安装 DNS 服务器。

要点说明

在 Windows Server 2003 中安装一台 DNS 服务器，可以通过两种途径进行，一种是传统的方法安装，另一种方式是通过“管理您的计算机”来安装。本节将分别介绍这两种方式。

在安装 DNS 服务器时，应该注意安装 DNS 服务器的用户必须是 Administrators、Domain Admins 组成员，例如可以使用 Administrator 登录后进行安装；另外，安装 DNS 服务器的主机应该设置静态的 IP 地址，并将“首选 DNS 服务器地址”设置为本机 IP 地址。

要点说明

1．传统方法安装“DNS 服务器”

（1）选择“开始”→“程序”→“控制面板”→“添加或删除程序”→“添加/删除 Windows 组件”命令，打开 Windows 组件向导，如图 5.2 所示。

（2）在“Windows 组件向导”对话框中，选择“网络服务”选项，单击“详细信息”按

钮，打开“网络服务”对话框，如图 5.3 所示。

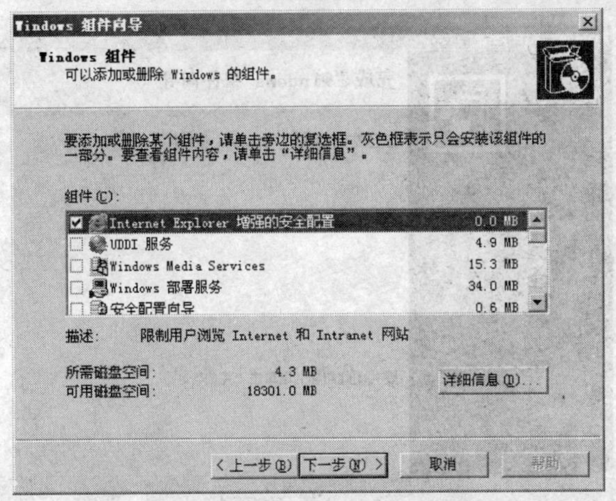

图 5.2 “Windows 组件向导”对话框

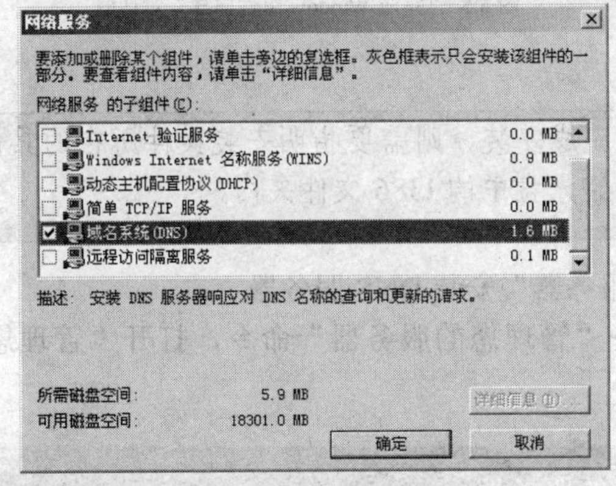

图 5.3 “网络服务”对话框

（3）在“网络服务”对话框中，勾选“域名系统（DNS）”复选框，单击“确定”按钮，回到“Windows 组件向导”对话框后，单击“下一步”按钮开始安装，安装过程中，需要插入 Windows Server 2003 的安装光盘，如图 5.4 所示。

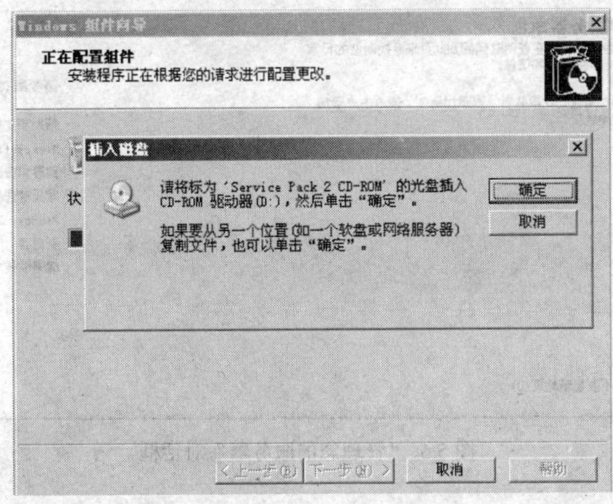

图 5.4 “插入磁盘”对话框

（4）在光驱中放入安装光盘后，系统会继续完成 DNS 服务安装，如图 5.5 所示。

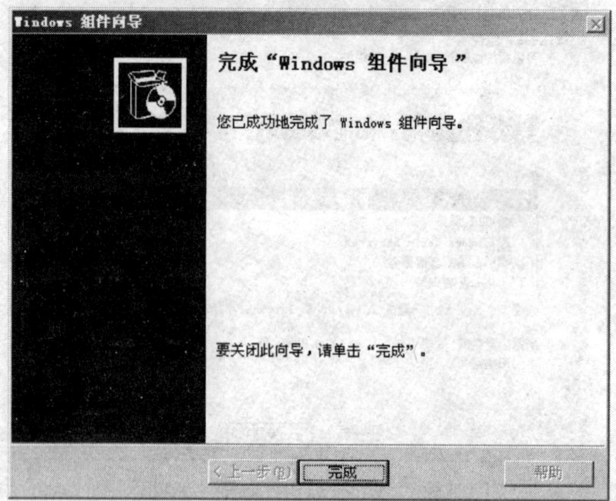

图 5.5 “完成 Window 组件向导”对话框

要点提示

如不能自动完成安装，则需要指明安装文件所在的具体位置，网络服务的安装文件都位于安装光盘中的 I386 文件夹内。

2．通过“管理您的服务器”安装 DNS 服务器

（1）选择“开始”→“管理您的服务器”命令，打开“管理您的服务器”对话框，如图 5.6 所示。

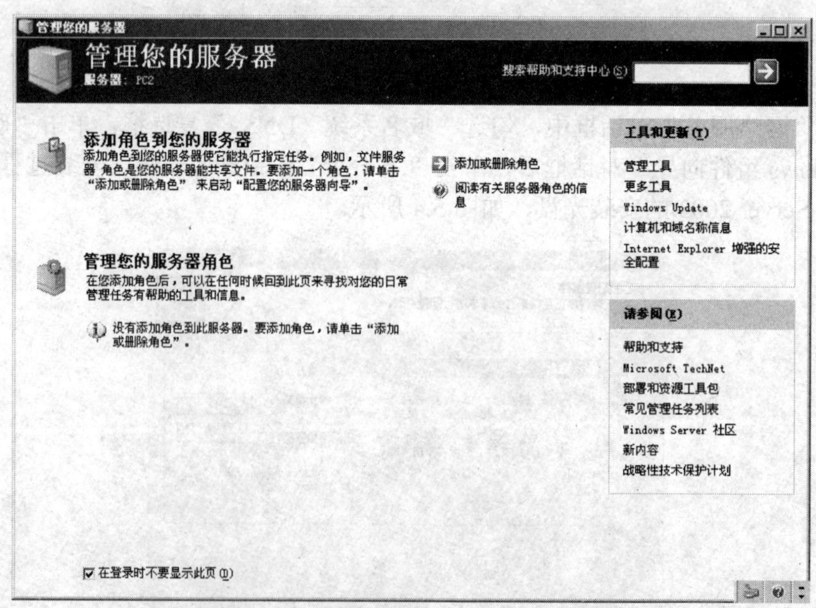

图 5.6 “管理您的服务器”对话框

（2）在“管理您的服务器”对话框中，选择“添加或删除角色”链接，打开“预备步骤”

对话框，如图 5.7 所示。

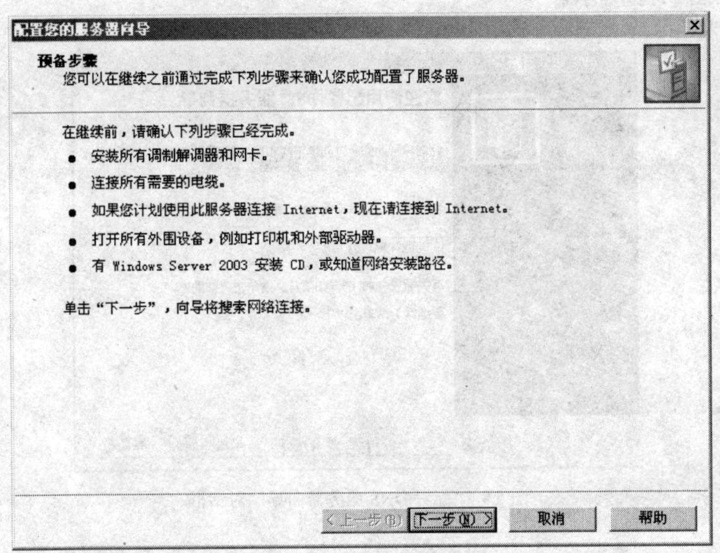

图 5.7 “预备步骤”对话框

（3）在确定“预备步骤”已经完成的情况下，单击“下一步”按钮，打开“服务器角色”对话框，如图 5.8 所示。

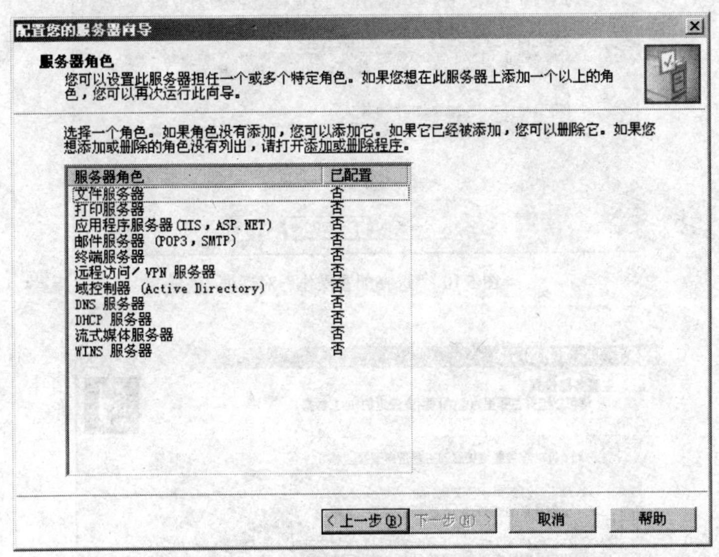

图 5.8 “服务器角色”对话框

（4）在“服务器角色”列表中可以看到各种服务器以及服务器的配置情况，选择“DNS 服务器”选项，单击“下一步”按钮，打开“配置 DNS 服务器向导”对话框，如图 5.9 所示。

（5）单击“下一步”按钮，打开“选择配置操作”对话框，如图 5.10 所示。

（6）在“选择配置操作”对话框中，可以根据需要选择此向导执行的操作，在这里选择

第一项，创建正向查找区域（适合小型网络使用），单击“下一步”按钮，打开“主服务器位置”对话框，如图 5.11 所示。

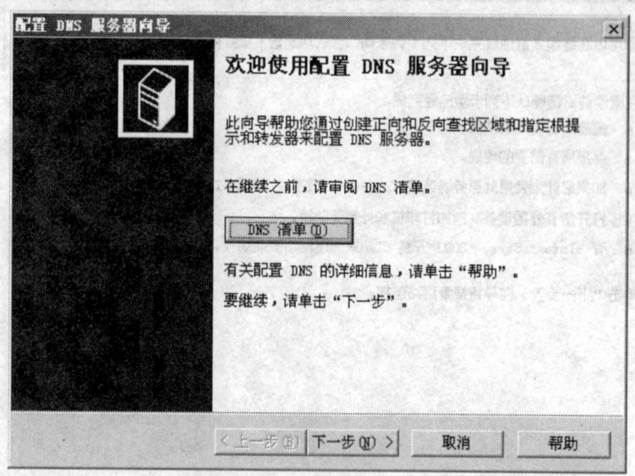

图 5.9 “配置 DNS 服务器向导”对话框

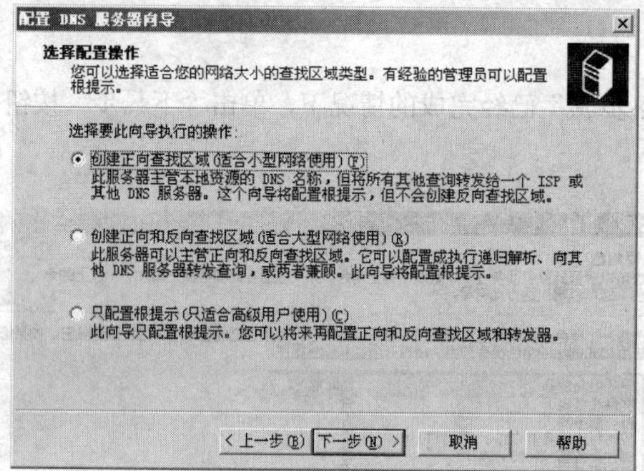

图 5.10 “选择配置操作”对话框

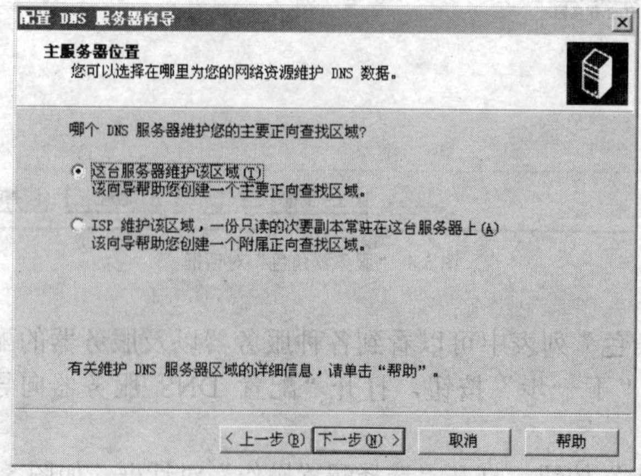

图 5.11 “主服务器位置”对话框

在“主服务器位置”对话框中，如果在该计算机上运行的 DNS 服务器将维护包含网络资源 DNS 资源记录（RR）的主要区域，则选择“这台服务器维护该区域”单选项。如果该计算机上运行的 DNS 服务器将主持包含网络资源 DNS 资源记录的主要区域（辅助区域）副本，主要区域在您的单位使用的 Internet 服务提供商（ISP）的 DNS 服务器上维护，则选择“ISP 维护该区域，一份只读的次要副本常驻在这台服务器上”选项。

要点提示

（7）在“主服务器位置”对话框中，选择哪个 DNS 服务器维护您的主要正向查找区域，有两个选项，这里选择第一个选项，单击“下一步”按钮，打开“区域名称”对话框，如图 5.12 所示。

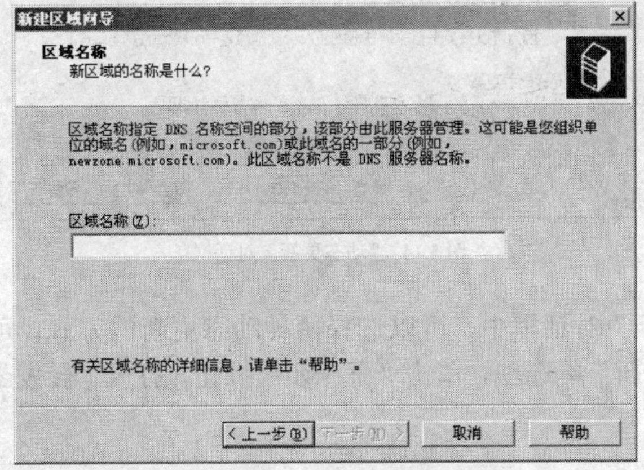

图 5.12 “区域名称”对话框

如果当前计算机为域控制器，则区域名称应该为当前域控制器所管理的域的名称。

要点说明

（8）在“区域名称”对话框中，输入要建立区域的名称，这里使用 ecoinfo.cn，单击“下一步”按钮，打开“区域文件”对话框，如图 5.13 所示。

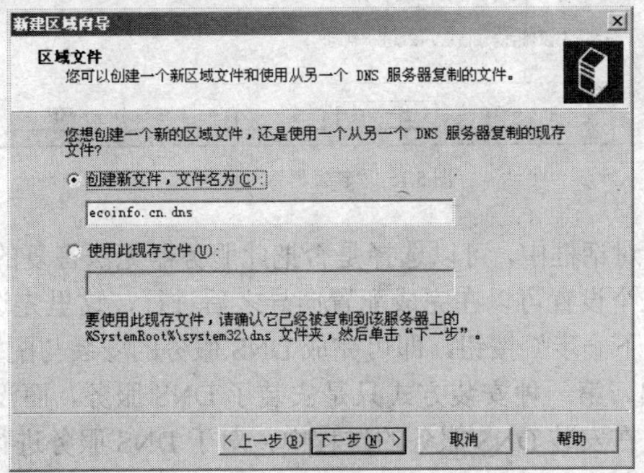

图 5.13 “区域文件”对话框

（9）在“区域文件”对话框中可以选择“创建新文件”或者“使用现存文件”，这里是在安装过程中对于区域进行配置，所以，选择第一项创建一个新文件，文件名一般默认为区域名称加 dns 的后缀，这里使用默认名称，单击“下一步”按钮，打开“动态更新”对话框，如图 5.14 所示。

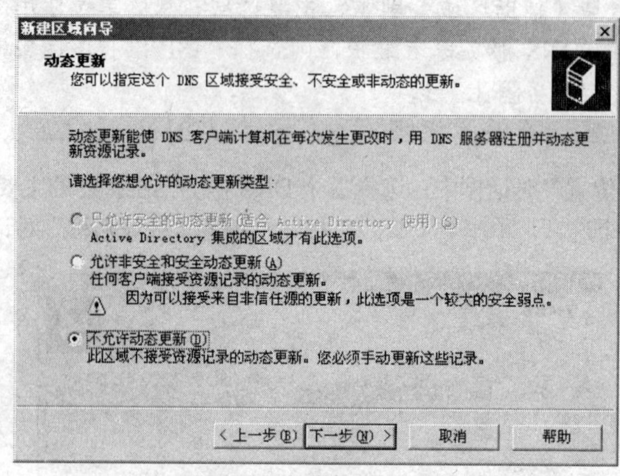

图 5.14 “动态更新”对话框

（10）在“动态更新”对话框中，可以选择两种动态更新的方式，可以根据需要选择，这里选择“不允许动态更新”单选项，单击“下一步”按钮，打开“转发器”对话框，如图 5.15 所示。

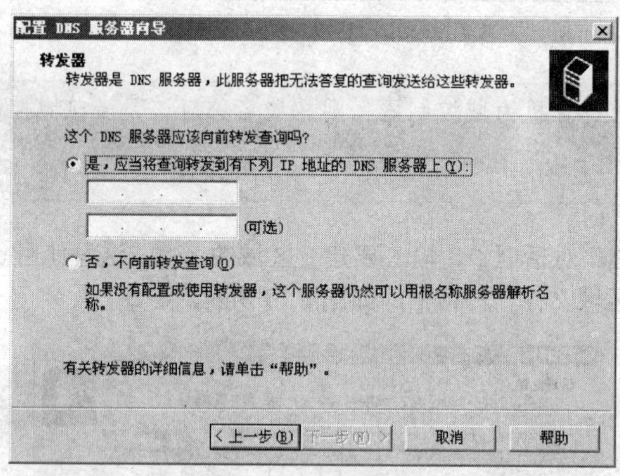

图 5.15 “转发器”对话框

（11）在“转发器”对话框中，可以选择是否把此服务器无法答复的查询发送给其他 DNS 服务器来进行处理，这个设置可以在完成配置向导之后进行，这里先选择“否，不向前转发查询”的选项，单击“下一步”按钮，即可完成 DNS 服务的安装与配置。

通过描述可以看出，第一种安装方式只是安装了 DNS 服务，而没有进行基本的区域配置，第二种安装方式是在安装 DNS 服务的过程中，对于 DNS 服务进行基本的配置，用户可以根据需要选择合适的安装方式。

操作二　授权域代理

【问题的提出】

完成安装 DNS 服务的操作后，管理员需要对于 DNS 服务进行区域配置和相关管理工作。

【目标】

- 配置 DNS 服务器。

【操作】

一、DNS 服务器的管理

1．启动 DNS 控制台

选择“开始”→“管理工具”→“DNS”命令，打开如图 5.16 所示的独立服务器中的 DNS 控制台窗口，而与活动目录集成的 DNS 控制台窗口如图 5.17 所示。两个窗口有所不同，后者多了许多目录和主机记录。如_TCP 和_UDP 等。

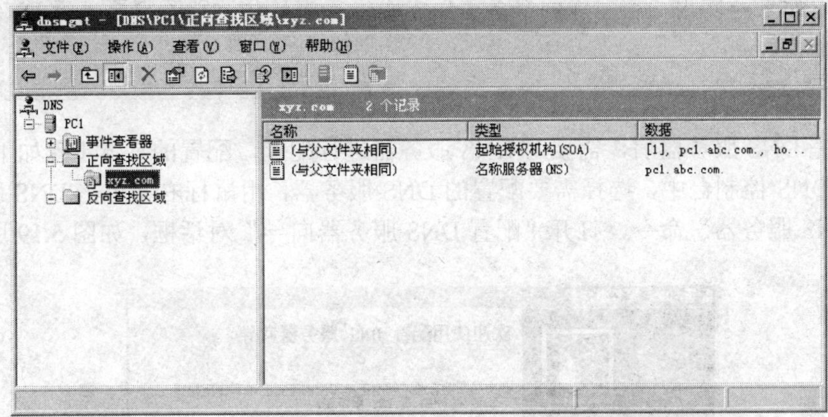

图 5.16　独立服务器的 DNS 控制台

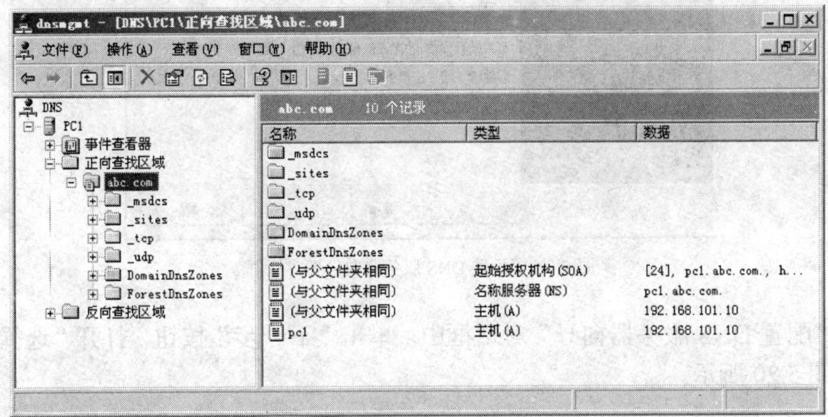

图 5.17　活动目录集成的 DNS 控制台

2．连接到 DNS 服务器

（1）在 DNS 控制台中，用鼠标右键单击左侧目录树的根节点 DNS，选择“连接到 DNS 服务器”命令，打开“连接到 DNS 服务器”对话框，如图 5.18 所示。

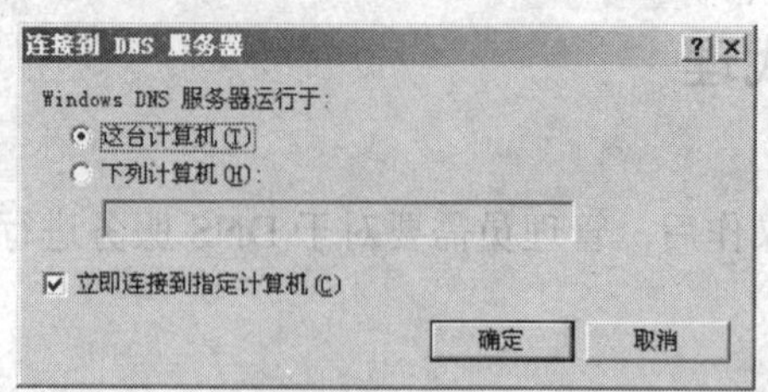

图 5.18 “连接到 DNS 服务器”对话框

（2）在“连接到 DNS 服务器”对话框中，根据要管理的 DNS 服务器进行选择，如果是本机，则选择“这台计算机”选项，如果不是本机，则选择“下列计算机”选项，并写入要连接的计算机的 IP 地址，单击“确定”按钮，即可完成连接到 DNS 服务器的任务。

二、配置 DNS 服务器

如果是使用“管理您的服务器”方式进行安装的，则不需要进行 DNS 服务器的配置。

要点说明

在安装完 DNS 服务器后，需要对 DNS 服务器进行配置，配置的具体步骤如下。

（1）在 DNS 控制台中，选择需要配置的 DNS 服务器，用鼠标右键单击 DNS 服务器，选择“配置 DNS 服务器”命令，打开“配置 DNS 服务器向导”对话框，如图 5.19 所示。

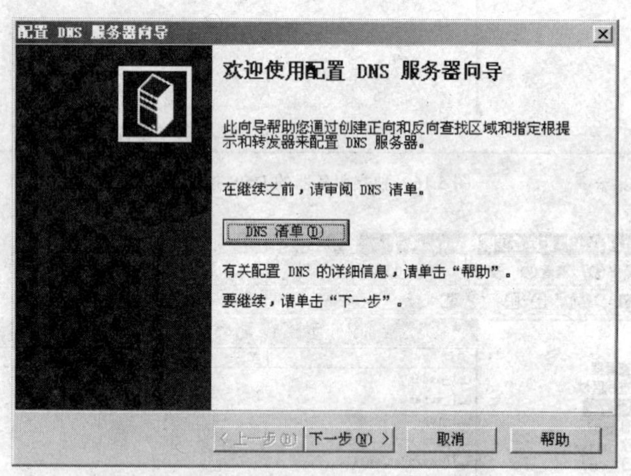

图 5.19 “配置 DNS 服务器向导”对话框

（2）在“配置 DNS 服务器向导”对话框中，单击“下一步”按钮，打开“选择配置操作”对话框，如图 5.20 所示。

在选择配置操作中，需要根据网络的规模选择配置操作的类型。小型网络则选择只“创建正向查找区域”，大型网络则可以选择“创建正向和反向查找区域”，如果暂时不想配置正向和反向查找区域和转发器，则可以选择“只配置根提示”选项。

要点说明

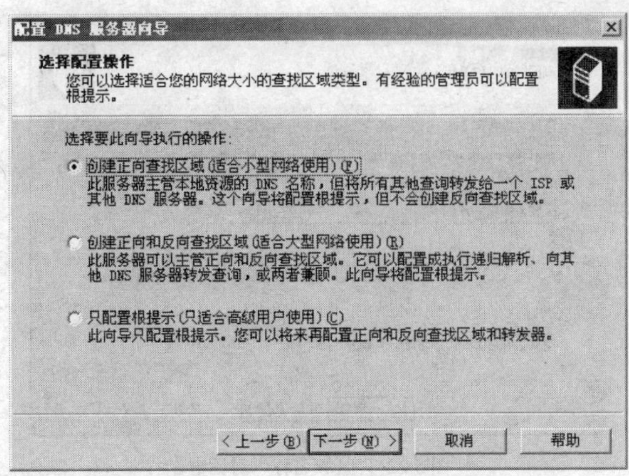

图 5.20 “选择配置操作”对话框

（3）选择要进行的配置操作，这里选择“创建正向查找区域”单选项，单击“下一步”按钮，打开“主服务器位置”对话框，如图 5.21 所示。

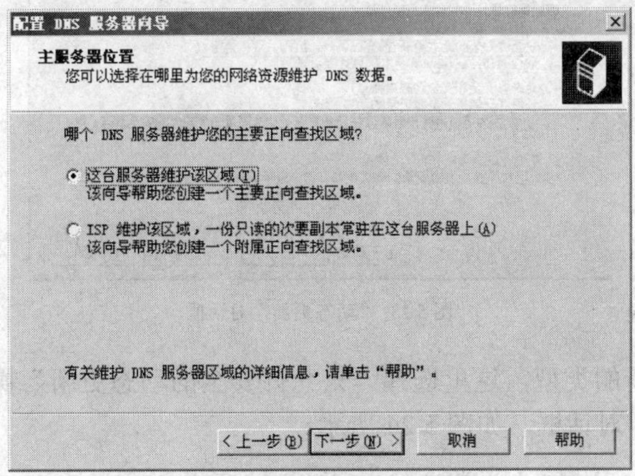

图 5.21 “主服务器位置”对话框

在“主服务器位置”对话框中，可以选择维护主要区域的服务器是本地这台服务器，还是 ISP 的服务器。

要点说明

（4）选择在哪里维护网络资源，这里选择“这台服务器维护该区域”单选项，单击“下一步”，打开“区域名称”对话框，如图 5.22 所示。

（5）键入区域名称，这里键入 ecoinfo.cn，单击“下一步”按钮，打开“动态更新”对话框，如图 5.23 所示。

在“动态更新”对话框中，需要设置当 DNS 客户端计算机发生更改时，DNS 服务器是否更新资源记录。用户可以根据需要进行选择，一般情况下，如果当前网络是域网络，则选择“只允许安全的动态更新”单选项。

要点说明

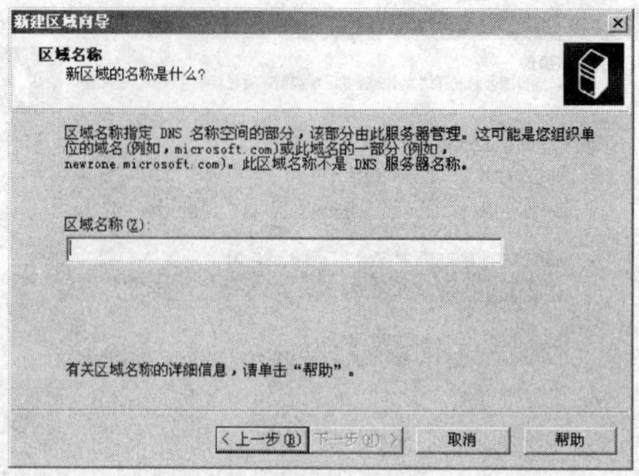

图 5.22 “区域名称”对话框

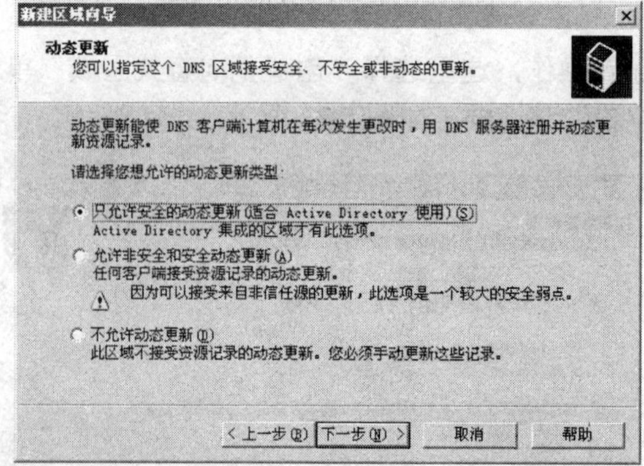

图 5.23 “动态更新”对话框

（6）选择动态更新的类型，这里选择“只允许安全的动态更新”操作，单击“下一步”按钮，打开“转发器”对话框，如图 5.24 所示。

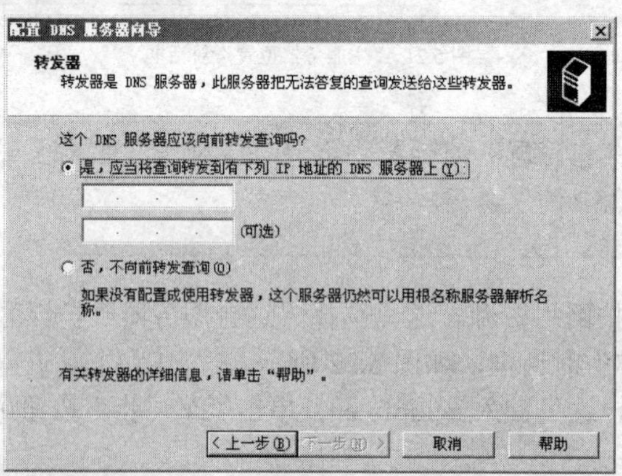

图 5.24 “转发器”对话框

在“转发器”对话框中，需要设置当前 DNS 服务器将无法答复的查询发送给哪些服务器来处理。可以键入两个 DNS 服务器的 IP 地址。

要点说明

（7）选择是否设置转发器，这里选择“否，不向前转发查询”单选项，单击“下一步”按钮，就开始进行 DNS 服务器的配置，配置完成后会打开“完成配置 DNS 服务器向导”对话框，如图 5.25 所示，单击“完成”按钮，即可完成 DNS 服务器的配置。

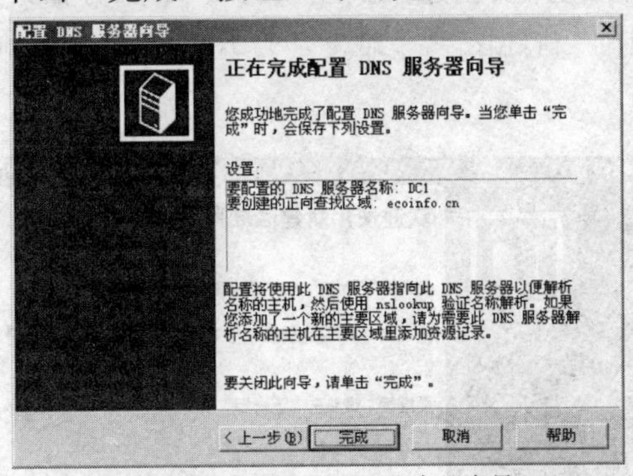

图 5.25　完成配置 DNS 服务器向导

操作三　创建正向查找和反向查找区域

【知识链接】

- 正向查找区域：是指域名解析为 IP 地址的过程，即通过正向查找区域中的记录可以将用户输入的域名解析为相对应的 IP 地址，从而实现对于服务器的访问。在提供正向查找服务的同时 DNS 也提供逆向查找服务。
- 反向查找区域：是指用户根据一台计算机的 IP 地址查找与之对应 DNS 域名的过程，反向查找区域中存放的就是反向查找的域名信息。在本节中主要介绍如何创建正向查找区域和反向查找区域以及区域中资源记录的创建。
- 主机[A]：在 DNS 域名与 IP 地址之间建立映射关系。
- 别名[CNAME]：用来表示用在该区域中的其他资源记录类型中已指定名称的替补或别名 DNS 域名。
- 邮箱[MX]：用来指定的域邮箱名映射到这个邮箱的主机的当前区域中的主机地址记录。
- SOA：起始授权机构 Start of Authority，记录这个域的主服务器。

【问题的提出】

在配置好的 DNS 服务器中，需要创建正向查找区域和反向查找区域，并在区域中加入主机记录。

【目标】

- 创建额外的正向查找区域及子域。
- 在正向查找区域 ecoinfo.cn 中，创建 Web 服务器和 FTP 服务器的主机记录。
- 为正向查找区域 ecoinfo.cn 创建反向查找区域及记录指针。

【操作】

一、正向查找区域

如果当前的 DNS 服务器是域控制器，则在安装 Active Directory 的时候可以选择配置 DNS，或者已经进行了配置 DNS 操作，则已经创建与域控制器的域名相对应的正向查找区域。如果需额外创建其他正向查找区域，则需要按照下面的步骤进行创建。

1．创建正向查找区域

这里以 abc.com 为例，介绍如何创建正向查找区域。具体步骤如下。

（1）打开 DNS 控制台，选择要创建查找区域的 DNS 服务器，右键单击“正向查找区域”文件夹，在快捷菜单中选择“新建区域”命令，打开“欢迎使用新建区域向导”对话框，如图 5.26 所示。

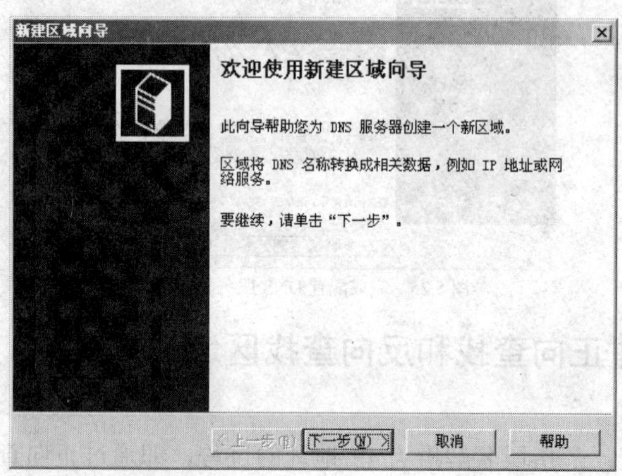

图 5.26 “新建区域向导”对话框

（2）在“欢迎使用新建区域向导”对话框中，单击“下一步”按钮，打开“区域类型”对话框，如图 5.27 所示。

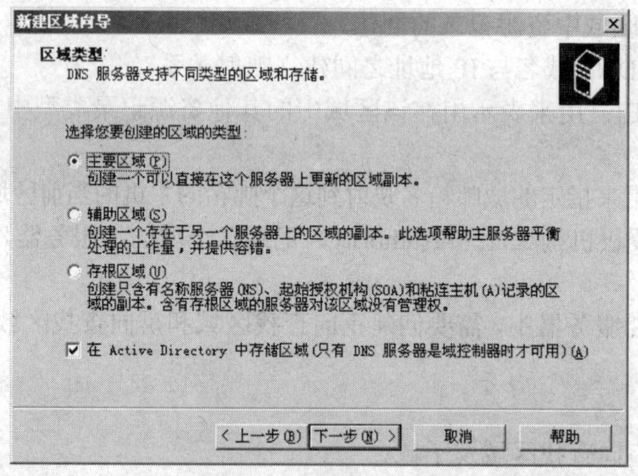

图 5.27 “区域类型”对话框

区域类型主要分 3 类，主要区域是指创建一个可以直接在这个服务器更新的区域副本。辅助区域主要是辅助主服务器平衡处理的工作量，并提供容错，这个选项的区域副本在主服务器上，而不在当前服务器上。存根区域只创建名称服务器、起始授权机构和粘连注意记录的区域，并且存根区域的服务器对于该区域没有管理权，用户可以根据需要进行选择。

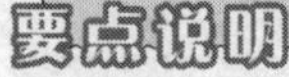

（3）选择要创建的区域类型，这里选择“主要区域”单选项，单击“下一步”按钮，打开“Active Directory 区域复制作用域”对话框，如图 5.28 所示。

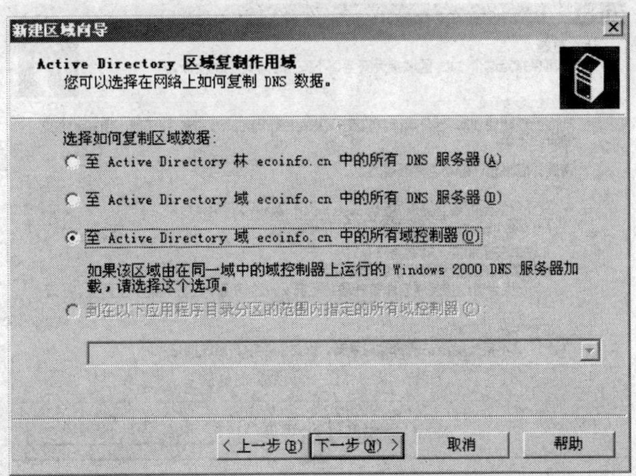

图 5.28 “Active Directory 区域复制作用域”对话框

在“Active Directory 区域复制作用域”对话框中，可以根据需要选择复制区域数据的类型，一般选择“至 Active Directory 域 ecoinfo.cn 中的所有域控制器”选项。

要点说明

（4）在“Active Directory 区域复制作用域”对话框中，选择复制区域数据的方式，这里选择“至 Active Directory 域 ecoinfo.cn 中的所有域控制器”选项，单击“下一步”按钮，打开“区域名称”对话框，如图 5.29 所示。

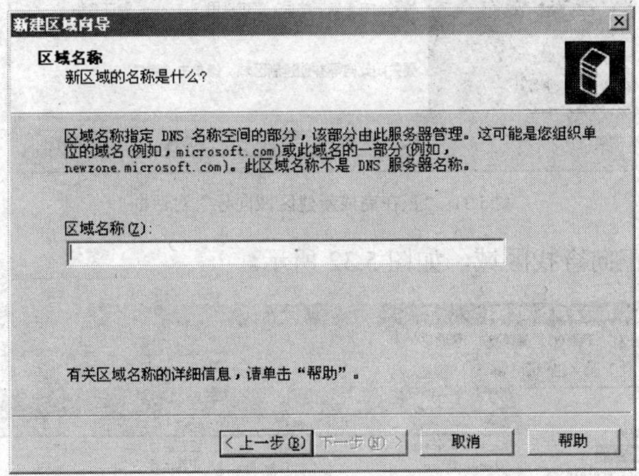

图 5.29 “区域名称”对话框

区域名称不能和现有域重名。

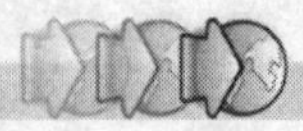

（5）输入区域名称，如“abc.com”，单击“下一步”按钮，打开“动态更新”对话框，如图 5.30 所示。

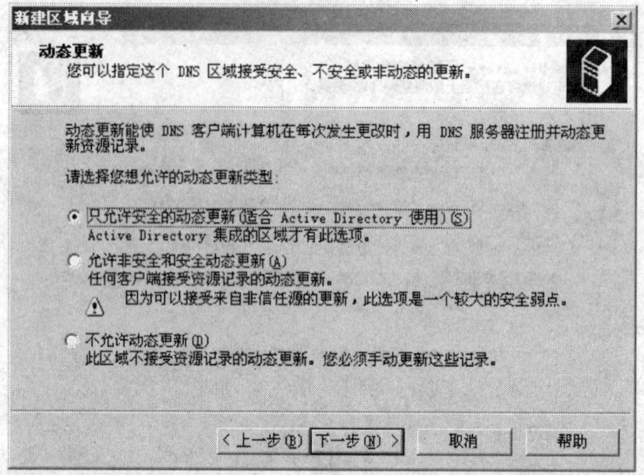

图 9.30 “动态更新”对话框

（6）选择动态更新的类型，这里选择“只允许安全的动态更新”单选项，单击“下一步”按钮，即可完成区域创建，如图 5.31 所示。

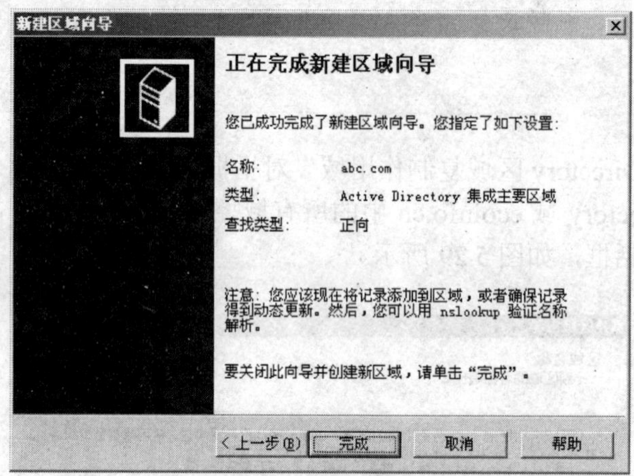

图 5.31 “正在完成新建区域向导”对话框

（7）完成之后的正向查找区域，如图 5.32 所示。

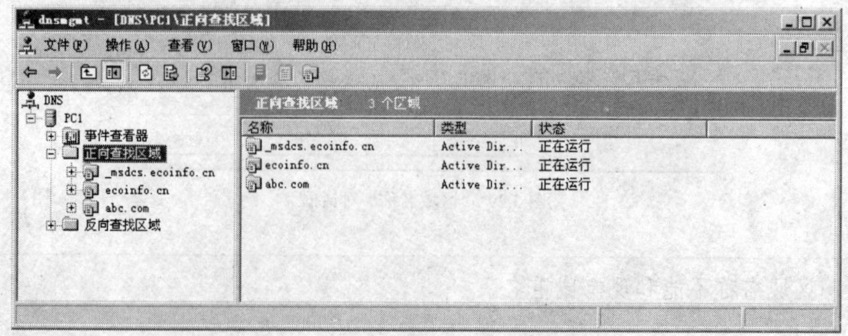

图 5.32 新创建的正向查找区域

2．新建子域

在已有的正向查找区域中，还可以创建子域，这里以 xyz.abc.com 为例介绍子域的创建过程，具体步骤如下。

（1）用鼠标右键单击已有的正向查找区域，选择“新建域”命令，即可打开“新建 DNS 域”的对话框，如图 5.33 所示。

图 5.33 “新建 DNS 域”对话框

（2）键入新的域名，如“xyz”，单击“确定”按钮，即可在已有正向查找区域下创建新的子域，如图 5.34 所示。

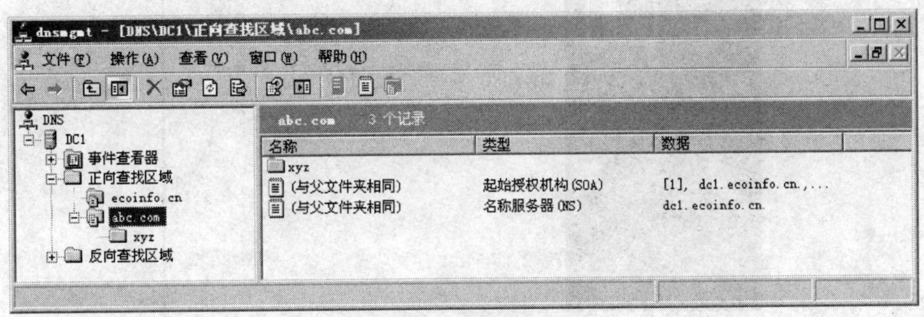

图 5.34　新建的子域

3．新建主机

创建主机记录 www.ecoinfo.cn，其 IP 地址为 192.168.101.2。

（1）用鼠标右键单击 ecoifnio.cn 区域文件夹，在弹出的快捷菜单中选择“新建主机”命令，即可打开“新建主机”对话框，如图 5.35 所示。

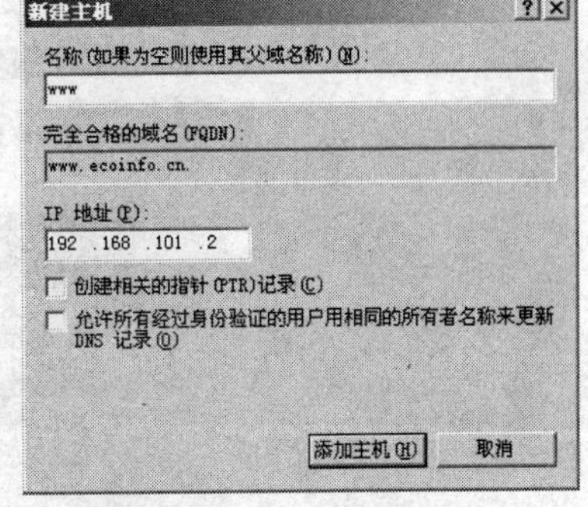

图 5.35 “新建主机”对话框

（2）在“新建主机”对话框中写入主机名称 www 和与之相对应的 IP 地址 192.168.101.10，单击“添加主机”按钮，弹出“成功创建主机记录”对话框，单击“确定”按钮后，回到“新建主机”对话框，可以选择继续添加主机记录，或单击“完成”按钮，回到 DNS 服务器的管理窗口，可以看到已创建完成的主机记录，如图 5.36 所示。

使用同样的方法可以创建 FTP 服务器的主机记录，主机名称为 ftp，对应的 IP 地址为 192.168.101.2，具体操作过程这里不再赘述。

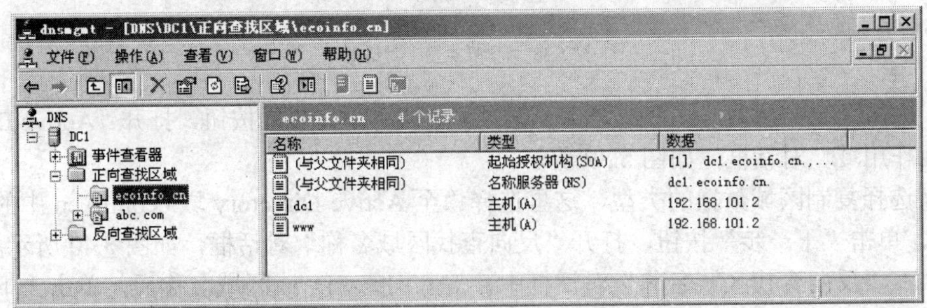

图 5.36　新创建的主机记录

二、反向查找区域

1. 创建反向查找区域

这里以创建 ecoinfo.cn 的反向查找区域为例，介绍反向查找区域的创建过程，具体步骤如下。

（1）在 DNS 服务管理窗口中，用鼠标右键单击“反向查找区域”文件夹，选择“新建区域”命令，打开“欢迎使用新建区域向导”对话框，如图 5.37 所示。

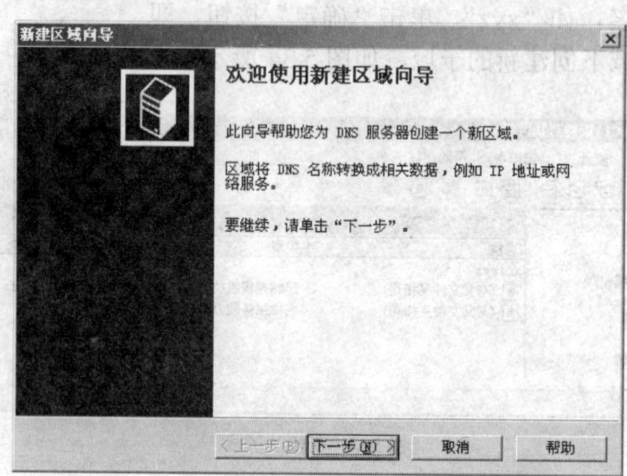

图 5.37 “新建区域向导”对话框

（2）单击“下一步”按钮，打开“区域类型”对话框，如图 5.38 所示。

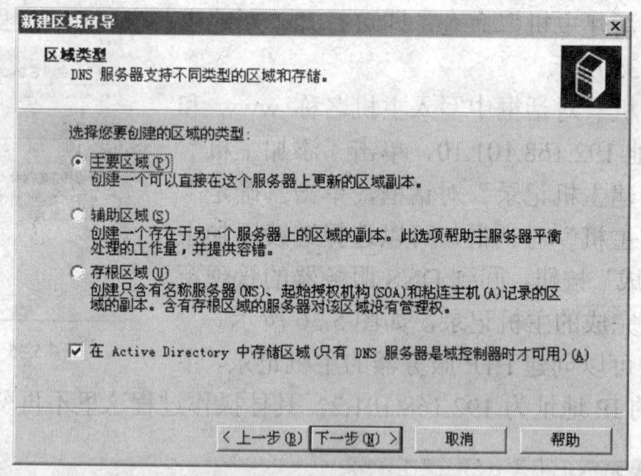

图 5.38 “区域类型”对话框

（3）选择区域类型后，这里选择主要区域，单击“下一步”按钮，打开“Active Directory 区域复制作用域”对话框，如图 5.39 所示。

（4）选择复制区域数据的类型，这里选择“至 Active Directory 域 ecoinfo.cn 中的所有域控制器”，单击“下一步”按钮，打开“反向查找区域名称”对话框，如图 5.40 所示。

（5）在“反向查找区域名称”对话框中，键入网络 ID 或区域名称后，单击“下一步”按钮，打开“动态更新”对话框，如图 5.41 所示。

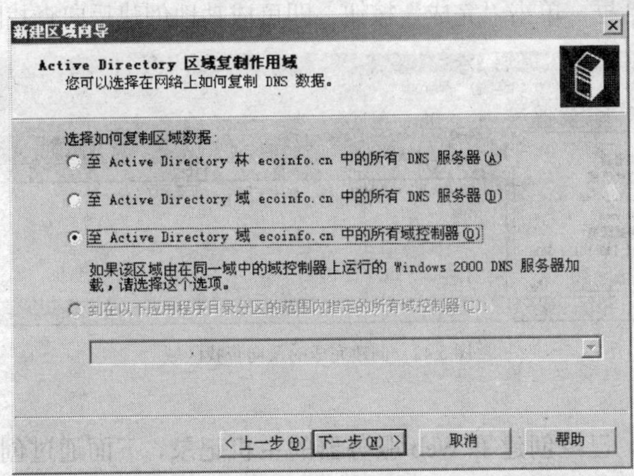

图 5.39 “Active Directory 区域复制作用域”对话框

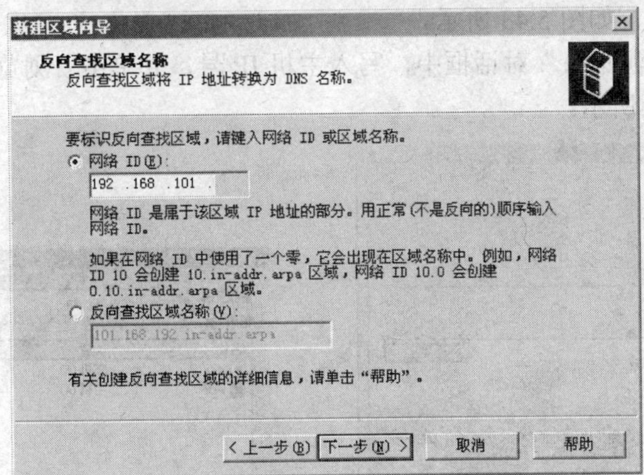

图 5.40 “反向查找区域名称”对话框

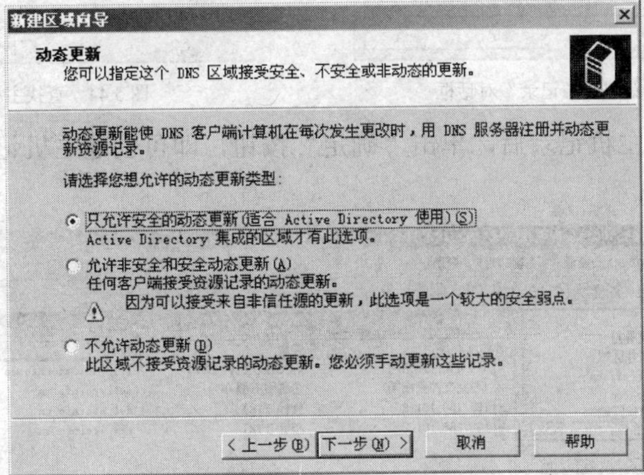

图 5.41 “动态更新”对话框

（6）选择动态更新的类型，这里选择“只允许安全的动态更新”单选项，单击“下一步”按钮，打开“完成向导”对话框，单击“完成”按钮，即可成功地创建反向查找区域，如图 5.42 所示。

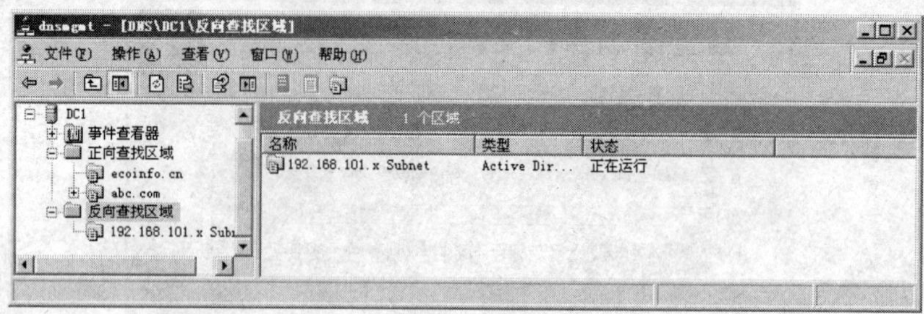

图 5.42　创建完成的反向查找区域

2．新建指针

在上面的操作中，已经创建了 Web 服务器的主机记录，下面通过创建该主机记录的反向指针，介绍新建指针的过程，具体步骤如下。

（1）用鼠标右键单击需要新建指针的反向查找区域，选择“新建指针”命令，打开“新建资源记录”对话框，如图 5.43 所示。

（2）在“新建资源记录”对话框中，写入主机 IP 号，并单击“浏览”按钮，选择相应的主机记录，如图 5.44 所示。

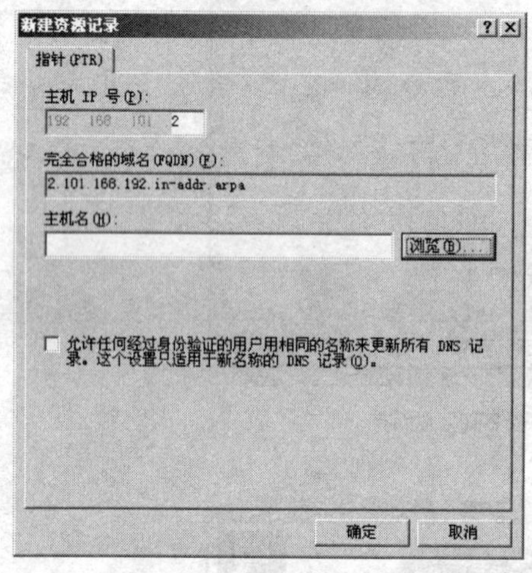

图 5.43 “新建资源记录”对话框

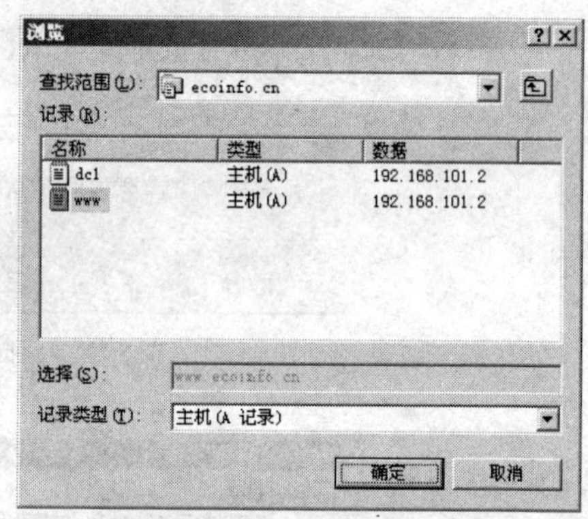

图 5.44　查找主机记录

（3）选择相应的主机记录后，单击“确定”按钮，即可创建主机记录所对应的指针，如图 5.45 所示。

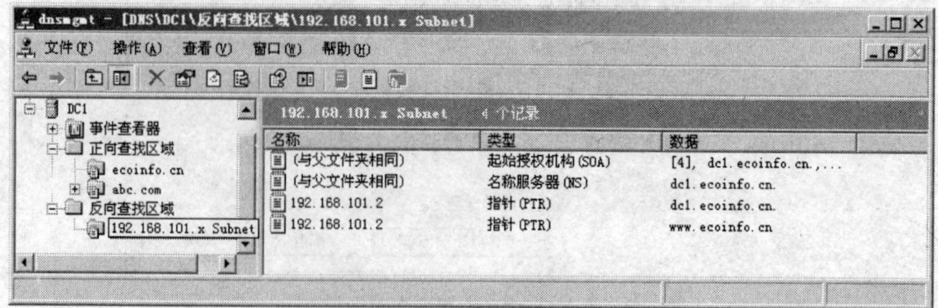

图 5.45　添加完成的指针

操作四　启动动态更新功能

【知识链接】

- DNS 服务器的动态更新功能：是当 DNS 客户端计算机发生改变时，用 DNS 服务器注册并动态更新资源记录。
- 动态更新的类型有 3 种，分别是：只允许安全的动态更新（适合 Active Directory 使用）；允许非安全和安全的动态更新，任何客户端接收资源记录的动态更新；不允许动态更新。

【问题的提出】

当域中添加新的成员或者成员 IP 地址发生变化时，DNS 服务器应该在域中动态更新这些记录。

【目标】

- 设置 DNS 服务器的动态更新功能。

【操作】

动态更新功能可以在创建区域的过程中，直接在“动态更新”对话框中进行选择，只有与 Active Directory 集成的区域才能选择安全的动态更新，一般在工作或 Internet 中的 DNS 应当选择“不允许动态更新”。

要点说明

设置动态更新的操作步骤如下。

（1）打开 DNS 控制台，用鼠标右键单击要进行设置的查找区域，在快捷菜单中选择“属性”命令，打开“区域属性”对话框，如图 5.46 所示。

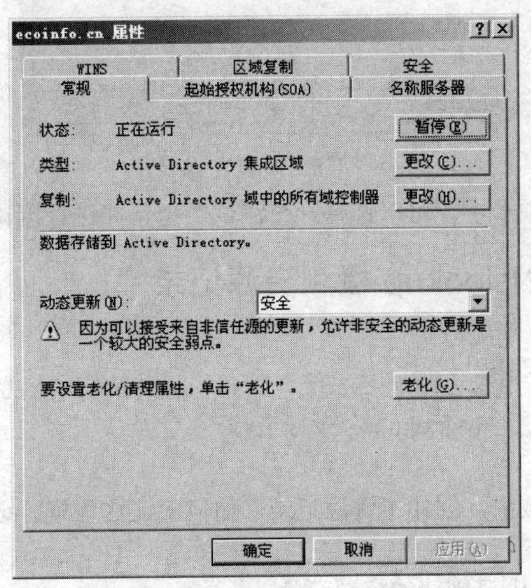

图 5.46　“查找区域属性”对话框

（2）在“区域属性”对话框中，选择“常规”选项卡，可以看到动态更新选项的下拉列表，在下拉列表中可以选择动态更新的类型，即可启动或关闭动态更新功能。

操作五　监测“域名系统服务器”服务

【问题的提出】

DNS 配置成功后，要对服务器的配置进行验证。

【目标】

- 监测 DNS 服务器的配置情况。

【操作】

监测“域名系统服务器”服务的具体步骤如下。

（1）打开“DNS 服务器管理”对话框，用鼠标右键单击要监测的服务器，这里选择 DC1，在弹出的快捷菜单中选择“属性”命令，打开“DC1 属性”对话框，并选择“监视”选项卡，如图 5.47 所示。

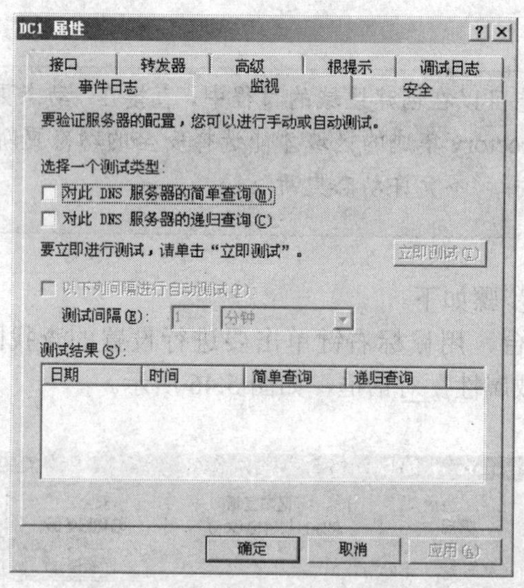

图 5.47 “DC1 属性”对话框

（2）在“监视”选项卡中，可以选择一个测试类型，并进行测试。

操作六　利用 Nslookup 检测资源记录

【知识链接】

- Nslookup 显示可用来诊断域名系统（DNS）基础结构的信息。只有在已安装 TCP/IP 协议的情况下，才可以使用 Nslookup 命令行工具。

【问题的提出】

在已创建的查找区域中，创建了资源记录，如何验证这些资源记录呢？

【目标】

- 使用 nslookup 验证已创建的资源记录。

【操作】

1．启动 Nslookup 命令

（1）在 DNS 控制台中直接打开 Nslookup 命令

打开 DNS 控制台，用鼠标右键单击具体的 DNS 服务器，如 DC1，在快捷菜单中选择

“启动 nslookup”命令，如图 5.48 所示。

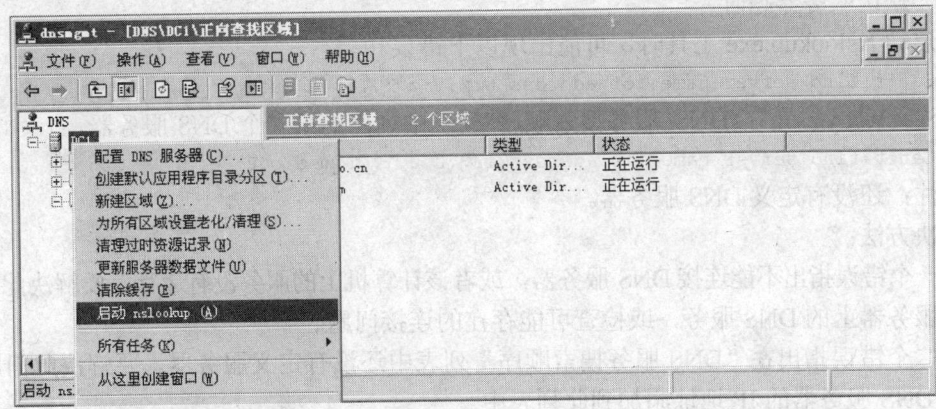

图 5.48　启动 nslookup

（2）在命令提示符中直接输入 nslookup 命令，打开命令提示符窗口，直接键入 nslookup 命令，如图 5.49 所示。

图 5.49　nslookup 命令提示符

2．使用 Nslookup 进行资源记录检测

通过上面两种方式中的任意一种打开 nslookup 界面，在命令提示符的状态下，直接输入完整的域名或者 IP 地址，就可以查找 DNS 中的完整记录，如图 5.50 所示。

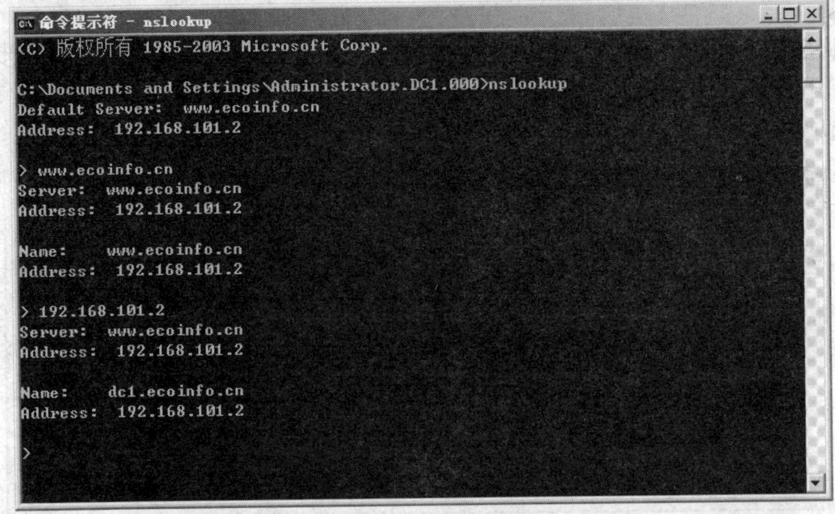

图 5.50　nslookup 界面

3．Nslookup.exe 的疑难解答

（1）默认服务器超时

当启动 Nslookup.exe 工具时，可能出现以下错误。

```
*** Can't find server name for address w.x.y.z : Timed out
```

备注：w.x.y.z 是在“DNS 服务搜索顺序”列表中列出的第一个 DNS 服务器。

```
*** Can't find server name for address 127.0.0.1: Timed out
```

备注：还没有定义 DNS 服务器。

解决方法：

第一个错误指出不能连接 DNS 服务器，或者该计算机上的服务没有运行。要解决此问题，启动该服务器上的 DNS 服务，或检查可能存在的连接问题。

第二个错误指出在“DNS 服务搜索顺序”列表中还没有定义服务器。要解决此问题，请将有效 DNS 服务器的 IP 地址添加到此列表中。

（2）启动 Nslookup.exe 时找不到服务器名

启动 Nslookup.exe 工具时，可能出现以下错误：

```
*** Can't find server name for address w.x.y.z: Non-existent domain
```

解决办法：

当没有名称服务器 IP 地址的 PTR 记录时，会出现此错误。当 Nslookup.exe 启动时，它执行反向搜索，以得到默认服务器的名称。如果没有 PTR 数据，则返回此错误消息。要解决此问题，请确保反向搜索区域存在，并包含名称服务器的 PTR 记录。

操作七　检测 DNS 服务器事件日志

【问题的提出】

在管理 DNS 服务器的过程中，为了了解服务器的运行情况，需要查看 DNS 服务器的事件日志。

【目标】

- 常看 DNS 服务器的事件日志。

【操作】

DNS 服务器的事件日志可以通过事件查看器浏览，打开 DNS 事件查看器的步骤如下。

（1）打开“DNS 服务器管理”窗口，选择要查看的服务器，这里选择 DC1，单击“事件查看器”选项，打开 DNS 事件，即可查看所有的 DNS 事件，如图 5.51 所示。

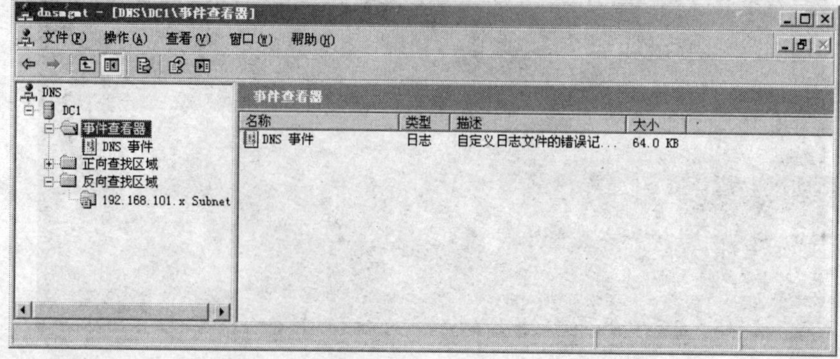

图 5.51　DNS 事件

（2）在“DNS 事件”窗口中，用鼠标右键单击某个事件，在弹出的快捷菜单中，选择“属性”命令，可以查看事件的详细信息，如图 5.52 所示。

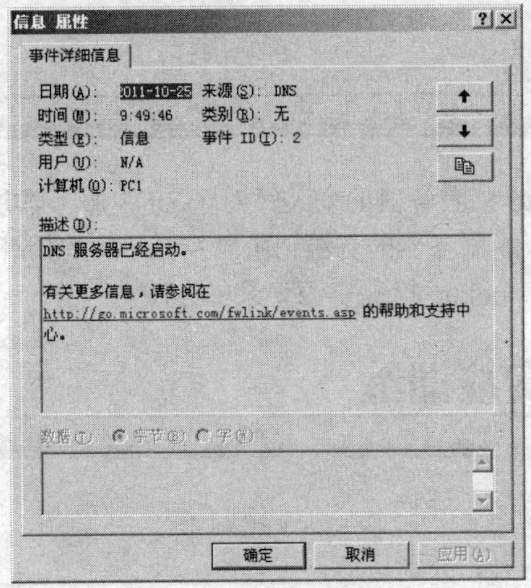

图 5.52　DNS 事件详细信息

操作八　删除域名系统服务

【问题的提出】

完成 DNS 服务器的测试后，需要将系统恢复到最初状态。

【目标】

- 删除 DNS 服务。

【操作】

删除域名系统服务的方法如下。

（1）选择“开始”→“程序”→“控制面板”→“添加或删除程序”→“添加/删除 Windows 组件”命令，打开 Windows 组件向导，如图 5.53 所示。

（2）选择“网络服务”选项，单击“详细信息”按钮，打开“网络服务”对话框，如图 5.54 所示。

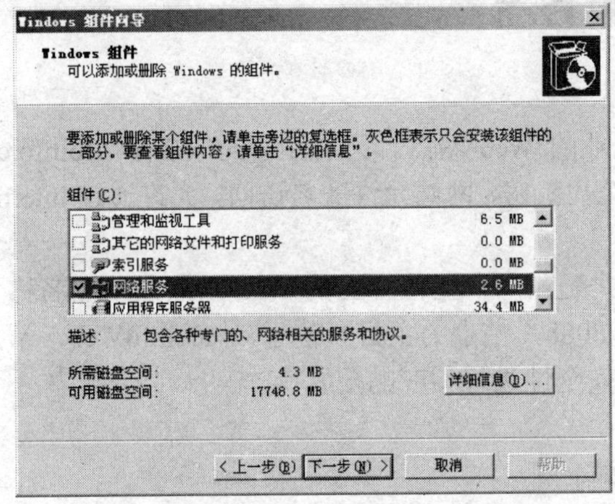

图 5.53　“Windows 组件向导”对话框

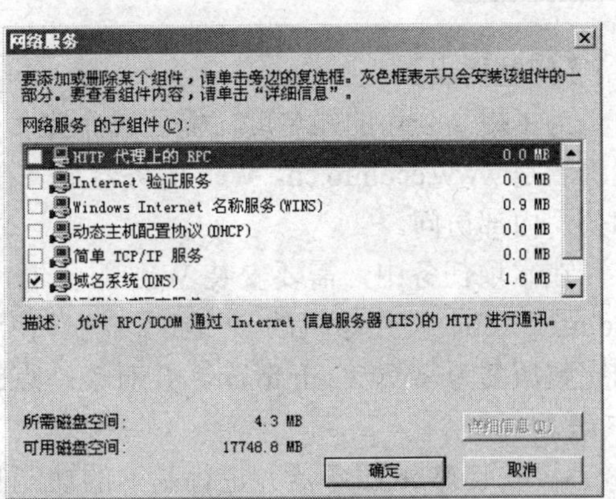

图 5.54　“网络服务”对话框

（3）将“域名系统（DNS）”复选框勾掉，单击“确定”按钮后回到“Windows 组件向导”对话框，单击“下一步”按钮，即可完成域名系统服务卸载。

任务小结

在该任务中，完成了 DNS 服务器的安装，对于 DNS 服务器进行了区域配置，在查找区域中创建了 Web 服务器和 ftp 服务器的资源记录以及其对应的指针。对于 DNS 服务器设置了动态更新，并掌握了使用 nslookup 检测资源记录的方法。

思考与实战训练

一、填空题

1．顶级域名一般分为两种，分别是＿＿＿＿＿＿＿，＿＿＿＿＿＿＿，＿＿＿＿＿＿＿代表商业机构的域名。＿＿＿＿＿＿＿代表中国的域名。

2．在安装 DNS 服务器时，用户必须是＿＿＿＿＿＿＿，＿＿＿＿＿＿＿组成员，安装 DNS 服务器的主机应该设置＿＿＿＿＿＿＿，并将“首选 DNS 服务器地址”设置为＿＿＿＿＿＿＿。

3．网络服务的安装文件都位于安装光盘中的＿＿＿＿＿＿文件夹内。

4．＿＿＿＿＿＿＿命令行工具可用来诊断域名系统（DNS）基础结构的信息。只有在＿＿＿＿＿＿＿＿情况下才可以使用该命令行工具。

二、简答题

1．什么是 DNS？

2．什么是域名？如何理解域名解析？

3．DNS 的 3 种查询方式是什么？请分别简单解释。

4．查询区域主要有哪几种？请分别简单解释。

5．动态更新有哪 3 种类型？选择动态更新类型时，应如何选择？

任务六　安装和配置 Web 服务器

【问题提出】

为了提高公司的知名度，需要一个宣传企业的 Web 站点。公司注册的域名是 ecoinfo.cn，主机名是 www.ecoinfo.cn。Web 服务器放置在公司机房，网站允许匿名访问，允许通过 Internet 和公司内部访问。

在本项任务中，需要安装 Web 服务器，并配置一个宣传企业的 Web 站点，站点名称为 ecoinfo_Web，使用本机的 IP 地址，端口使用 8088，站点的主目录位于 c:\ecoinfoWeb，站点的完整域名为 www.ecoinfo.cn。并对该站点的安全性进行相应的配置操作。

【目标】

- 安装 Web 服务器并进行基本的功能测试。
- 配置 Web 站点的基本信息。

- 同时运行多个 Web 站点。
- 配置 Web 站点的安全性。

【前提条件】

- 统一资源定位器的概念。
- Web 服务的概念。
- 超文本传输协议 HTTP。

操作一　创建 Web 站点

【知识链接】

Web 服务及其相关概念

（1）URL 统一资源定位器。

URL（Uniform Resource Locator）称做“统一资源定位器”，URL 定位的地址是每个站点、Web 页面具有的唯一的存放地址。URL 是一种用于表示 Internet 上信息资源地址的统一格式。标准的组成格式如下所示。

<协议>：//<信息资源地址>[:网络端口/<文件路径>]

示例：http://sports.sina.com.cn:80/nba/

① 协议：表示服务器所使用的通信协议，如示例中的 http。

② 信息资源地址：通常为“域名地址”或“主机的 FQDN 名”，也可以直接键入主机的 IP 地址。如示例中的“sports.sina.com.cn”就是存放文件的主机的域名地址。

③ 网络端口：表示服务器使用的通信端口编号，不同类型的服务有不同的默认端口编号。示例中的“80”就是 Web 服务的默认端口号，如果有多个站点使用同一主机 IP 地址的情况，可以使用不同端口号来区分不同站点。

④ 文件路径：用于指定存放文件的路径和文件名，如示例中的“/nab/”。

（2）Web 服务。

环球信息网简称 WWW，也被称做“万维网”。它为用户在 Internet 上查看文档提供一个图形化的、易于进入的界面。这些文档及其之间的链接组成了 Web 信息网。

（3）超文本传输协议。

超文本传输协议（HTTP）是一种在 Web 上查询信息的主要协议。通过该协议，用户可以在网上查询网页信息，通过链接可以进一步查询其他网页。

【问题的提出】

在 Windows Server 2003 中，通过 IIS 配置 Web 服务，所以需要先安装 IIS 服务器，并对于 Web 站点进行配置。

【目标】

- 在域控制器中安装 Web 服务。
- 配置默认 Web 站点。
- 新建 Web 站点并进行配置。

【操作】

一、安装 Web 服务器

1．安装 Web 服务器

在 Windows Server 2003 中，Web 服务主要是通过 IIS（Internet Information Service）来实

现的，在 Windows Server 2003 中的 IIS 版本为 IIS 6.0，可以通过传统的方式进行安装，也可以使用集成管理工具进行安装，下面介绍通过集中管理工具安装 IIS 的方法。

在进行安装之前，有以下几个前提条件必须满足。

① DNS 服务系统运行正常，否则不能进行主机域名的访问，只能通过主机 IP 地址进行服务器的访问。

② 登录用户账户要具有管理员的权限，即登录的用户账户是 Administrators 组中的成员。

③ 配置好服务器的 IP 地址、子网掩码和首选 DNS 服务器的信息等。

安装 IIS 的步骤如下。

（1）选择“开始”→“管理您的服务器”命令，打开“管理您的服务器”对话框，如图 6.1 所示。

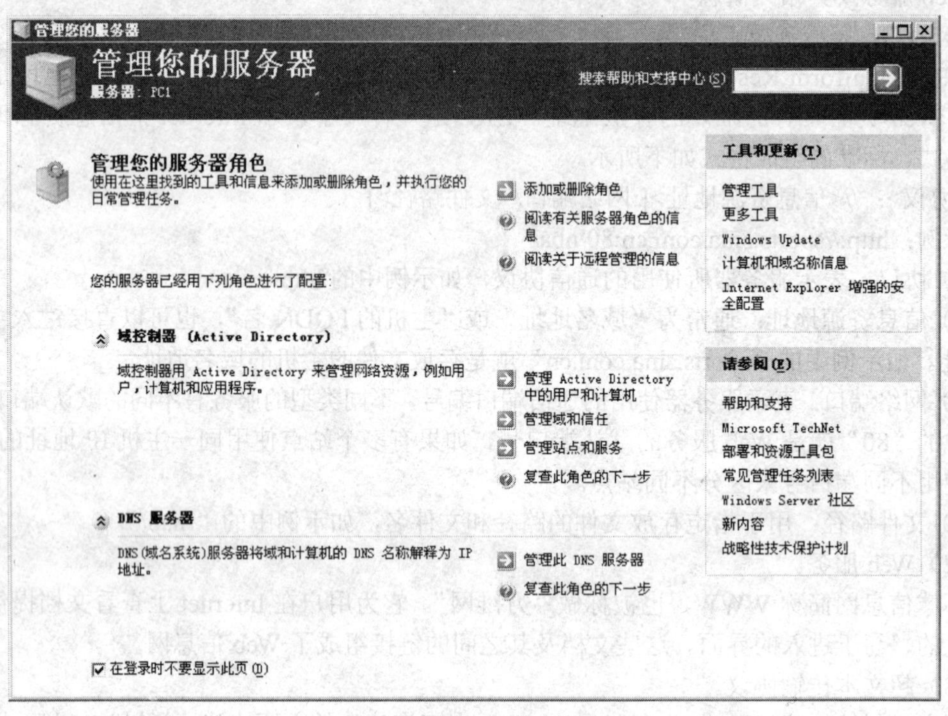

图 6.1 “管理您的服务器”对话框

（2）在“管理您的服务器”对话框中，选择“添加或删除角色”选项，打开“预备步骤”对话框，如图 6.2 所示。

> 在安装 Web 服务器的过程中，要确保 Windows Server 2003 安装 CD 已经放在了光驱中，在安装 CD 中有 Web 服务的安装文件。
>
> 要点说明

（3）在确保预备步骤都已完成的前提下，单击“下一步”按钮，打开“服务器角色”对话框，如图 6.3 所示。

> 在 Windows Server 2003 中，Web 服务器主要通过 IIS 来实现，在安装过程中除了 IIS 外，系统还会自动安装 ASP.NET。
>
> 要点说明

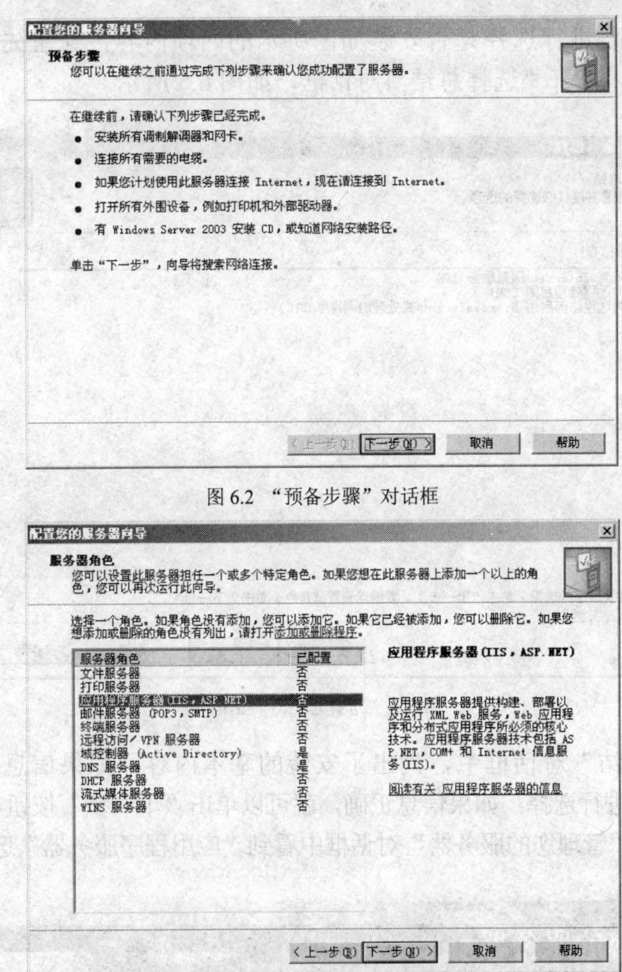

图 6.2 “预备步骤”对话框

图 6.3 “服务器角色”对话框

（4）选择“应用程序服务器（IIS，ASP.NET）”选项，单击“下一步”按钮，打开“应用程序服务器选项”对话框，如图 6.4 所示。

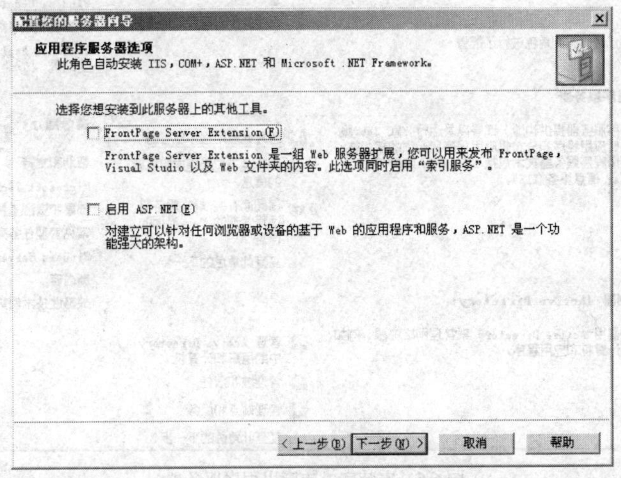

图 6.4 “应用程序服务器选项”对话框

（5）可以根据需要进行选择是否安装如图所示的两项内容，这里先不选择两个选项，单击“下一步”按钮，打开“选择总结”对话框，如图 6.5 所示。

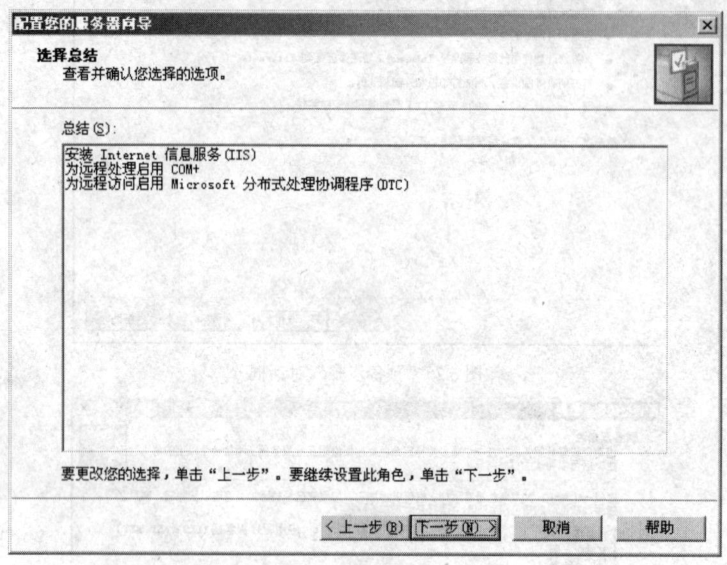

图 6.5 “选择总结”对话框

（6）在“选择总结”对话框中，列出了安装的基本内容，如果信息不正确，可以选择“上一步”按钮，重新进行选择，如果信息正确，就可以单击“下一步”按钮，完成 IIS 的安装。IIS 安装完成后可以在“管理您的服务器”对话框中看到“应用程序服务器”选项，如图 6.6 所示。

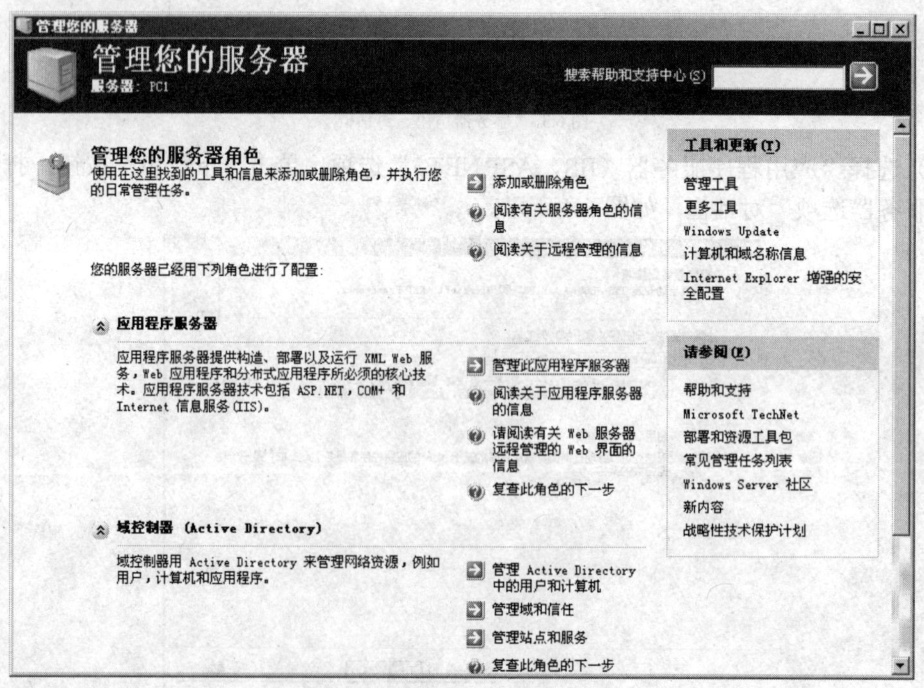

图 6.6 安装完成的应用程序服务器

二、配置 Web 站点

1. 使用默认网站配置 Web 站点

完成 IIS 的安装后，在管理工具中可以看到“Internet 信息服务（IIS）管理器”选项，单击该选项，就可以打开 IIS 的管理窗口，如图 6.7 所示。

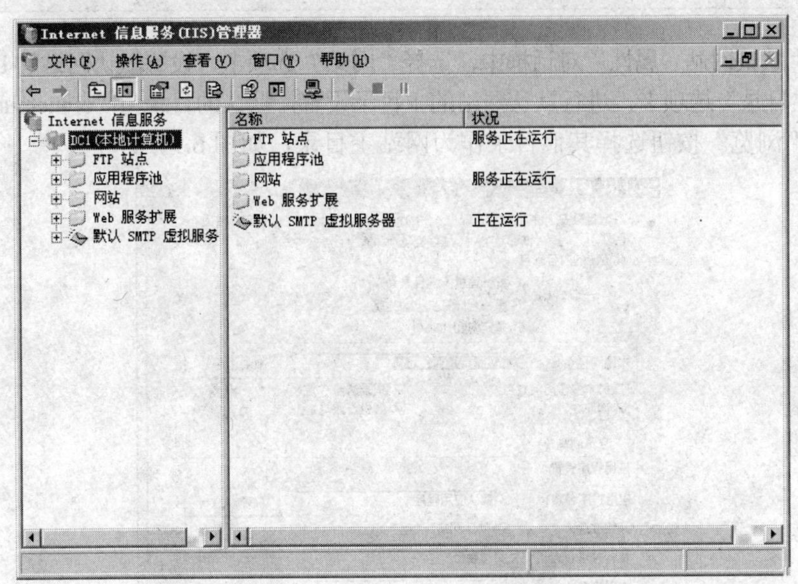

图 6.7 “Internet 信息服务（IIS）管理器”窗口

在“Internet 信息服务（IIS）管理器”窗口中，可以进行网站的创建和各项配置的操作，下面介绍如何使用默认网站配置 Web 站点。

（1）在“Internet 信息服务（IIS）管理器”窗口中，双击“网站”文件夹，打开文件夹后可以看到“默认网站”，用鼠标右键单击“默认网站”，在弹出的快捷菜单中选择“属性”命令，打开“默认网站属性”对话框，如图 6.8 所示。

图 6.8 “默认网站 属性”对话框

> 可以从 IP 地址的下拉列表中直接选择已有的 IP 地址，如果没有可以选择的 IP 地址，则需要为计算机设置一个静态 IP 地址。TCP 端口号默认为 80，如果不是同时运行多个站点的话，可以不修改 TCP 端口号。
>
> **要点说明**

（2）在“默认网站　属性”对话框中，选择“网站”选项卡，设置默认网站的 IP 地址和端口号。选择“主目录”选项卡，进行默认网站的主目录设置，默认的目录为“c:\inetpub\wwwroot”，也可以通过“浏览”按钮选择其他目录作为网站主目录，如图 6.9 所示。

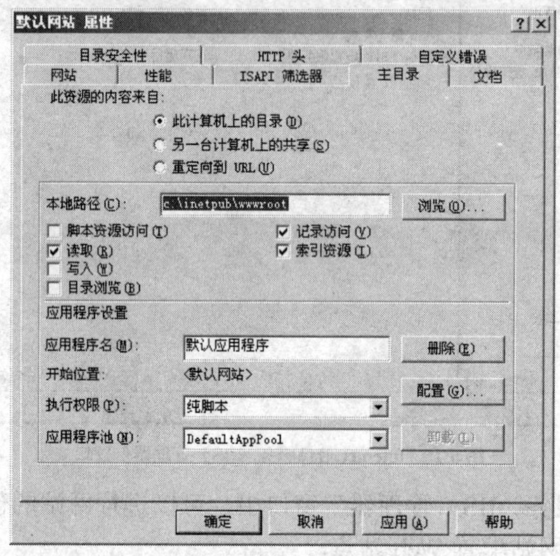

图 6.9 “主目录”选项卡

（3）设置完以上两项内容后，单击“确定”按钮，即完成对默认网站的基本设置。

（4）对于默认的站点进行简单的测试，使用记事本编辑一个简单 HTML 网页 default.htm，代码如下所示。

```
<html>
 <head>
    <title>主页</title>
 </head>
 <body>
    我的第一个网站！
 </body>
</html>
```

> 在 DNS 服务器中，如果没有创建 Web 服务器的主机记录，需要先创建 Web 服务器的主机记录，即 www.ecoinfo.cn。
>
> **要点说明**

（5）将编辑好的网页复制到站点的主目录下，即 c:\inetpub\wwwroot，打开 IE 浏览器对默认网站进行测试，在 IE 浏览器的地址栏中输入网站的 IP 地址，或者输入 Web 服务器的域

名 http://www.ecoinfo.cn，即可打开默认网站的首页，如图 6.10 所示。

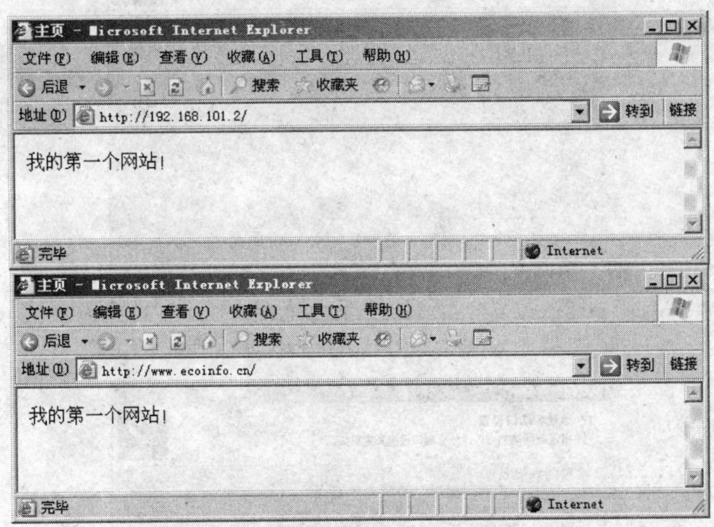

图 6.10　测试默认站点

（6）通过上面的操作可以确定默认网站的基本设置已经成功。

2．创建新的 Web 站点

接下来新建公司网站 ecoinfo_Web，具体步骤如下。

（1）在“Internet 信息服务（IIS）管理器”中，用鼠标右键单击“网站”文件夹，在弹出的快捷菜单中选择“新建”→“网站”命令，打开“欢迎使用网站创建向导”对话框，如图 6.11 所示。

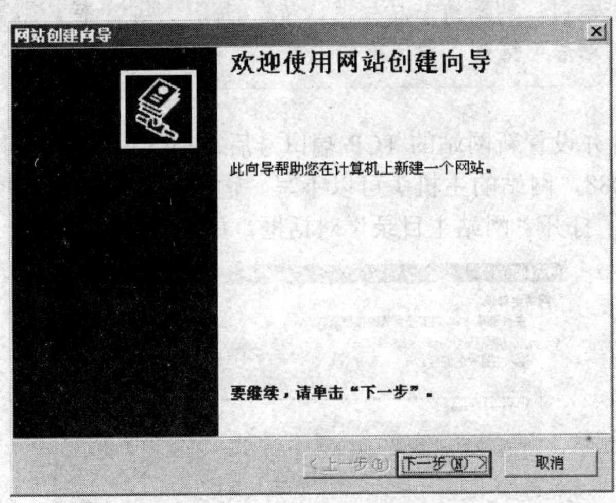

图 6.11　“网站创建向导”对话框

（2）单击“下一步”按钮，打开“网站描述”对话框，如图 6.12 所示。

（3）输入网站的描述，这里站点名称为 ecoinfo_Web，然后单击“下一步”按钮，打开“IP 地址和端口设置”对话框，如图 6.13 所示。

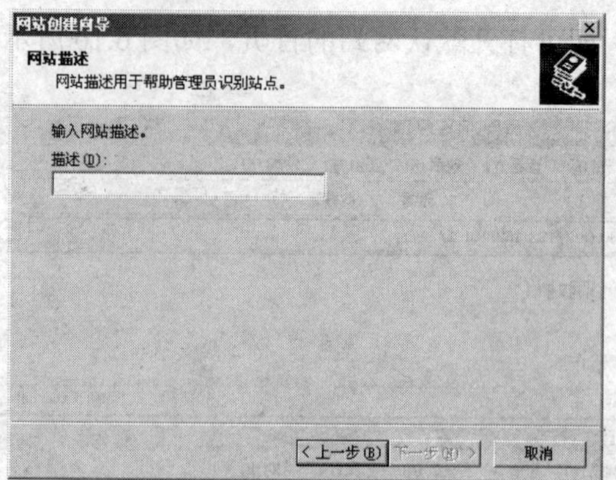

图 6.12 “网站描述”对话框

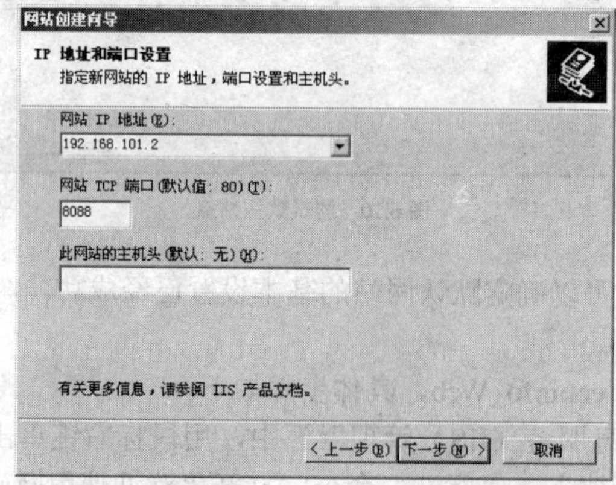

图 6.13 “IP 地址和端口设置”对话框

创建新站点时，如果新站点与默认站点的 IP 地址一样，则需要通过端口号来区分两个不同的站点，这样才能保证两个站点都可以正常运行。

要点说明

（4）选择 IP 地址并设置新网站的 TCP 端口号后，在这里的 IP 地址为本机的 IP 地址，TCP 端口号设置为 8088，网站的主机头可以不写。输入完相应的 IP 地址和 TCP 端口号后，单击“下一步”按钮，打开“网站主目录”对话框，如图 6.14 所示。

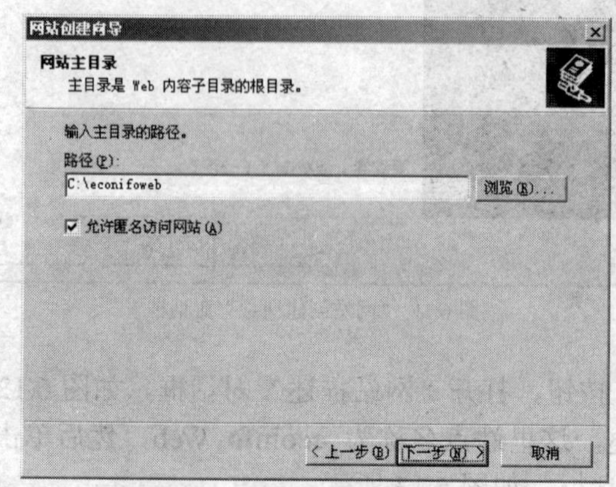

图 6.14 “网站主目录”对话框

选择新站点的主目录时，需要在系统先创建相应的文件夹。

要点说明

（5）通过“浏览”按钮，选择新网站的主目录，这里选择“c:\ecoinfoWeb”作为主目录，然后单击“下一步”按钮，打开“网站访问权限”对话框，如图 6.15 所示。

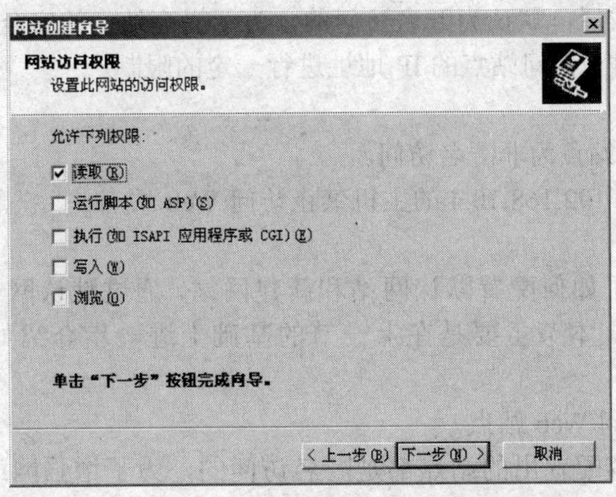

图 6.15　“网站访问权限”对话框

默认情况下，只选取读取权限即可，其他权限在设置时需要慎重考虑，可以在网站建立完成后，根据实际的需要修改权限。

要点说明

（6）选择此新网站的访问权限，单击“下一步”按钮，即可完成新网站的创建。完成后可以在“Internet 信息服务（IIS）管理器”窗口中看到新建的网站，如图 6.16 所示。

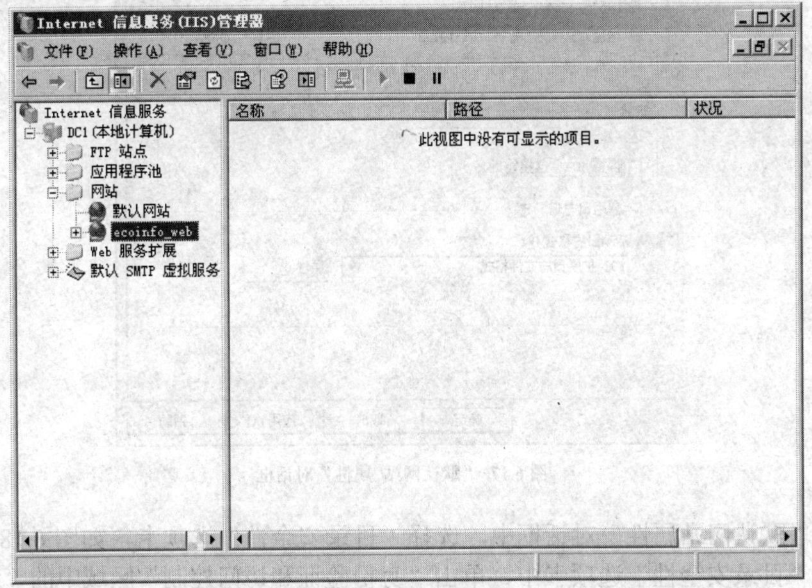

图 6.16　新创建的网站 ecoinfo_Web

（7）完成网站的创建以后，可以按照默认网站的测试方法进行测试。

操作二　配置 Web 站点的安全性

【知识链接】

【问题的提出】

Web 站点配置完成后，默认为匿名访问的，为了提高站点的安全性，需要设置站点为非匿名访问，并且需要对于访问站点的 IP 地址进行一定的限制。

【目标】

- 设置已有 Web 站点为非匿名访问。
- 限制 IP 地址为 192.168.10.4 的主机禁止访问 Web 站点。

【操作】

在上一节中介绍了如何配置默认网站和新建网站，通过默认网站或者新建网站，就可以配置自己的网站了，本节主要是在上一节的基础上进一步介绍如何对网站进行相关的配置。

1．配置非匿名访问 Web 站点

通过上一节的内容配置出的站点都是匿名访问的，为了增强网站的安全性，下面以上一节配置的默认网站为例，介绍如何设置 Web 站点的非匿名访问，具体步骤如下。

（1）打开“Internet 信息服务（IIS）管理器”，选择网站文件夹，然后用鼠标右键单击“默认网站”选项，在快捷菜单中选择“属性”命令，打开“默认网站 属性”对话框，如图 6.17 所示。

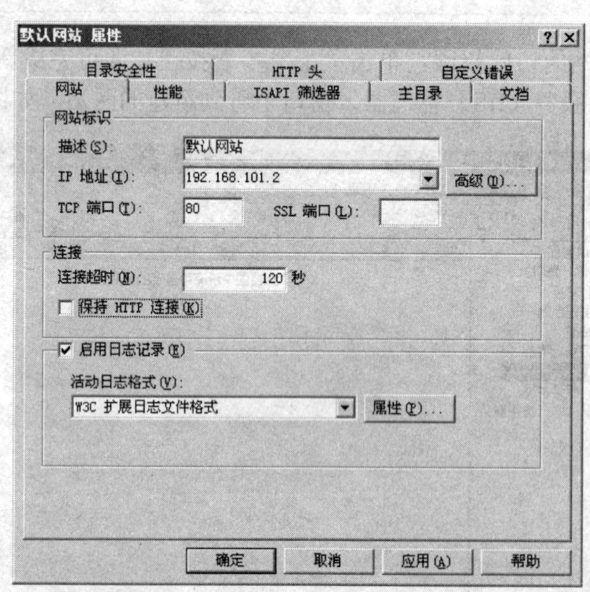

图 6.17 “默认网站 属性”对话框

（2）在“默认网站属性”对话框中，选择“目录安全性”选项卡，如图 6.18 所示。

（3）在“目录安全性”选项卡中，单击“身份验证和访问控制”区域中的“编辑”按钮，打开“身份验证方法”对话框，如图 6.19 所示。

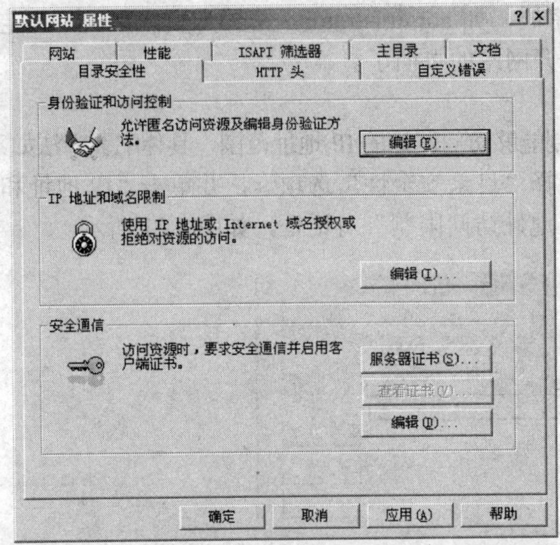

图 6.18 “目录安全性”选项卡

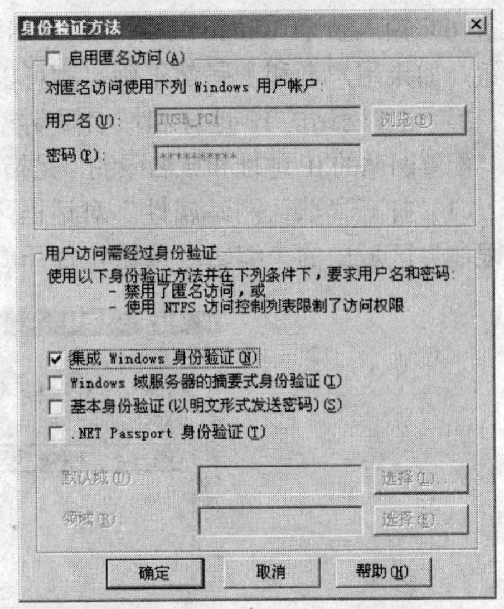

图 6.19 “身份验证方法”对话框

默认情况下，匿名访问选项是被选中的，设置网站非匿名访问首先要将“启用匿名访问”复选项勾选掉，再选择一种或多种用户身份验证方式，在这里先介绍“集成 Windows 身份验证”，该验证方式主要是通过 Windows 操作系统本身的用户来进行的。

要点说明

（4）在“身份验证方法”对话框中，勾选掉“启用匿名访问”复选项，并选择“集成 Windows 身份验证”复选项，如图 6.19 所示。单击“确定”按钮，完成身份验证，在“默认网站属性”对话框，单击“确定”按钮，完成网站的属性设置。

（5）打开 IE 浏览器进行非匿名访问方式的验证，在 IE 地址栏中输入默认网站的 IP 地址 192.168.101.2 或完整域名 www.ecoinfo.cn，按回车键后，会弹出身份验证窗口，如图 6.20 所示。

使用完整域名测试时，需要事先在 DNS 服务器中创建 Web 服务器的主机记录，www.ecoinfo.cn。

要点说明

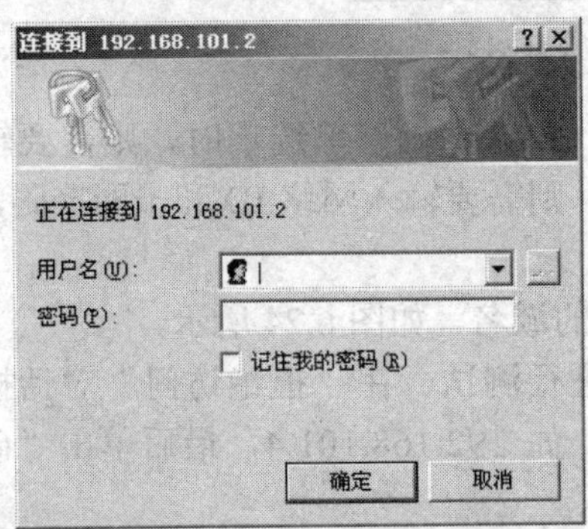

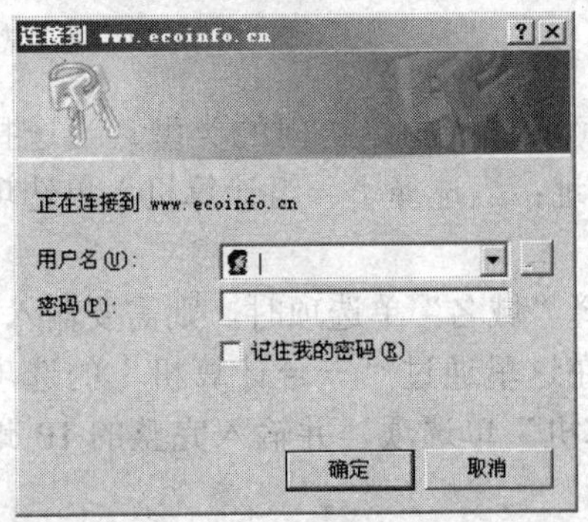

图 6.20 非匿名访问 Web 站点身份验证窗口

（6）输入一个 Windows 系统用户名和密码，如 administrator，密码为空，单击“确定”按钮，如果用户名和密码都正确，则可以打开网站的页面了。

2．配置网站的 IP 地址和域名限制

配置网站的 IP 地址和域名限制，是指限制能够访问网站的 IP 地址范围，具体配置方法如下。

（1）打开“默认网站属性”对话框，选择“目录安全性”选项卡，并单击“IP 地址和域名限制”区域中的“编辑”按钮，打开“IP 地址访问限制”对话框，如图 6.21 所示。

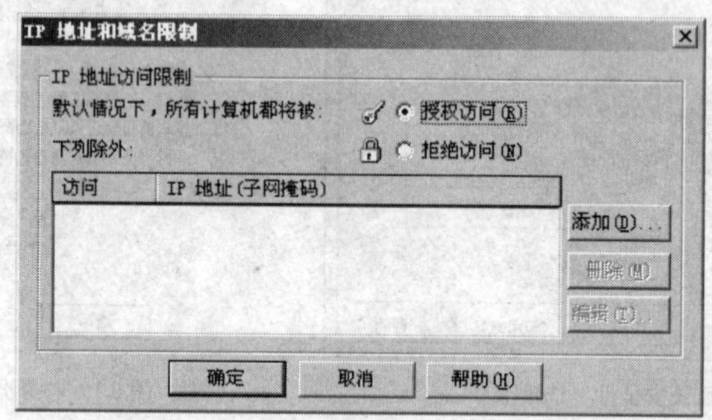

图 6.21 “IP 地址访问限制”对话框

要点说明

选择“授权访问”单选项时，在“下列除外”中添加的是拒绝访问的 IP 地址；选择“拒绝访问”单选项时，在“下列除外”中添加的则是授权访问的 IP 地址。

（2）在“IP 地址访问限制”对话框中，选择“授权访问”单选项，通过“添加”按钮可以添加某个 IP 地址或一组 IP 地址为拒绝访问本网站的 IP 地址，单击“添加”按钮，打开“拒绝访问”对话框，如图 6.22 所示。

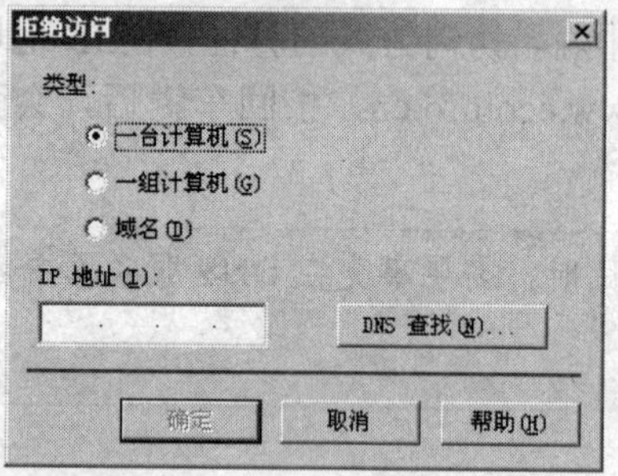

图 6.22 拒绝某一台计算机访问该站点

（3）可以选择拒绝访问的类型，当选择“一台计算机”单选项时，则需要输入一个完整的 IP 地址；当选择“一组计算机”单选项时，则需要输入网络 ID 和子网掩码，如图 6.23 所示。

当选择“域名”单选项时，则需要输入完整的域名，如图 6.24 所示。

（4）在这里通过“一台计算机”的选项来进行测试，在“拒绝访问”对话框中，选择“一台计算机”单选项，并输入完整的 IP 地址，如 192.168.101.4，最后单击“确定”按钮完成设置。

（5）在 IP 地址为 192.168.101.4 的计算机上，打开 IE 浏览器，在浏览器的地址栏中输入

网站的 IP 地址“192.168.101.2”，然后按回车键，测试结果如图 6.25 所示。

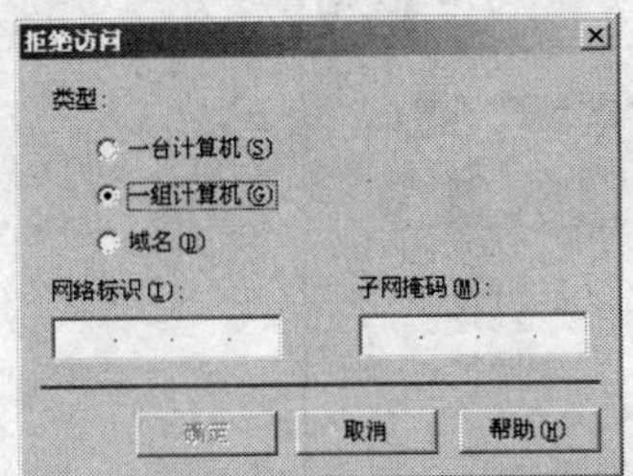

图 6.23 拒绝一组计算机访问该站点

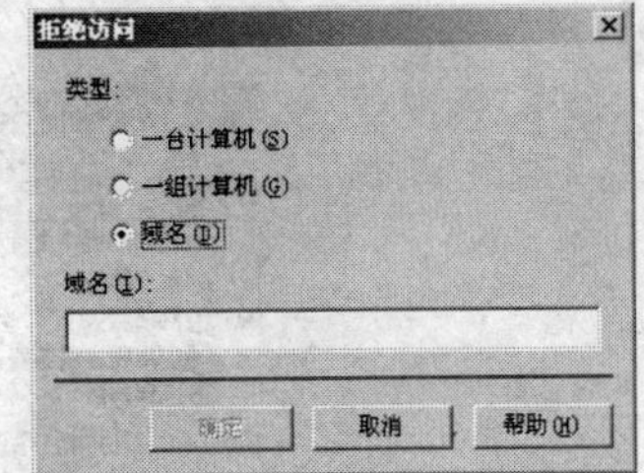

图 6.24 拒绝某一域名的计算机访问该站点

选择“授权访问”单选项时，在“下列除外”列表框中添加的是拒绝访问的 IP 地址；选择“拒绝访问”单选项时，在“下列除外”列表框中添加的则是授权访问的 IP 地址。

要点说明

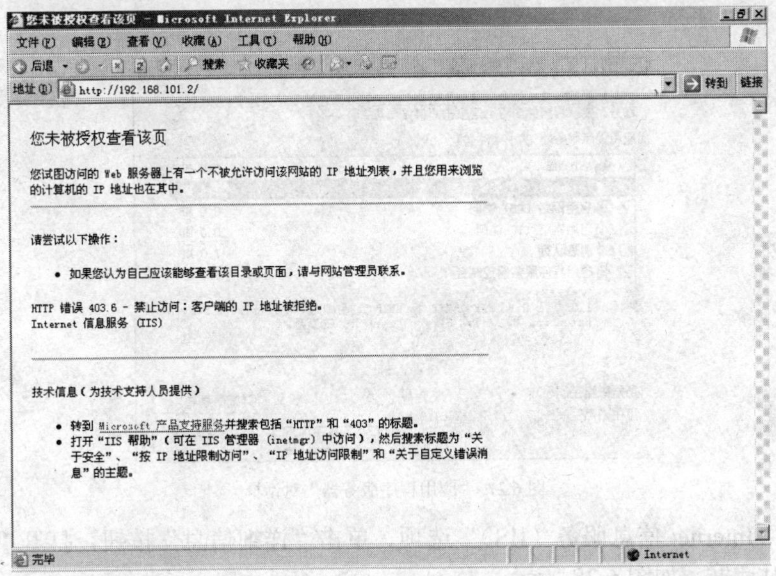

图 6.25 被拒绝访问网站窗口

操作三 恢复配置

【问题的提出】

在完成 Web 服务器的配置和测试以后，需要把计算机恢复到最初配置，即卸载掉 IIS 服务中的 Web 服务。

【目标】

- 删除 Web 服务。

【操作】

具体操作步骤如下所述。

（1）选择“开始”→“控制面板”→“添加或删除程序”→“添加删除 Windows 组件”命令，打开“Windows 组件向导”对话框，如图 6.26 所示。

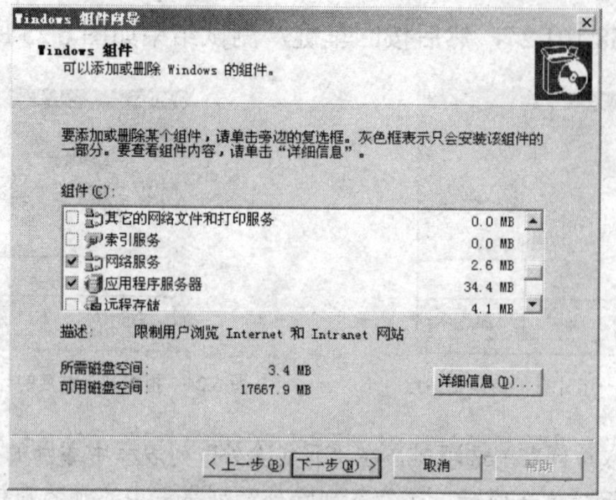

图 6.26 “windows 组件向导”对话框

（2）选择“应用程序服务器”复选项，单击“详细信息”按钮，打开“应用程序服务器”对话框，如图 6.27 所示。

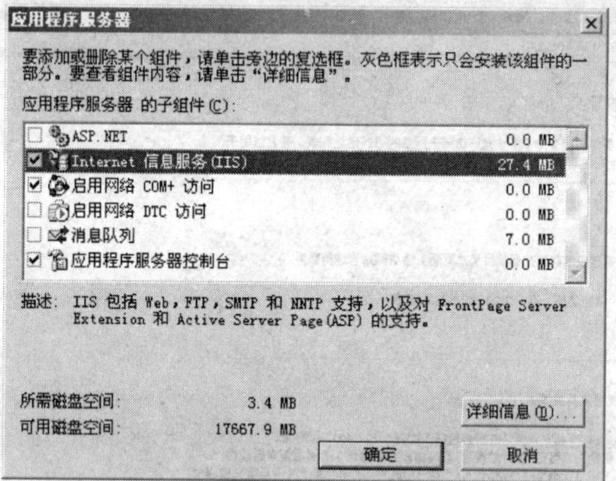

图 6.27 “应用程序服务器”对话框

（3）选择“Internet 信息服务（IIS）”选项，单击“详细信息”按钮，打开“Internet 信息服务（IIS）”对话框，如图 6.28 所示。

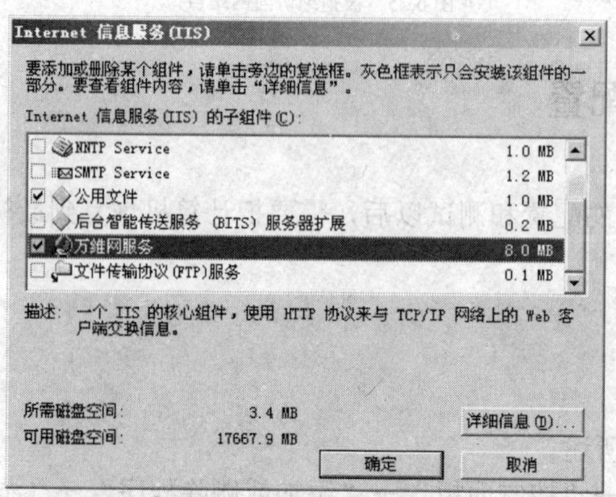

图 6.28 “Internet 信息服务（IIS）”对话框

（4）将“万维网服务”复选项勾选掉，单击“确定”按钮，直到回到“Windows 组件向导”对话框，单击“下一步”按钮，即可完成对于 Web 服务的卸载。

任务小结

在本任务中，主要完成了 Web 服务器的安装，配置了 Web 站点并进行了测试，还对于 Web 站点设置了非匿名访问与 IP 地址限制的操作。

思考与实战训练

一、填空题

1．______________称做“统一资源定位器”，______________定位的地址是每个站点、Web 页面具有的唯一的存放地址。______________是一种用于表示 Internet 上信息资源地址的统一格式。

2．______________简称 WWW，也被称做“万维网”。它为用户在 Internet 上查看文档提供一个图形化的、易于进入的界面。

3．______________是一种在 Web 上查询信息的主要协议。通过该协议，用户可以在网上查询网页信息，通过链接可以进一步查询其他网页。

4．在 Windows Server 2003 中，Web 服务器主要通过 IIS 来实现，在安装过程中除了 IIS 外，系统还会自动安装______________。

5．在新建 Web 站点的过程中，需要为计算机设置一个______________地址和 TCP 端口号。TCP 端口号默认为______________。

二、简答题

URL 的标准格式是什么？举例说明每个部分的组成。

任务七　安装和配置 FTP 服务器

【问题提出】

公司需要开通一个 FTP 站点，以便公司员工在外能上传、下载相关文档，特别是网络管理员通过它对服务器进行维护更新。FTP 站点的域名为 ftp.ecoinfo.cn。

在本项任务中，需要安装 FTP 服务器，并配置一个 FTP 站点，站点名称为 ecoinfo_ftp，站点的 IP 地址为 192.168.101.2，端口号为 2121，站点主目录为 c:\ecoinfoftp，完整域名为 ftp.ecoinfo.cn，设置该站点为非匿名访问 FTP 站点，并禁止 IP 地址为 192.168.101.4 的客户端访问本站点。

【目标】

- 安装 FTP 服务器并进行基本的功能测试。
- 配置 FTP 服务器的基本信息。
- 配置 FTP 服务的安全性。

【前提条件】

- FTP 服务的基本概念。
- FTP 上传下载的概念。

操作一　创建 FTP 服务

【知识链接】

FTP（File Transfer Protocol）是文件传输协议，可以在服务器中存放大量的共享软件和免费资源，网络用户可以从服务器中下载文件，或者将客户机上的资源上传至服务器。FTP 就是用来在客户机和服务器之间实现文件传输的标准协议。它使用客户/服务器模式，客户程序把客户的请求告诉服务器，并将服务器发回的结果显示出来。而服务器端执行真正的工作，比如存储、发送文件等。

如果用户要将一个文件从自己的计算机发送到 FTP 服务器上，称为 FTP 的上载（Upload），而更多的情况是用户从服务器上把文件或资源传送到客户机上，称为 FTP 的下载（Download）。在 Internet 上存在有许多 FTP 服务器，它们往往存储了许多允许存取的文件，如：文本文件、图像文件、程序文件、声音文件、电影文件等。

【问题的提出】

在 Windows Server 2003 中，IIS 提供了 FTP 服务，首先需要安装 FTP 服务器，并配置 FTP 站点。

【目标】

- 在域控制器中安装 FTP 服务。
- 配置默认 FTP 站点。
- 新建 FTP 站点并进行配置。

【操作】

一、安装 FTP 服务

在 Windows Server 2003 中，FTP 服务需要在 IIS 中进行安装，具体安装步骤如下。

（1）选择"开始"→"控制面板"→"添加或删除程序"→"添加删除 Windows 组件"命令，打开"Windows 组件向导"对话框，如图 7.1 所示。

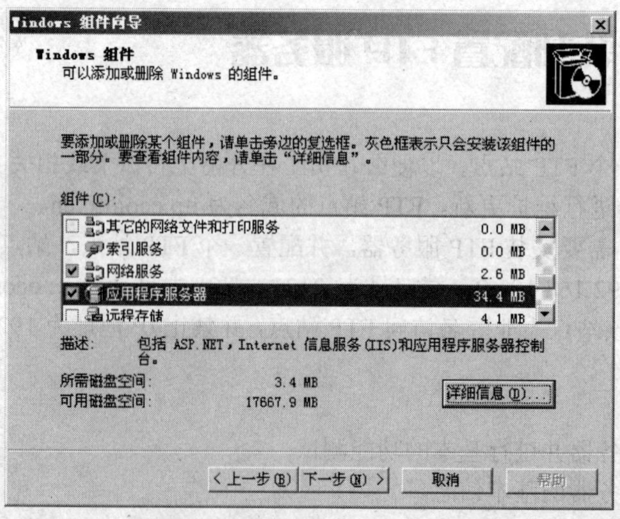

图 7.1 "Windows 组件向导"对话框

（2）选择“应用程序服务器”复选项，单击“详细信息”按钮，打开“应用程序服务器”对话框，如图 7.2 所示。

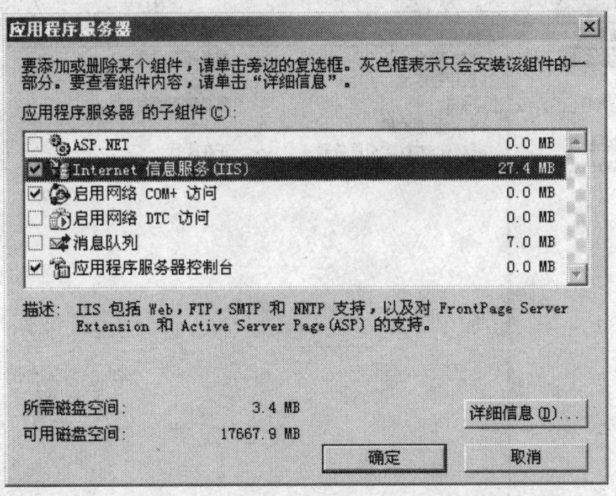

图 7.2 “应用程序服务器”对话框

（3）选择“Internet 信息服务（IIS）”复选项，单击“详细信息”按钮，打开“Internet 信息服务（IIS）”对话框，如图 7.3 所示。

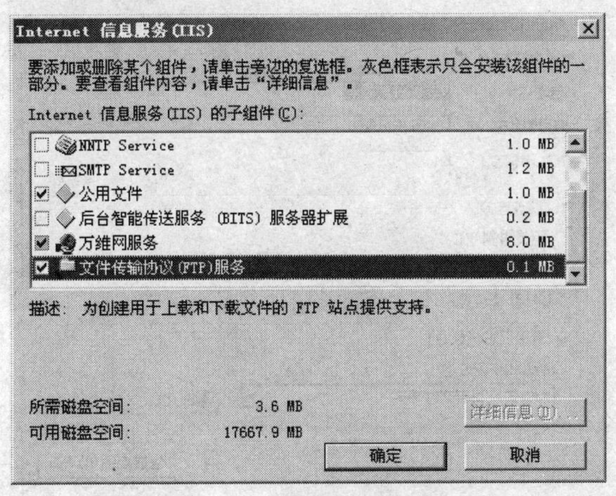

图 7.3 “Internet 信息服务（IIS）”对话框

（4）勾选“文件传输协议（FTP）服务”复选项，单击“确定”按钮，回到“Windows 组件向导”对话框，单击“下一步”按钮，即可完成 FTP 服务的安装。安装完成 FTP 服务后，打开“Internet 信息服务（IIS）管理器”，可以看到 FTP 服务，如图 7.4 所示。

二、配置 FTP 站点

1. 配置默认 FTP 站点

在“Internet 信息服务（IIS）管理器”窗口中，可以看到在 FTP 站点文件中，有一个默认 FTP 站点，下面介绍如何通过默认 FTP 站点实现 FTP 服务，具体操作步骤如下。

（1）在“Internet 信息服务（IIS）管理器”窗口中，双击“FTP 站点”选项，打开 FTP 目录树，用鼠标右键单击“默认 FTP 站点”选项，在弹出的快捷菜单中，选择“属性”命令，打开“默认 FTP 站点 属性”对话框，如图 7.5 所示。

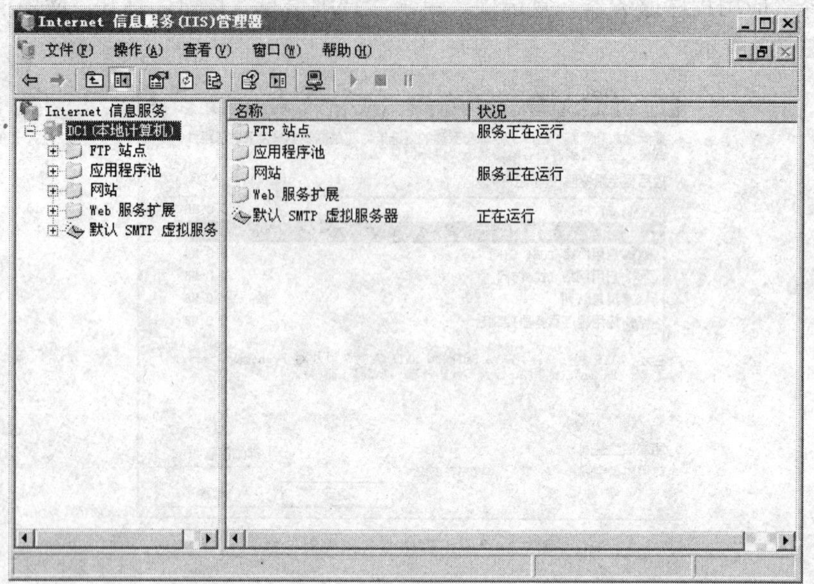

图 7.4 “Internet 信息服务（IIS）管理器”窗口

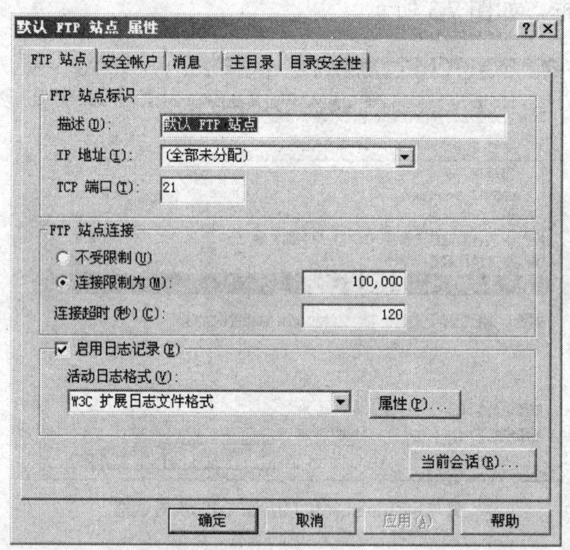

图 7.5 “默认 FTP 站点属性”对话框

（2）在“FTP 站点”选项卡中，设置 IP 地址和 TCP 端口，IP 地址选择本机的静态 IP 地址，端口号是 FTP 服务的默认 TCP 端口 21，如果有多个 FTP 站点，可以使用不同的 TCP 端口号。这里选择本机 IP 地址 192.168.101.2，TCP 端口号使用默认端口号。

（3）在“主目录”选项卡中，设置 FTP 的主目录，默认的 FTP 目录为 c:\inetpub\ftproot，也可以通过“浏览”按钮选择其他的目录作为 FTP 的主目录，如图 7.6 所示。

在 FTP 主目录中，可以先创建一个文件夹 ftp 和一个文本文件 ftp 测试文件。

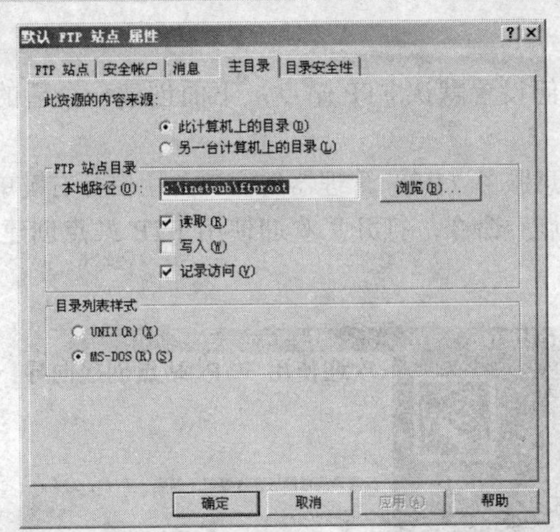

图 7.6 “主目录”选项卡

FTP 站点目录的访问权限一般默认为读取和记录访问，如该站点需要提供上传服务，则还需选中写入的权限。

要点说明

（4）在“主目录”选项卡中，除了要选择目录的路径之外，还要选择主目录的访问权限，这里选择“读取”和“记录访问”权限，设置完成后，单击“确定”按钮，可以完成对于默认 FTP 站点的基本设置。

在 DNS 服务器中，如果没有创建 FTP 服务器的主机记录，需要先创建 FTP 服务器的主机记录，即 ftp.ecoinfo.cn。

要点说明

（5）完成 FTP 服务的基本配置后，就可以对 FTP 进行测试，打开资源管理器，在“地址”栏中输入“ftp://192.168.101.2”或者“ftp://ftp.ecoinfo.cn”，按回车键即可打开 FTP 服务器的主目录，并可以进行文件的上传与下载，如图 7.7 所示。

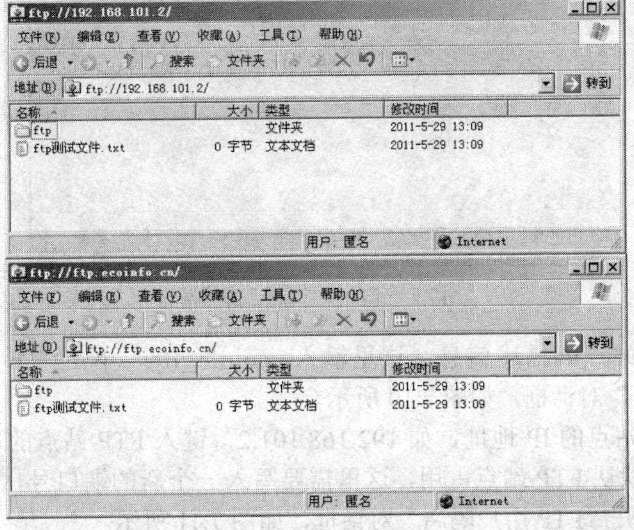

图 7.7　ftp 服务器窗口

2．创建新的 FTP 站点

上面的内容介绍了如何设置默认 FTP 站点，下面创建一个新的 FTP 站点 ecoinfo_ftp，具体的操作步骤如下。

（1）打开“Internet 信息服务（IIS）管理器”窗口，用鼠标右键单击“FTP 站点”文件夹，选择“新建”→“FTP 站点”命令，打开“欢迎使用 FTP 站点创建向导”对话框，如图 7.8 所示。

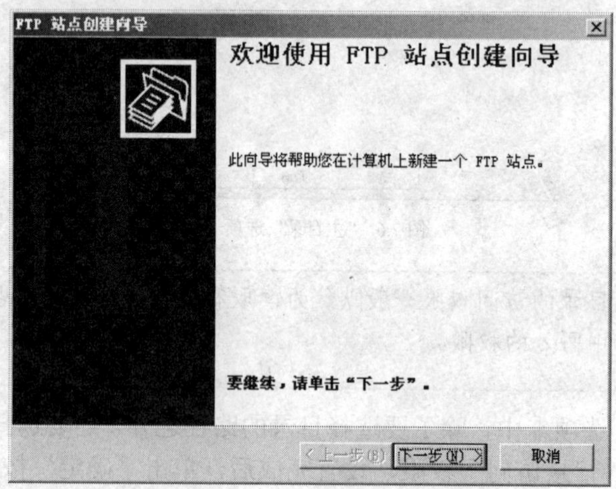

图 7.8 “FTP 站点创建向导”对话框

（2）单击“下一步”按钮，打开“FTP 站点描述”对话框，如图 7.9 所示。

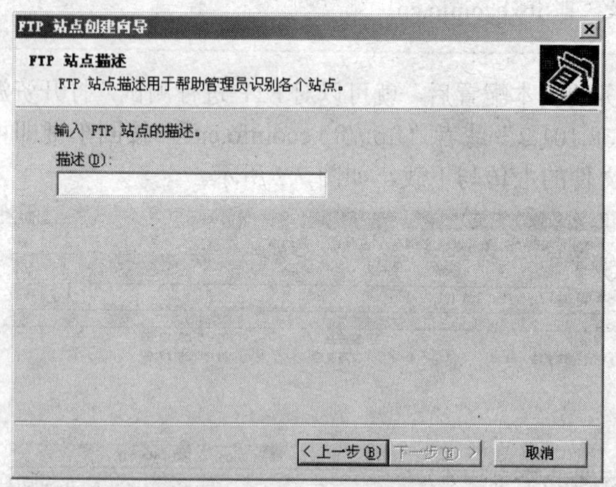

图 7.9 “FTP 站点描述”对话框

（3）键入 FTP 站点的描述信息，这里输入 ecoinfo_ftp，单击“下一步”按钮，打开“IP 地址和端口设置”对话框，如图 7.10 所示。

（4）选择 FTP 站点的 IP 地址，如 192.168.101.2，键入 FTP 站点的 TCP 端口号，因为默认端口号已经被默认 FTP 站点占用，这里需要写入一个新的端口号，如 2121，然后单击“下一步”按钮，打开“FTP 用户隔离”对话框，如图 7.11 所示。

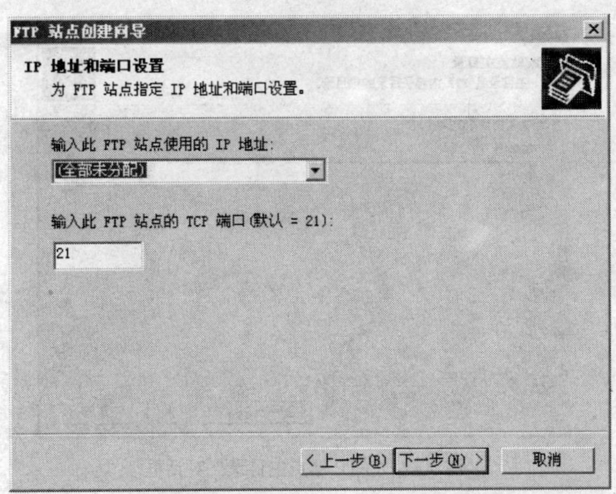

图 7.10 “IP 地址和端口设置”对话框

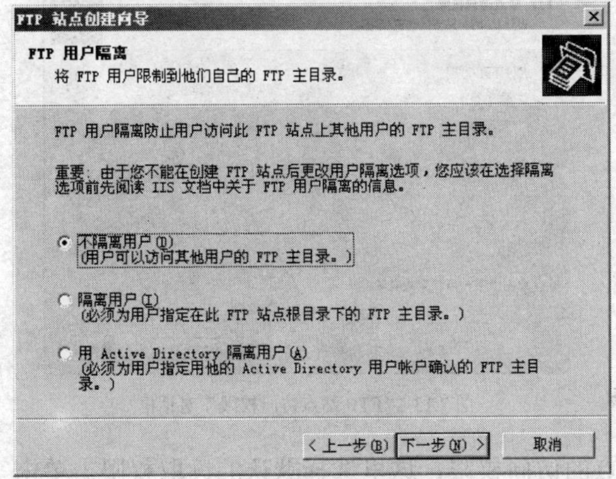

图 7.11 “FTP 用户隔离”对话框

如果创建 FTP 的主机不是域控制器，则不会出现“FTP 用户隔离”对话框。FTP 用户隔离主要用来将 FTP 用户限制到他们自己的 FTP 主目录。选择“不隔离用户”则该用户可以访问其他用户的 FTP 主目录，如选择“隔离用户”则该用户将不能访问其他用户的主目录，而只能访问自己的主目录。用户可以根据实际需要选择是否进行用户隔离。

要点说明

（5）选择用户隔离的类型，这里选择“不隔离用户”单选项，单击“下一步”按钮，打开“FTP 站点主目录”对话框，如图 7.12 所示。

（6）输入主目录的路径，如 c:/ecoinfoftp，单击“下一步”按钮，打开“FTP 站点访问权限”对话框，如图 7.13 所示。

选择 FTP 站点访问权限时，可以根据该站点所要提供的服务来选择，如只提供下载服务，则只选择读取权限即可，如还提供上传服务，则需要选择写入权限。

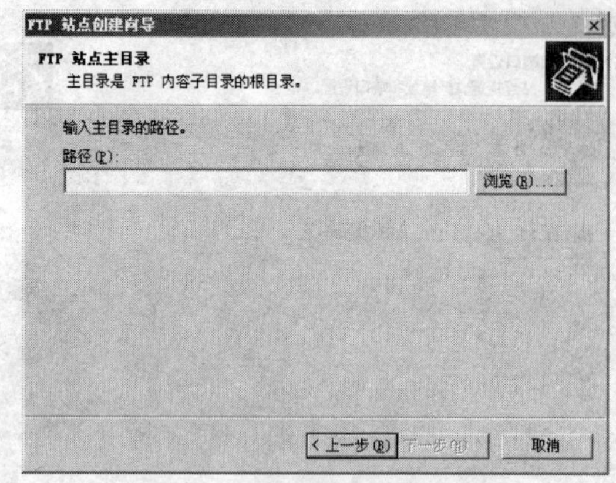

图 7.12 “FTP 站点主目录”对话框

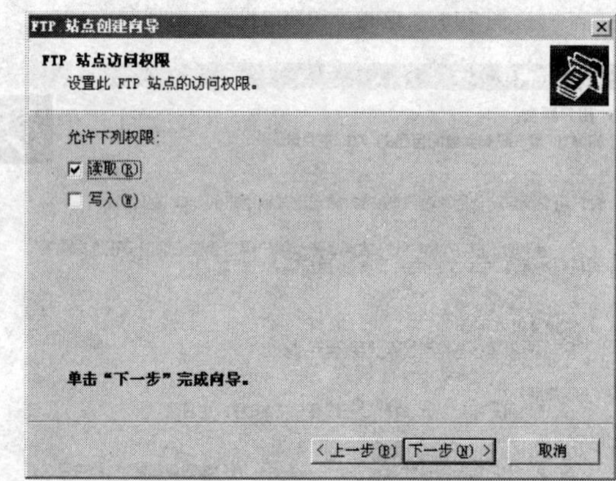

图 7.13 “FTP 站点访问权限”对话框

（7）选择 FTP 站点的访问权限，这里选择默认的读取权限。单击“下一步”按钮，即可完成新 FTP 站点的创建。创建完成后，可以在“Internet 信息服务（IIS）管理”窗口中看到新建的 FTP 站点 ecoinfo_ftp，如图 7.14 所示。

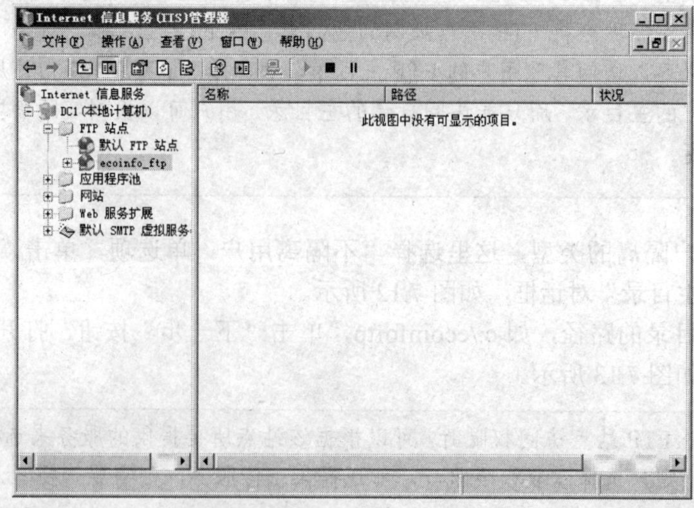

图 7.14 新建的 FTP 站点 ecoinfo_ftp

（8）通过本机或其他客户进行测试，打开资源管理器，在地址栏中输入“ftp://192.168.101.2:2121”，按回车键，即可打开 FTP 站点，如图 7.15 所示。

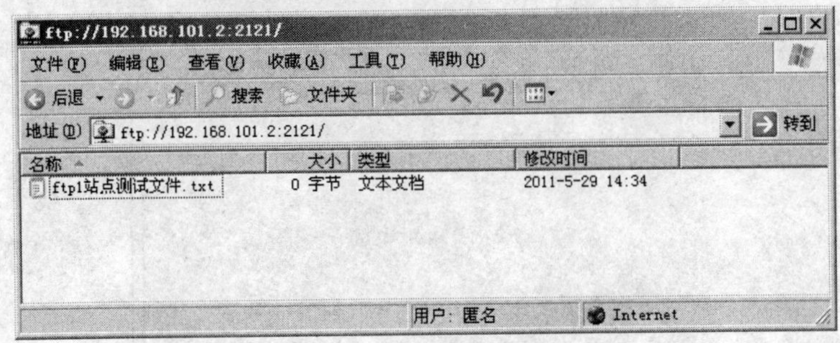

图 7.15　新建 FTP 站点 ecoinfo_ftp

操作二　配置安全性

【知识链接】

- 匿名 FTP：不需要拥有主机上的账号就可以登录到 FTP 服务器上。
- Anonymous：匿名 FTP 站点用户名。

【问题的提出】

FTP 站点完成配置后，为了保证 FTP 站点的访问安全性，需要设置 FTP 站点为非匿名访问站点，还可以禁止某些 IP 地址的主机访问 FTP 站点。

【目标】

- 配置非匿名访问 FTP 站点。
- 禁止 IP 地址为 192.168.101.4 的主机访问 FTP 站点。

【操作】

1．配置非匿名访问 FTP 站点

在之前的章节中已经介绍了如何配置一个 FTP 站点，但是所配置的站点都是不需要用户名和密码的匿名访问方式，如果要提高 FTP 站点的安全性，就要配置非匿名访问的 FTP 站点，具体步骤如下。

（1）打开“Internet 信息服务（IIS）管理器”窗口，用鼠标双击 FTP 文件夹，打开 FTP 目录树，用鼠标右键单击要进行配置的 FTP 站点，如默认 FTP 站点，在弹出的快捷菜单中选择“属性”命令，打开“默认 FTP 站点属性”对话框，选择“安全账户”选项卡，如图 7.16 所示。

（2）默认情况下，“允许匿名连接”复选项是被选中的，将该选项勾选掉，并单击“确定”按钮来完成设置，则此 FTP 站点就变为非匿名访问 FTP 站点了。

> 非匿名访问，即需要输入用户名和密码后才可以访问，这里所说用户名和密码是 Windows 系统用户名和密码，所以需要新建一个用户或者使用已有的 Windows 系统用户。
>
> **要点说明**

（3）新建用户，用户名为 userftp，密码为 123qweASD。

（4）对非匿名访问 FTP 站点进行测试，打开资源管理器，在地址栏中输入“ftp://192.168.101.2”，按回车键则会弹出“登录身份”对话框，如图 7.17 所示。

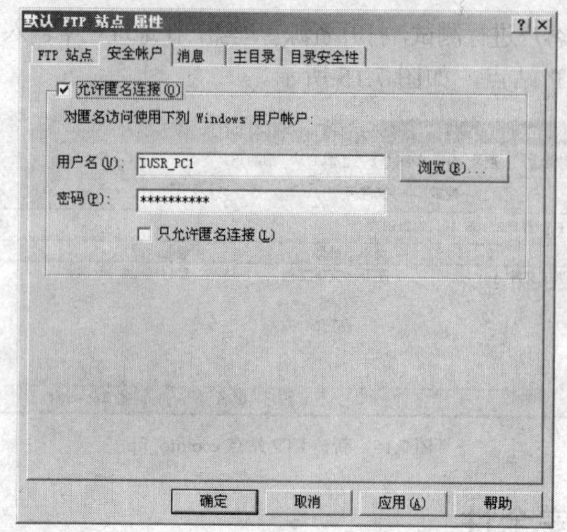

图 7.16 “安全账户”选项卡

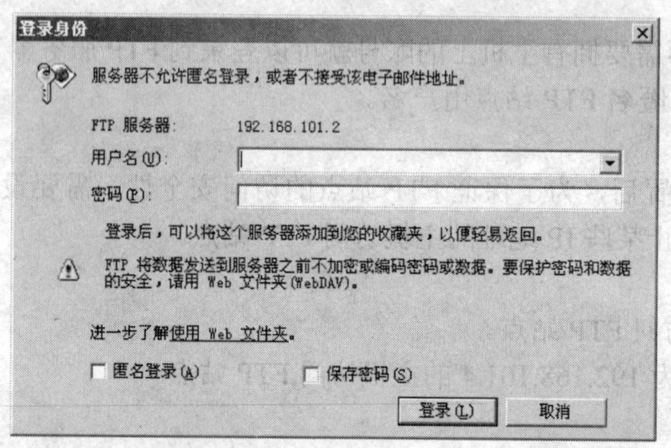

图 7.17 FTP 登录身份验证窗口

（5）输入合法的用户名和密码，单击“登录”按钮，即可成功登录 FTP 站点。

2．配置 FTP 站点的目录安全性

FTP 站点的目录安全性主要是配置 TCP/IP 地址访问限制，具体操作步骤如下。

（1）打开“Internet 信息服务（IIS）管理器”窗口，双击 FTP 文件夹，打开 FTP 目录树，用鼠标右键单击要进行配置的 FTP 站点，如默认 FTP 站点，在弹出的快捷菜单中选择“属性”命令，打开“默认 FTP 站点属性”对话框，选择“目录安全性”选项卡，如图 7.18 所示。

> FTP 站点 TCP/IP 地址访问限制设置与 Web 站点中 IP 地址和域名限制设置是类似的，只是在“下面列出的除外”列表框中缺少一个“域名”的类型选项，所以具体步骤可以参考 Web 服务器设置中的操作，在这里只演示添加一台计算机，并进行测试。
>
> **要点说明**

（2）单击“添加”按钮，打开“拒绝访问”对话框，在该对话框输入要添加的计算机的 IP 地址，如图 7.19 所示。

（3）单击“确定”按钮，完成此项设置。

（4）在 IP 地址为“192.168.101.4”的计算机中，打开资源管理器，并在地址栏中输入“ftp://192.168.101.2”，按回车键，即可查看效果。

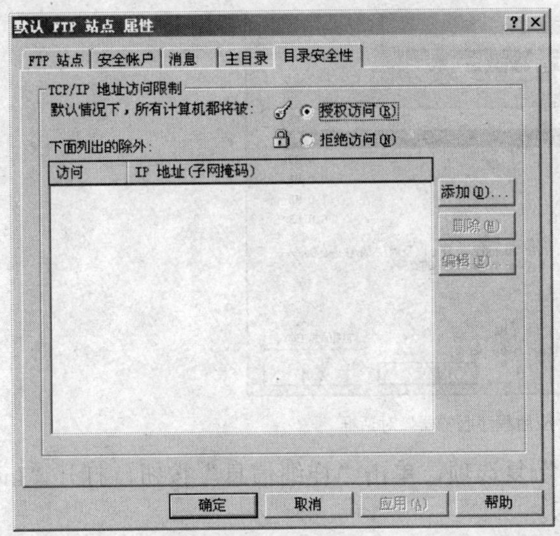

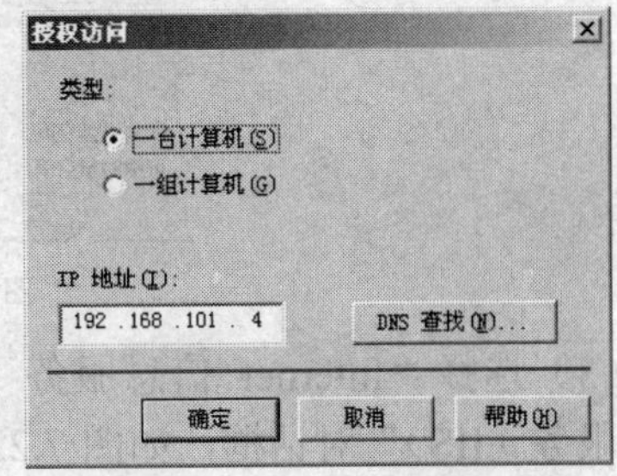

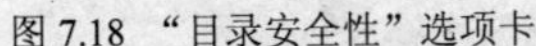
图 7.18 “目录安全性”选项卡

图 7.19 设置拒绝一台计算机访问 FTP 站点

操作三　恢复配置

【问题的提出】

在完成 FTP 服务器的配置和测试以后，需要把计算机恢复到最初配置，即卸载掉 IIS 服务中的 FTP 服务。

【目标】

- 删除 FTP 服务。

【操作】

具体操作步骤如下所述。

（1）选择“开始”→“控制面板”→“添加或删除程序”→“添加删除 Windows 组件”命令，打开“Windows 组件向导”对话框，如图 7.20 所示。

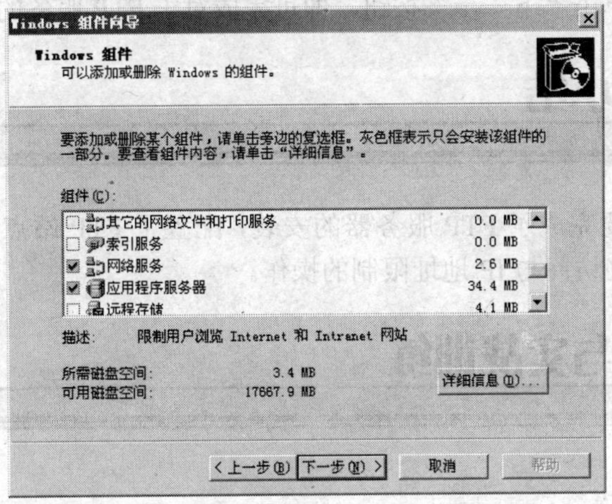

图 7.20 “Windows 组件向导”对话框

（2）选择“应用程序服务器”复选项，单击“详细信息”按钮，打开“应用程序服务器”对话框，如图 7.21 所示。

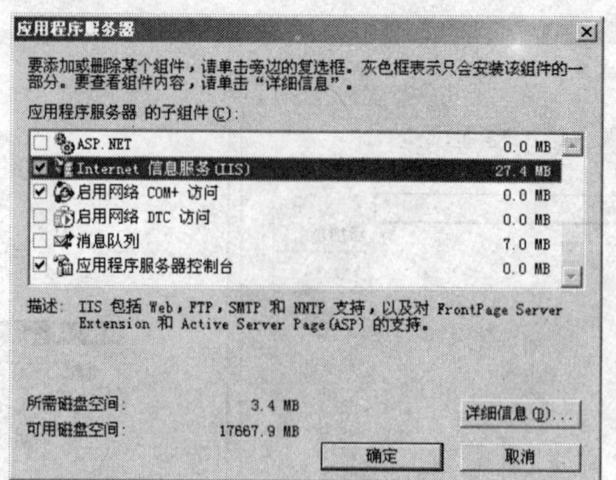

图 7.21 “应用程序服务器”对话框

（3）选择“Internet 信息服务（IIS）”复选项，单击“详细信息”按钮，打开“Internet 信息服务（IIS）”对话框，如图 7.22 所示。

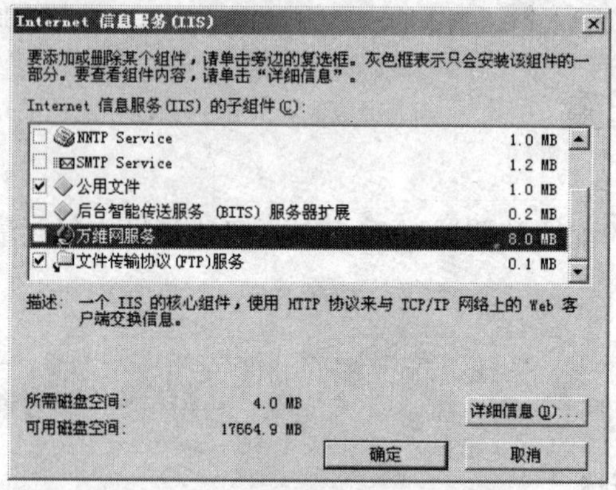

图 7.22 “Internet 信息服务（IIS）”对话框

（4）将“文件传输协议（FTP）服务”复选项勾选掉，单击“确定”按钮，直到回到“Windows 组件向导”对话框，单击“下一步”按钮，即可完成对于 FTP 服务的卸载。

任务小结

在本任务中，主要完成了 FTP 服务器的安装，配置了 FTP 站点并进行了测试，还对于 FTP 站点设置了非匿名访问与 IP 地址限制的操作。

思考与实战训练

简单题

1．什么是 FTP？其主要功能是什么？

2．FTP 提供的主要服务有哪两种？

3．请解释 FTP 用户隔离的含义。

任务八　安装和配置 E-mail 服务器

【问题提出】

为了实现企业内部员工邮件的快速、安全的寄送，需要架设企业内部的邮件服务器。

在本项任务中，需要搭建和配置邮件服务器，创建电子邮件域 ecoinfo.cn，并在域中创建邮箱 mailuser，并对于配置好的邮件服务器进行测试。

【目标】

- 安装邮件服务。
- 配置 POP3 服务。
- 测试邮件服务。

【前提条件】

- 电子邮件服务基本概念。
- 电子邮件服务的工作与原理。
- 电子邮件服务的协议。

操作一　安装和配置 E-mail 服务

【知识链接】

邮件服务相关概念

电子邮件是一种利用电子手段提供信息交换的通信方式，通过网络的电子邮件系统，用户可以非常快速地与世界上任何一个角落的网络用户联系，这些电子邮件可以是文字、图像、声音等各种形式的内容。

（1）电子邮件服务协议

电子邮件的传输是通过简单邮件传输协议（Simple Mail Transfer Protocol，SMTP）和 POP3（Post Office Protocol 3）第 3 代邮局协议来完成邮件的收发任务的。相关服务内容如表 8.1 所示。

表 8.1　　邮件服务协议表

服务名称	说　明
SMTP 服务	SMTP 服务是使用 SMTP 协议将电子邮件从发件人传输到收件人的电子邮件传输系统。POP3 服务使用 SMTP 服务作为电子邮件传输系统。用户在 POP3 电子邮件客户端撰写电子邮件。然后，当用户通过 Internet 或网络连接来连接到邮件服务器时，SMTP 服务将提取电子邮件，并通过 Internet 将其传送到收件人的邮件服务器
POP3 服务	POP3 服务是使用 POP3 协议将电子邮件从邮件服务器下载到用户本地计算机上的电子邮件检索系统。POP3 协议控制用户的 POP3 电子邮件客户端和存储电子邮件的服务器之间的连接
POP3 电子邮件客户端	POP3 电子邮件客户端是用于读取、撰写以及管理电子邮件的软件。POP3 电子邮件客户端从邮件服务器检索电子邮件，并将其传送到用户的本地计算机上，然后由用户进行管理。Microsoft Outlook Express 就是一种支持 POP3 的电子邮件客户端程序

（2）电子邮件地址构成

电子邮件地址的格式是 user@server.com，由 3 部分组成。第一部分 user 代表用户信息的

账号，对于同一个邮件接收服务器来说，这个账号必须是唯一的；第二部分@是分隔符；第三部分 server.com 是用户信箱的邮件接收服务器域名，用来标志其所在的位置。

（3）电子邮件传输过程

电子邮件的工作过程属于客户机/服务器模式。每份电子邮件的发送都要涉及发送方与接收方，发送方构成客户端，而接收方构成服务器，服务器含有众多用户的电子邮箱。如图 8.1 所示，李四发送电子邮件给王五，李四的电子邮件地址为 lisi@sina.com，王五的电子邮件地址为 wangwu@sohu.com，发送方李四首先通过邮件客户程序，将编辑好的电子邮件向邮件服务器（SMTP 服务器）发送，邮件服务器识别接收者的地址，并向管理该地址的邮件服务器（POP3 服务器）发送消息，邮件服务器将消息存放在接收者王五的电子邮箱内，并告知王五有新邮件到来。接收者王五通过邮件客户程序连接服务器后，将看到服务器的通知，进而打开自己的电子邮箱来查收邮件。

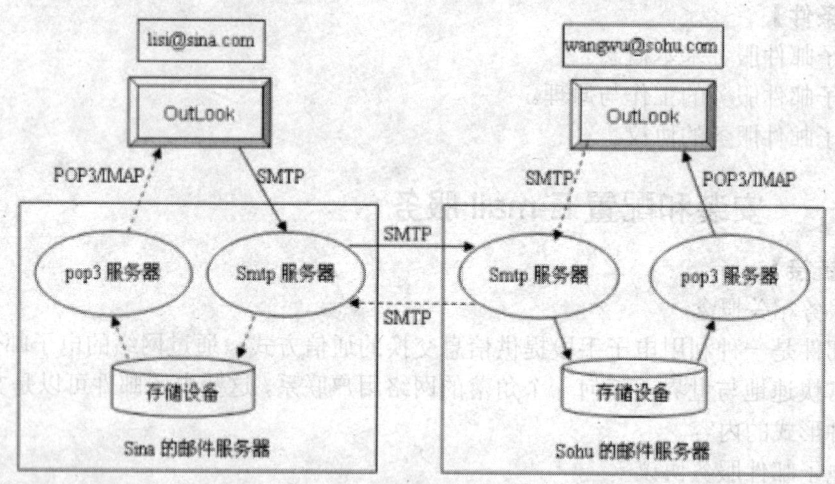

图 8.1 电子邮件传输过程图

【问题的提出】

为了能够使公司员工使用公司的内部邮件服务，需要安装邮件服务器并进行配置，需要创建电子邮件域和邮箱。

【目标】

- 安装 E-mail 服务器。
- 配置 POP3 服务器。
- 配置 SMTP 服务。

【操作】

一、安装 E-mail 服务

1．安装 E-mail 服务

在 Windows Server 2003 中配置电子邮件服务器，包括建立 POP3 服务器和 SMTP 服务器两部分内容，使用“管理您的服务器”安装邮件服务器可以同时完成两部分内容的安装，下面具体介绍它们的安装过程。具体安装步骤如下。

（1）选择“开始”→“所有程序”→“管理工具”→“管理您的服务器”命令，打开“管理您的服务器”窗口，如图 8.2 所示。

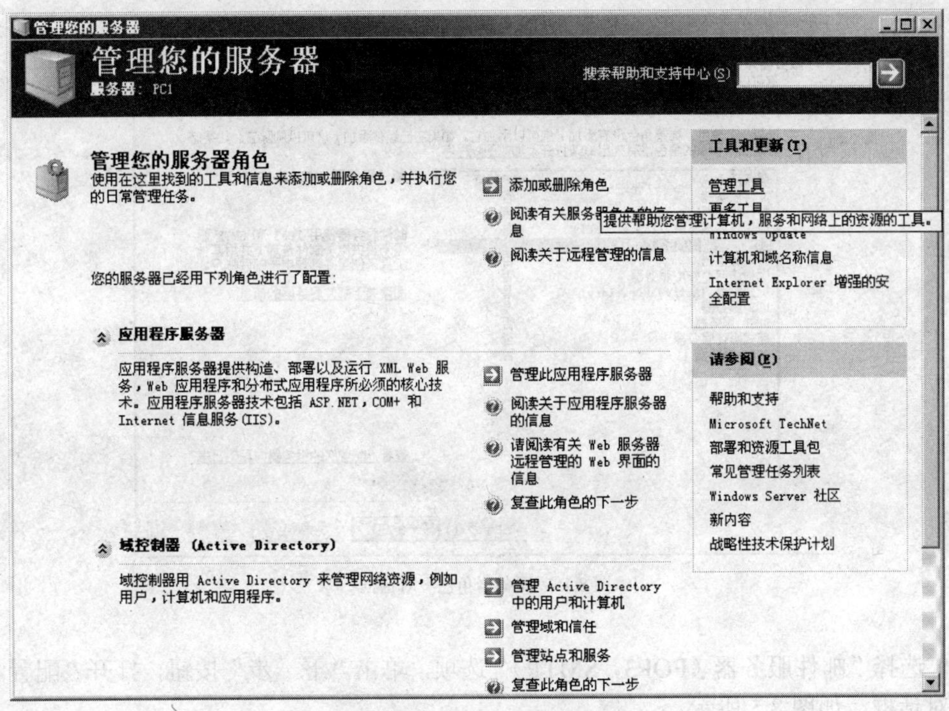

图 8.2 “管理您的服务器”对话框

（2）在“管理您的服务器”窗口，选择“添加或删除角色”选项，打开“预备步骤”对话框，如图 8.3 所示。

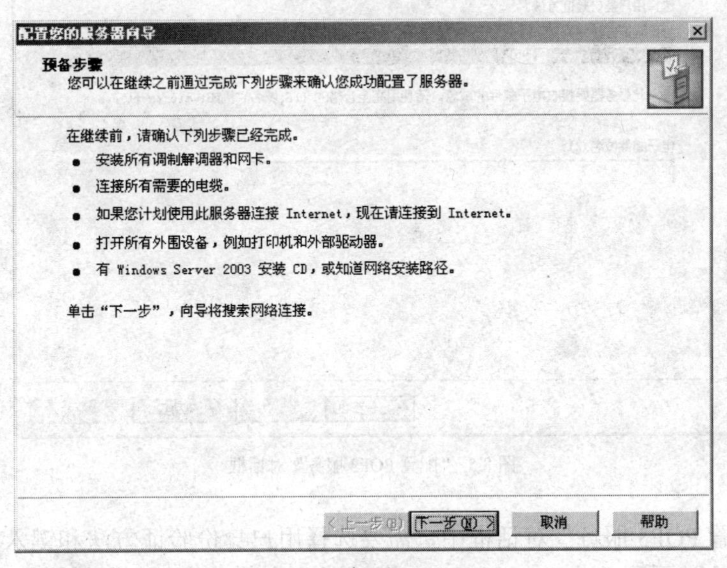

图 8.3 “预备步骤”对话框

（3）在“预备步骤”对话框中，列出了在安装中需要确保的一些前提条件，在满足所有

前提条件的情况下，单击“下一步”按钮，打开“服务器角色”对话框，如图 8.4 所示。

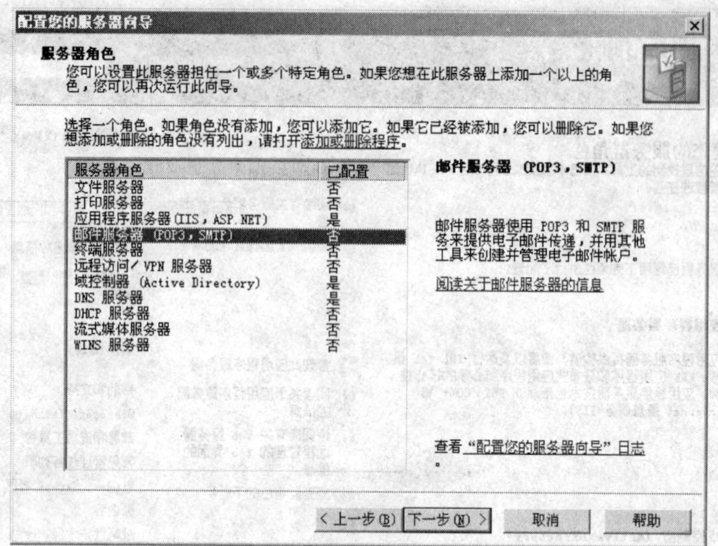

图 8.4 “服务器角色”对话框

（4）选择“邮件服务器（POP3，SMTP）”选项，单击“下一步”按钮，打开“配置 POP3 服务”对话框，如图 8.5 所示。

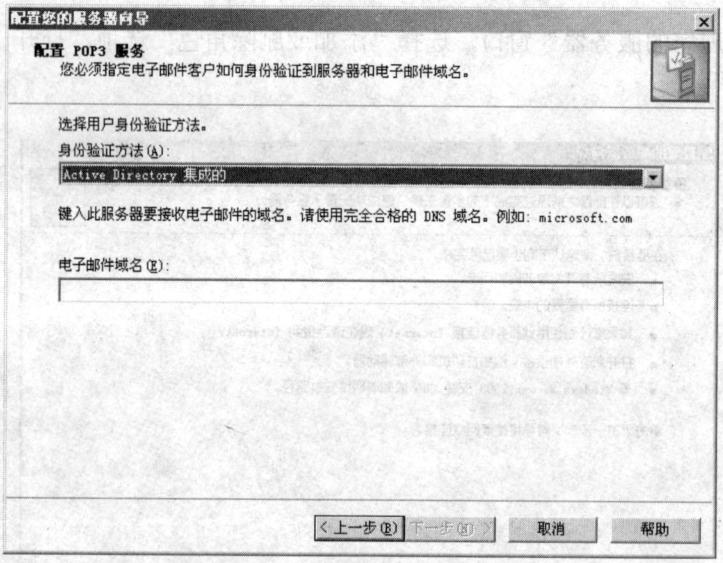

图 8.5 “配置 POP3 服务”对话框

（5）在“配置 POP3 服务”对话框中，需要选择用户身份验证方法和键入电子邮件域名，在这里身份验证方法采用“Active Directory 集成的”方式，电子邮件域名键入“abc.com”，然后单击“下一步”按钮，打开“选择总结”对话框，在该对话框中将列出即将安装的内容，如图 8.6 所示。

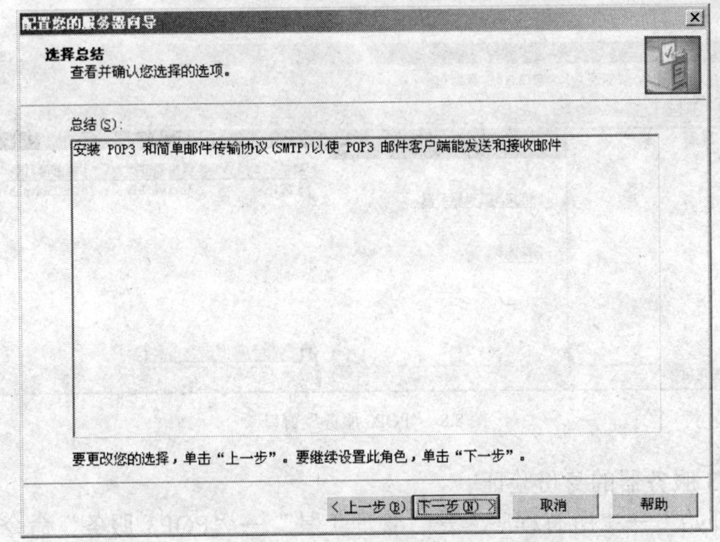

图 8.6 “选择总结”对话框

（6）在“选择总结”对话框中，单击“下一步”按钮，即可完成邮件服务器的安装，如图 8.7 所示。

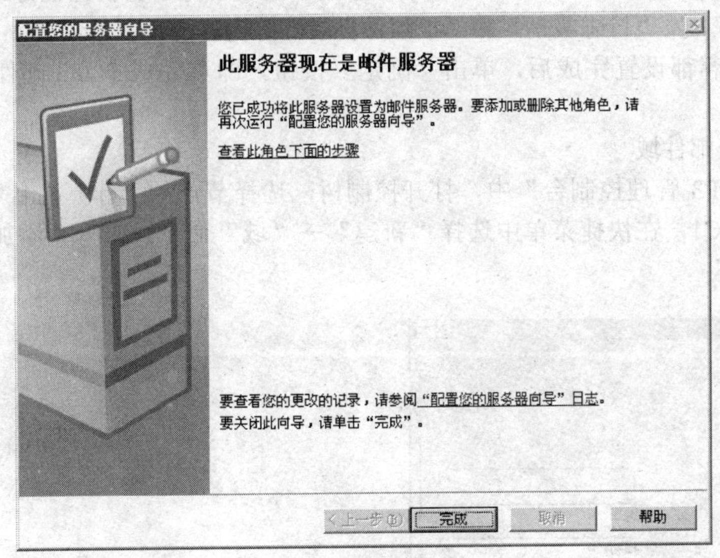

图 8.7　完成邮件服务器的安装

二、配置 POP3 服务器

在完成邮件服务器的安装后，可以在“管理工具”中看到“POP3 服务”选项，通过该选项对 POP3 服务进行相关设置，具体设置内容如下。

1．启用 POP3 管理控制台

（1）选择“开始”→“所有程序”→“管理工具”→“POP3 服务”命令，打开“POP3 服务”窗口，如图 8.8 所示。

（2）在“POP3 服务”窗口中可以进行创建邮件域、管理邮件账户等操作。

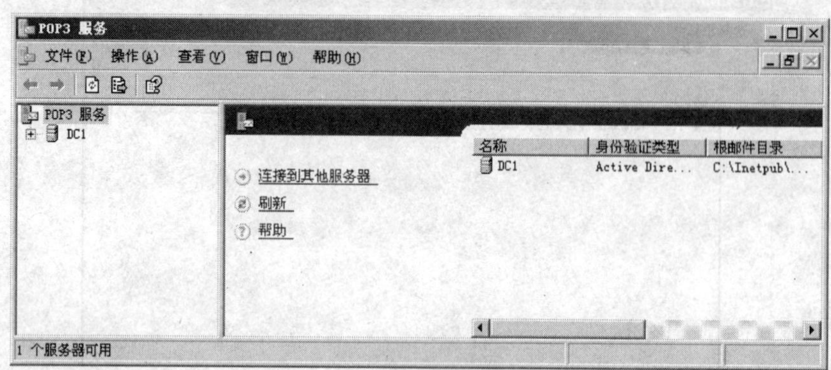

图 8.8 “POP3 服务”窗口

2．设置 POP3 服务器的身份验证

（1）选择“开始”→“所有程序”→“管理工具”→“POP3 服务”命令，打开“POP3 服务”窗口，在窗口中选择节点的“计算机名”，如 DC1，用鼠标右键单击，在弹出的快捷菜单中选择“属性”命令，打开“DC1 属性”对话框，如图 8.9 所示。

（2）在“DC1 属性”对话框中，可以选择身份验证方式，如果当前计算机是域控制器，则身份验证方法只能选择“Active Directory 集成的”选项，除了身份验证方式之外，还可进行“服务器端口”号、“日志级别”和“根邮件目录”等内容的设置。

（3）所有内容都设置完成后，单击“确定”按钮，即可完成 POP3 邮件服务器的属性设置。

3．创建电子邮件域

（1）在“POP3 管理控制台”中，打开控制树，选择节点的“计算机名”，如 DC1，用鼠标右键单击 DC1，在快捷菜单中选择“新建”→“域”命令，打开“添加域”对话框，如图 8.10 所示。

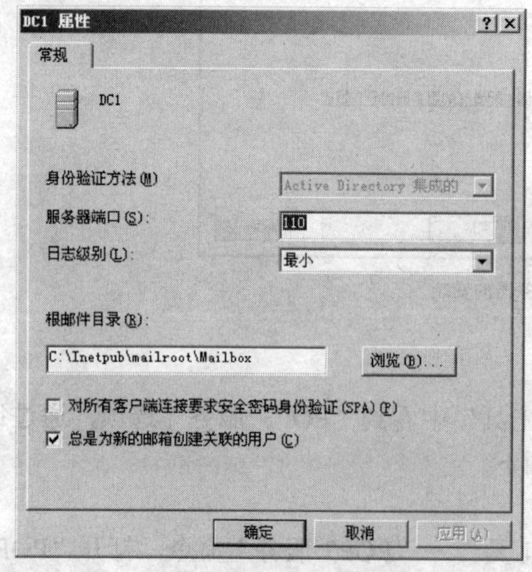

图 8.9 “DC1 属性”对话框

图 8.10 “添加域”对话框

（2）在“添加域”对话框中，键入完整的域名就可以建立一个电子邮件域，这里为 ecoinfo.cn，单击“确定”按钮，即可完成电子邮件域的创建，如图 8.11 所示。

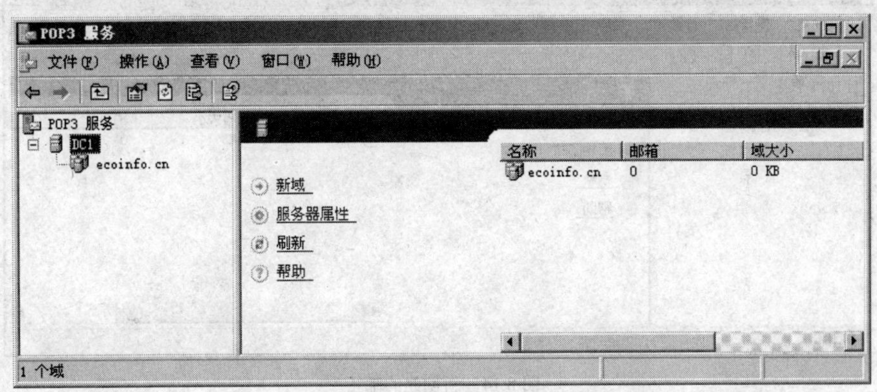

图 8.11　新创建的电子邮件域

4．创建用户的邮箱

在已经创建的域中创建邮箱，就是创建邮件账户，具体操作步骤如下。

（1）在 POP3 服务控制台中，展开控制树，选择节点的“计算机名”，如 DC1，选中需要管理的域名，这里选择 ecoinfo.cn，用鼠标右键单击该域名，在弹出的快捷菜单中选择“新建”→“邮箱”命令，打开“添加邮箱”对话框，如图 8.12 所示。

（2）在“添加邮箱”对话框的“邮箱名”文本框中，输入邮箱的账户名，如 mailuser1，在“密码”文本框和“确认密码”文本框中，输入密码和确认密码，单击“确定”按钮，则会弹出“POP3 服务”对话框，如图 8.13 所示。

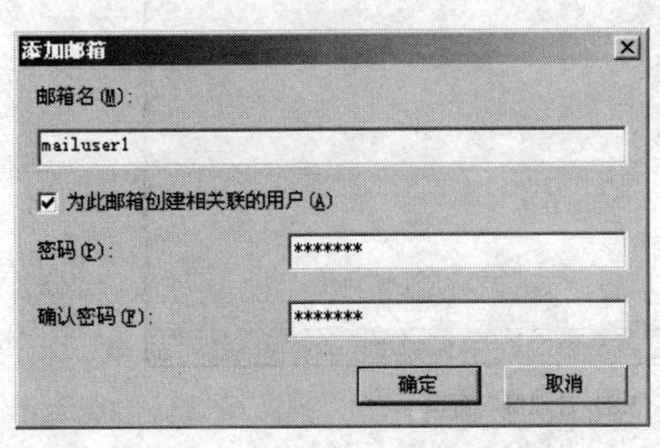

图 8.12　“添加邮箱”对话框

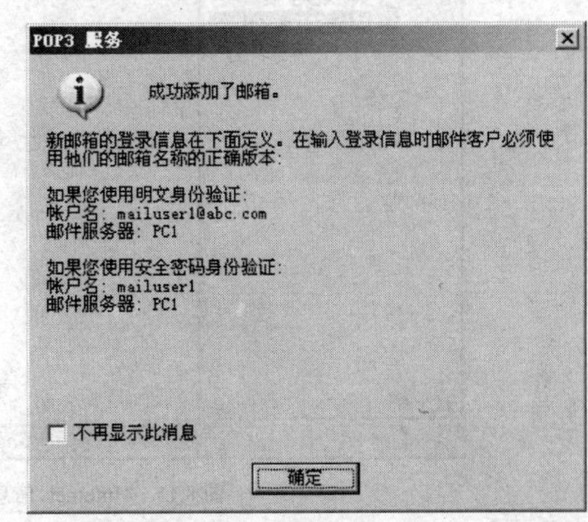

图 8.13　成功添加邮箱

（3）在“POP3 服务”窗口中，列出了创建邮箱的各项信息，单击“确定”按钮，即可完成邮箱的创建，在“POP3 管理控制台”中可以看到新建的邮箱，如图 8.14 所示。

三、管理 SMTP 服务器

在安装邮件服务器的过程中已经安装了 SMTP 服务，接下来主要介绍对于 SMTP 服务的

管理。

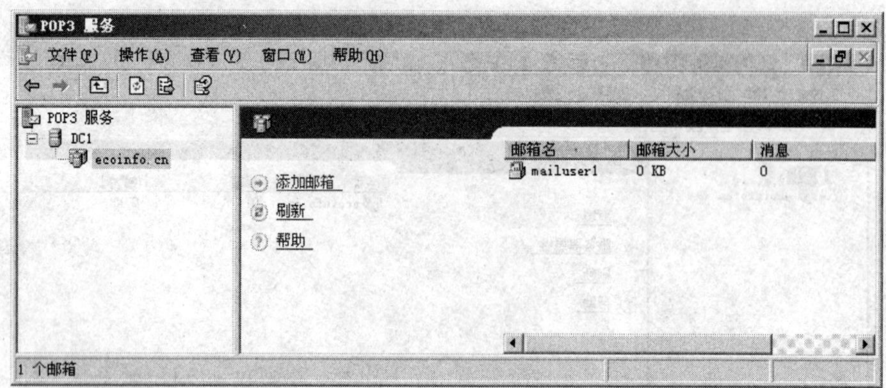

图 8.14 新创建的邮箱

1．配置 SMTP 服务器

（1）选择“开始”→“所以程序”→“管理工具”→“Internet 信息服务（IIS）管理器”命令，打开“Internet 信息服务（IIS）管理器”窗口，如图 8.15 所示。

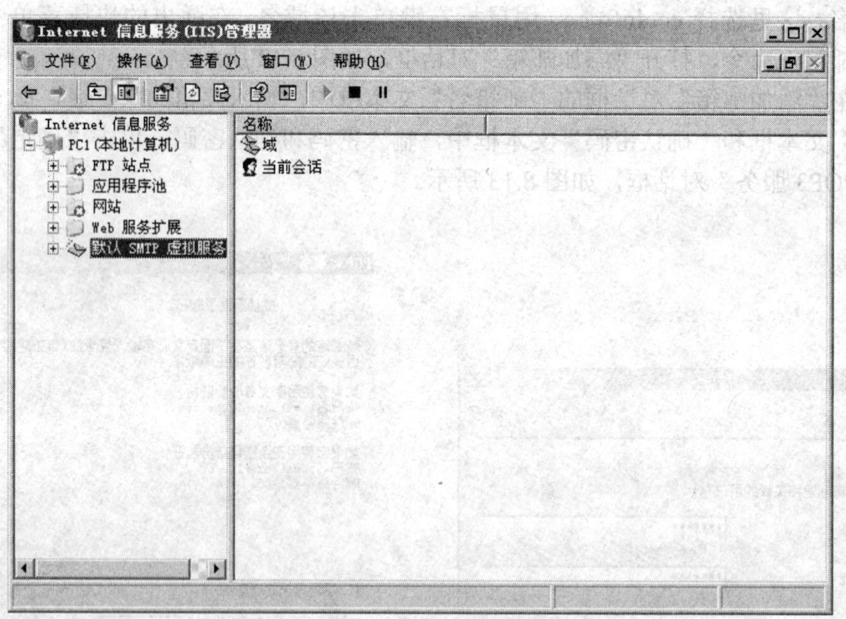

图 8.15 “Internet 信息服务（IIS）管理器”窗口

（2）在“Internet 信息服务（IIS）管理器”窗口中，展开控制树，选择节点计算机名，可以看到“默认 SMTP 虚拟服务器”的选项，用鼠标右键单击“默认 SMTP 虚拟服务器”选项，在快捷菜单中选择“属性”命令，打开“默认 SMTP 虚拟服务器属性”对话框，如图 8.16 所示。

（3）在“默认 SMTP 虚拟服务器属性”对话框中，可以设置 SMTP 服务器的相关属性，

比如在常规选项卡中，需要选择 SMTP 服务器的 IP 地址，这里选择本机的静态 IP 地址 192.168.101.2，设置完成后，单击“确定”按钮，即可完成对于 SMTP 服务器的设置。

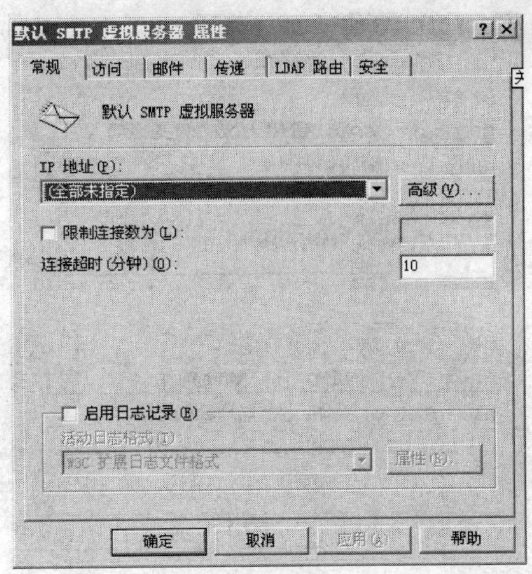

图 8.16 “默认 SMTP 虚拟服务器属性”对话框

2．SMTP 服务状态设置

（1）选择“开始”→“所有程序”→“管理工具”→“服务”命令，打开“服务”窗口，如图 8.17 所示。

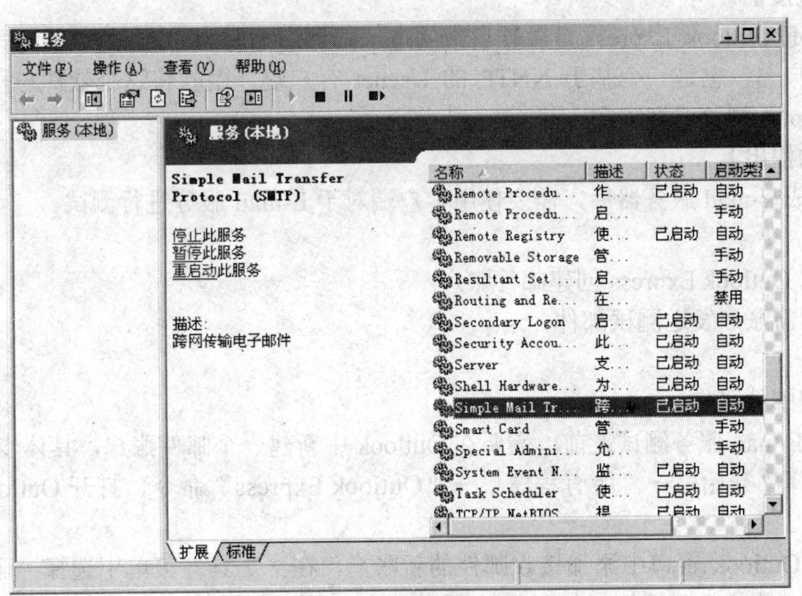

图 8.17 “服务”窗口

（2）在“服务”窗口的服务列表中，找到“Simple Mail Transfer Protocol（SMTP）”选项，

可以看到该项服务的状态。双击该选项，则可以打开“Simple Mail Transfer Protocol （SMTP）的属性”对话框，如图 8.18 所示。

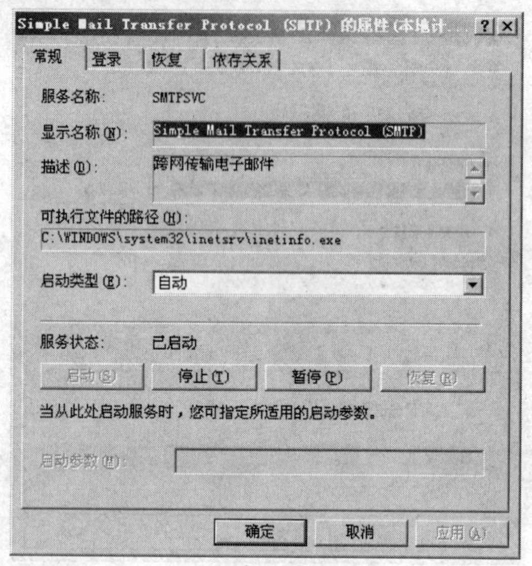

图 8.18　SMTP 的属性

（3）在“SMTP 属性”对话框中，可以设置 SMTP 的服务状态。

操作二　测试 E-mail 服务

【知识链接】

Microsoft Outlook Express 是微软自带的电子邮件，缩写为 OE，是微软公司出品的一款电子邮件客户端，也是一个基于 NNTP 的 Usenet 客户端。微软将这个软件与操作系统以及 Internet Explorer 浏览器捆绑在一起。

【问题的提出】

配置完成 E-mail 服务器后，需要使用客户端对于 E-mail 服务进行测试。

【目标】

- 使用 Outlook Express 创建邮件账户。
- 使用新账户发送测试邮件。

【操作】

1．新建邮件账户

在进行 E-mail 服务测试之前，需要在 Outlook 中新建一个邮件账户，具体步骤如下。

（1）选择“开始”→“所有程序”→“Outlook Express”命令，打开 Outlook 窗口，如图 8.19 所示。

（2）在 Outlook 窗口中添加接收邮件的新账户，在“工具”菜单中选择“账户”命令，打开“Internet 账户”对话框，如图 8.20 所示。

（3）在“Internet 账户”对话框中，单击“添加”按钮，选择添加“邮件”，则打开“Internet 连接向导”的“您的姓名”对话框，如图 8.21 所示。

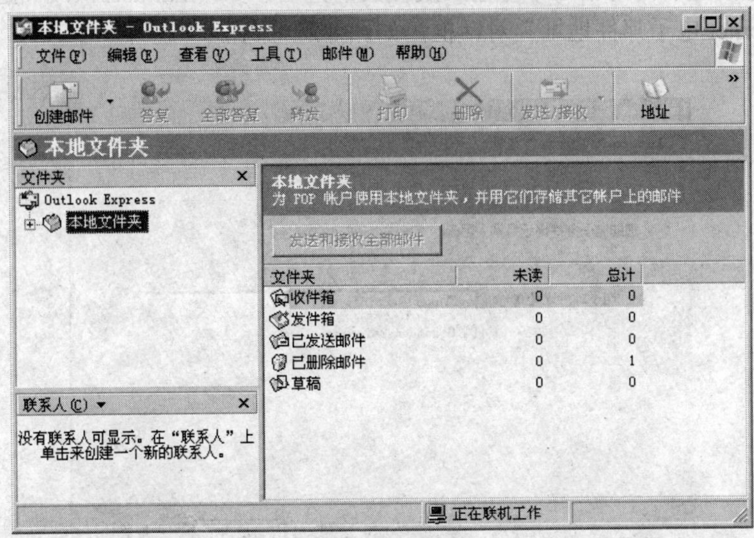

图 8.19　“Outlook Express”窗口

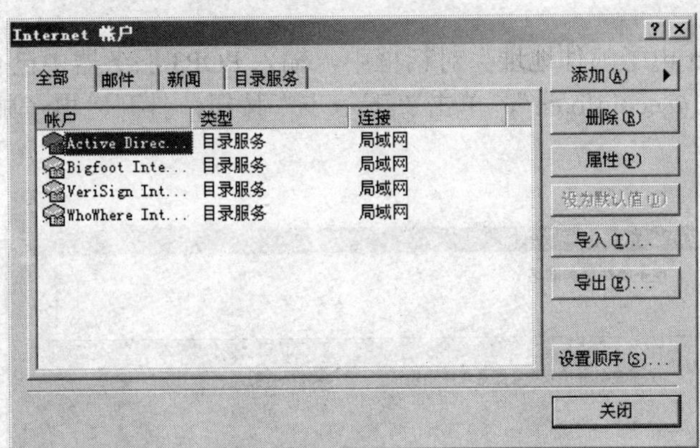

图 8.20　“Internet 账户”对话框

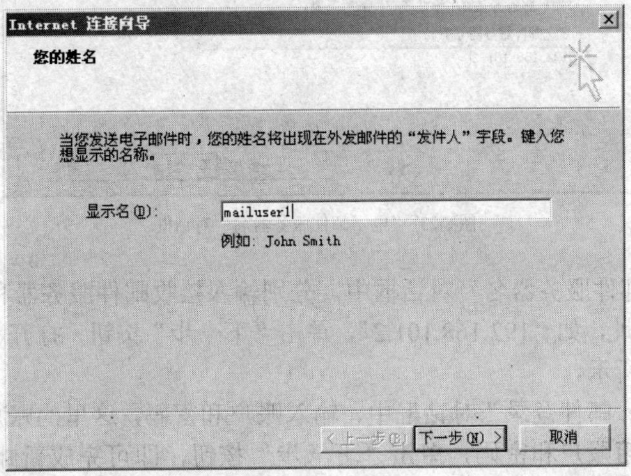

Internet 连接向导

您的姓名

当您发送电子邮件时，您的姓名将出现在外发邮件的“发件人”字段。键入您想显示的名称。

显示名(D):　mailuser1

例如：John Smith

< 上一步(B)　下一步(N) >　取消

图 8.21　“您的姓名”对话框

（4）在“您的姓名”对话框中，输入发件人的姓名，如“mailuser1”，单击“下一步”按钮，打开“Internet 电子邮件地址”对话框，如图 8.22 所示。

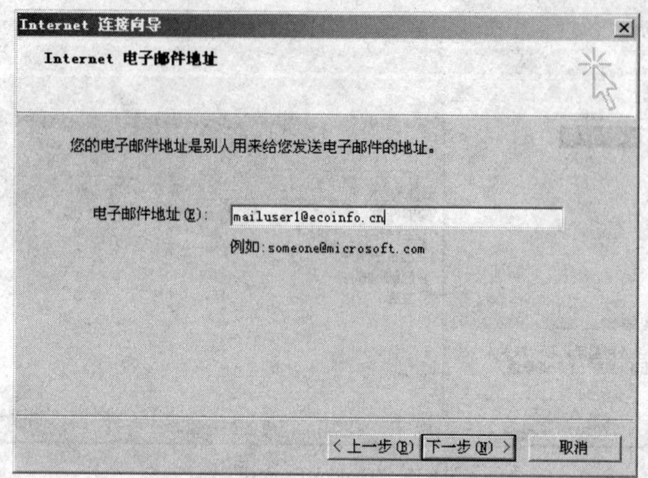

图 8.22 “Internet 电子邮件地址”对话框

（5）在“Internet 电子邮件地址”对话框中，输入 POP3 服务器中已有的电子邮件地址，这里输入“mailuser1@ecoinfo.cn”，单击“下一步”按钮，打开“电子邮件服务器名”对话框，如图 8.23 所示。

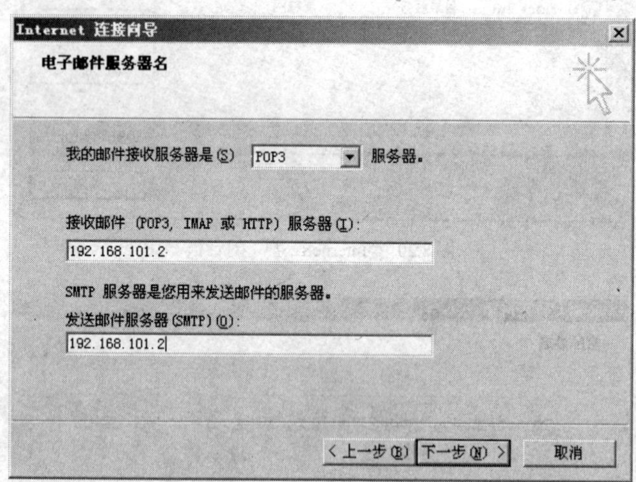

图 8.23 “电子邮件服务器名”对话框

（6）在“电子邮件服务器名”对话框中，分别输入接收邮件服务器和发送邮件服务器的完整域名或者 IP 地址，如“192.168.101.2”，单击“下一步”按钮，打开“Internet 邮件登录”对话框，如图 8.24 所示。

（7）在“Internet 邮件登录”对话框中，输入账户和密码，这里的账户和密码是在 POP3 服务器中已有的邮箱账户和密码，单击“下一步”按钮，即可完成新邮件账户的创建，如图 8.25 所示。

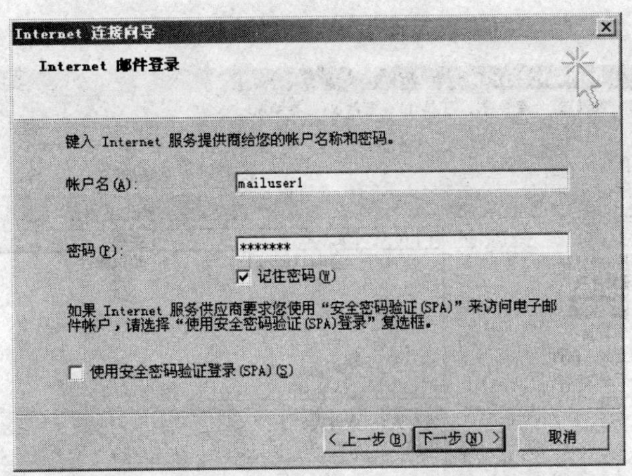

图 8.24 "Internet 邮件登录"对话框

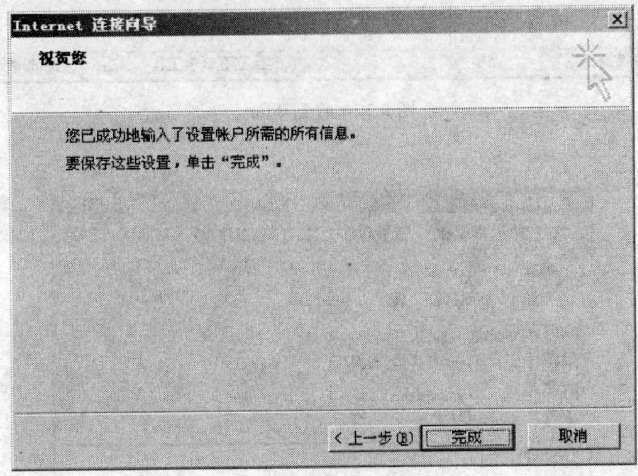

图 8.25　完成账户所需的信息

2．测试邮件

下面新建邮件并发送给 mailuser1@abc.com，具体操作步骤如下。

（1）在"Outlook"窗口中，单击"创建邮件"按钮，打开"测试邮件"窗口，在该窗口中输入收件人地址、主题和邮件内容，如图 8.26 所示。

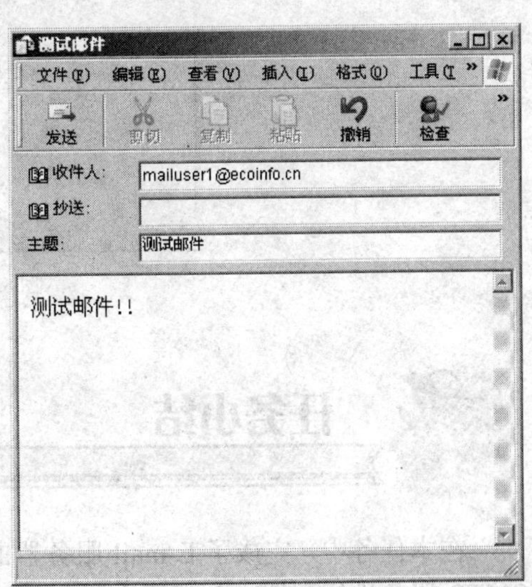

图 8.26 "测试邮件"窗口

（2）单击"发送"按钮，回到"Outlook"主界面，单击"发送/接收"按钮或选择"工具"菜单中的"发送/接收"命令，可以接收到之前的测试邮件，如图 8.27 所示。

（3）双击新邮件即可打开并查看邮件的内容，如图 8.28 所示。

至此，对于 E-mail 服务的测试就已经完成了。

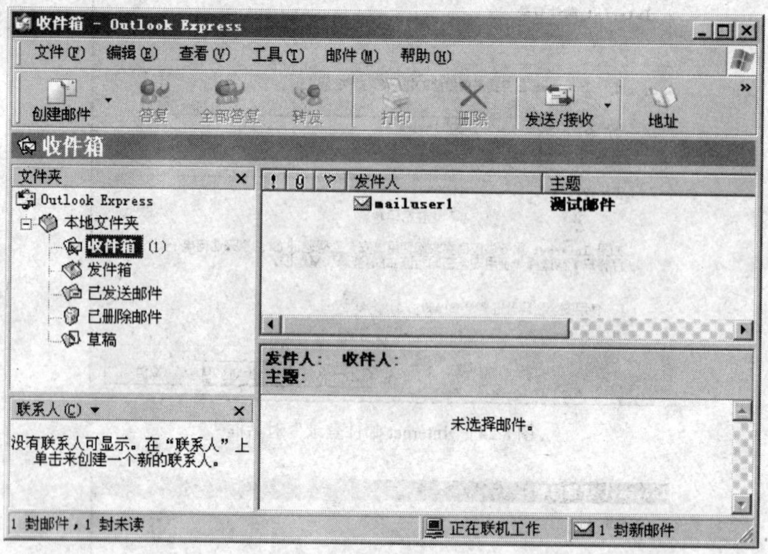

图 8.27　收到新邮件

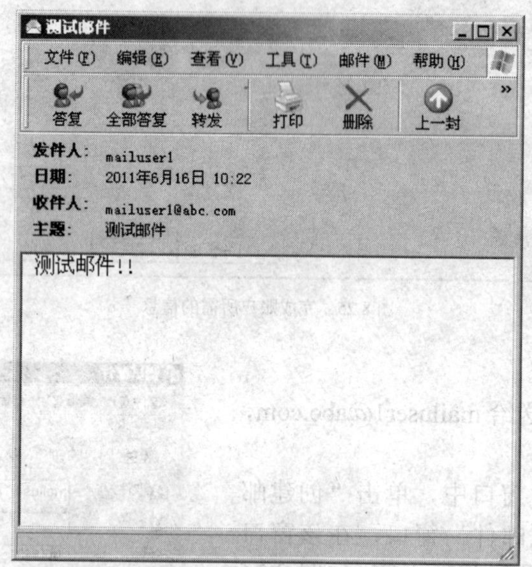

图 8.28　查看新邮件内容

任务小结

在本任务中，完成了 E-mail 服务器的安装，并对于 E-mail 服务中涉及到 POP3 服务器和 SMTP 服务进行配置，创建了电子邮件域并创建了邮箱。通过电子邮件客户端 Outlook 对于 E-mail 服务器进行了测试。

思考与实战训练

一、填空题

（1）电子邮件的传输是通过____________和________________来完成邮件的收发任务的。

（2）电子邮件地址的格式是 user@server.com，由 3 部分组成。第一部分 user 代表__________，第二部分@是__________；第三部分 server.com 是________________，用来标志其所在的位置。

（3）________________是用于读取、撰写以及管理电子邮件的软件。Microsoft Outlook Express 就是一种______________________。

二、简答题

（1）什么是电子邮件？

（2）解释 SMTP 服务的含义。

（3）解释 POP3 服务的含义。

（4）通过实例解释电子邮件的工作过程。

任务九　安装和配置文件服务器

【问题提出】

通过一台专用文件服务器存储公共文件以及员工的工作文档。文件服务器的 C 盘容量为 10G（安装操作系统和软件），D 盘容量大于 100GB，并采用 NTFS 文件系统。在 D 盘的一个文件夹“software”存放公共文件，如常用软件、规章制度等。另一个文件夹“share”，存放部门和员工的工作文档。

在 D:\share 下为每个部门建立文件夹，部门文件夹下创建每个员工的文件夹。配置共享权限和 NTFS 权限，保障文件只被授权的用户访问。权限的配置应遵循 AGDLP 规则。避免直接为用户授权，除非该文件夹只有一个员工访问。文件服务器权限设置如表 9.1 所示，域用户如表 9.2 所示。

表 9.1　文件夹权限设置

文件夹名	共享权限	NTFS 权限
D:\software	Everyone 读取	Everyone 读取
D:\share	Everyone 完全控制	Everyone 列出文件夹目录，总经理完全控制
D:\share\行政部	无	全局组 Administration 读取、本部门经理和总经理完全控制
D:\share\人事部	无	全局组 Ministry 读取、本部门经理和总经理完全控制
D:\share\业务部	无	全局组 Business 读取、本部门经理和总经理完全控制
D:\share\服务部	无	全局组 Services 读取、本部门经理和总经理完全控制
D:\share\财务部	无	全局组 Finance 读取、本部门经理和总经理完全控制
D:\share\信息管理部	无	全局组 Information 读取、本部门经理和总经理完全控制
D:\share\总经理办公室	无	全局组 Manager 读取、本部门经理和总经理完全控制

表 9.2　　　　各部门用户列表

部门名称	全局组	用　户
行政部	Administration	经理：张森；职员：李延
人事部	Ministry	经理：王强；职员：赵月
业务部	Business	经理：马亮；职员：李文强
服务部	Services	经理：杜志明；职员：张毅
财务部	Finance	经理：刘军；职员：王一
信息管理部	Information	经理：陈锋；职员：石林
总经理办公室	Manager	总经理：张海强

在文件服务器上，普通员工最大使用空间为 100MB，部门经理最大使用空间为 1000MB，总经理的使用空间不限制。

在文件上传类型上限制只允许上传.doc .xls .ppt .wps .txt .rar 这些办公文件类型。

对于重要的文件夹要制定备份策略，可以采用常规备份+差异备份的策略，按任务计划自动执行。

【目标】

- 安装文件服务器。
- 配置文件服务器。

【前提条件】

- 创建相应的文件夹，具体见表 9.1。
- 掌握磁盘配额的相关知识。

操作一　安装和配置文件服务器

【知识链接】

文件服务器在网络上提供了一个中心位置，可供存储文件并通过网络与用户共享文件。当用户需要重要文件（比如项目计划）时，他们可以访问文件服务器上的文件，而不必在各自独立的计算机之间传送文件。如果您的网络用户需要访问相同的文件和可通过网络访问的应用程序，就要将该计算机配置为文件服务器。

【问题的提出】

根据公司对于文件服务器的规划，需要首选安装文件服务器，安装过程中要设置共享文件夹，还需要设置文件服务器的磁盘配额，另外，还要设置文件服务器的备份策略。

【目标】

- 安装文件服务器。
- 设置文件服务器。

【操作】

1．安装文件服务器

在 Windows Server 2003 中使用文件服务，需要先安装文件服务器，下面具体介绍一下文件服务器的安装过程。具体安装步骤如下。

（1）选择“开始”→“管理您的服务器”命令，打开“管理您的服务器”对话框，如图 9.1 所示。

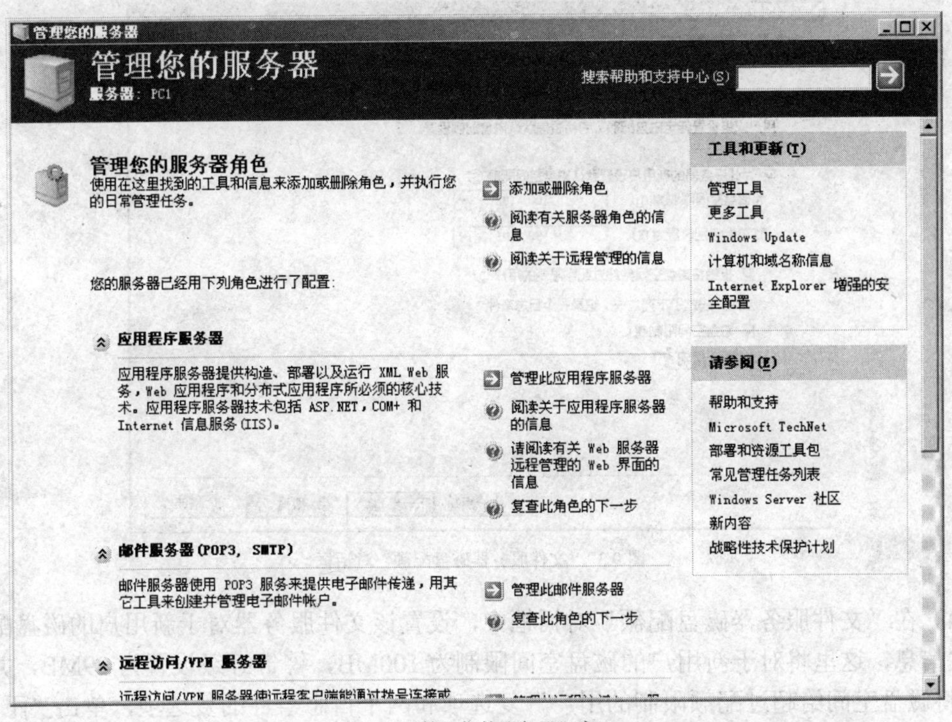

图 9.1 “管理您的服务器”窗口

（2）在“管理您的服务器”窗口，单击“添加或删除角色”链接，打开“预备步骤”对话框，单击“下一步”按钮，打开“服务器角色”对话框，如图 9.2 所示。

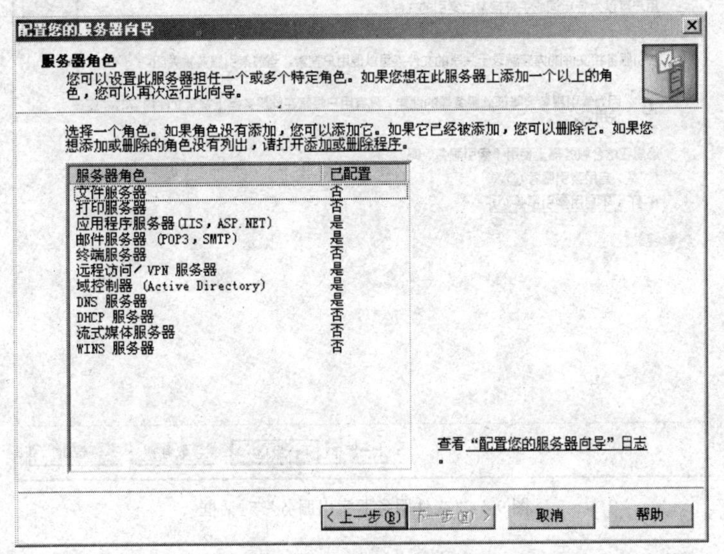

图 9.2 “服务器角色”对话框

（3）在“服务器角色”对话框中，选择“文件服务器”选项，单击“下一步”按钮，打

开“文件服务器磁盘配额”对话框，如图 9.3 所示。

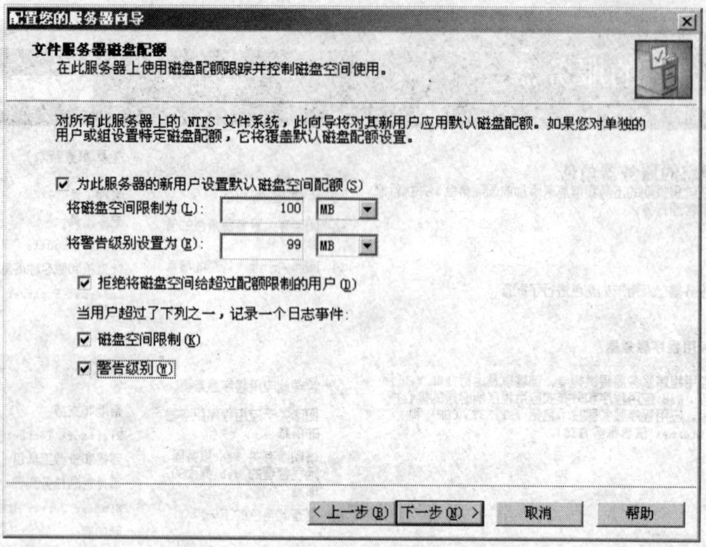

图 9.3 “文件服务器磁盘配额”对话框

（4）在“文件服务器磁盘配额”对话框中，设置该文件服务器对于新用户的磁盘配额值和相关信息，这里将对于新用户的磁盘空间限制为 100MB，警告等级设置为 99MB，并选中“拒绝将磁盘空间给超过配额限制的用户”复选项和两个日志事件的复选项，单击“下一步”按钮，打开“文件服务器索引服务”对话框，如图 9.4 所示。

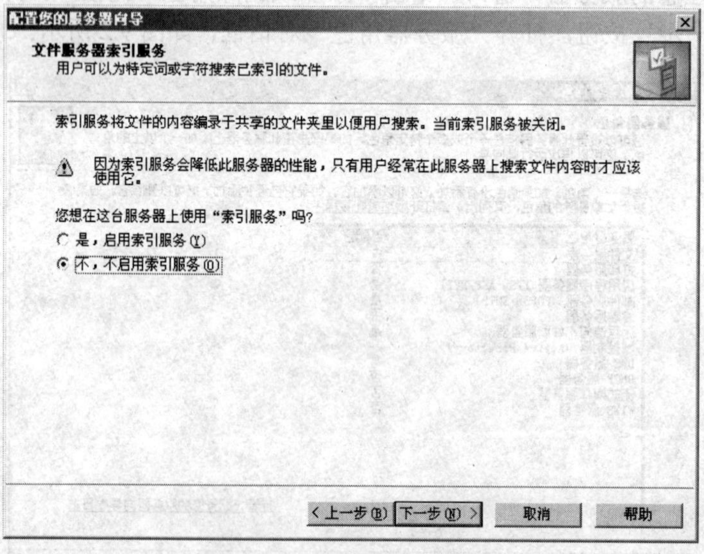

图 9.4 “文件服务器索引服务”对话框

（5）在“文件服务器索引服务”对话框中，选择“不，不启用索引服务器”单选项，单击“下一步”按钮，打开“选择总结”对话框，单击“下一步”按钮，打开“共享文件夹向导”对话框，如图 9.5 所示。

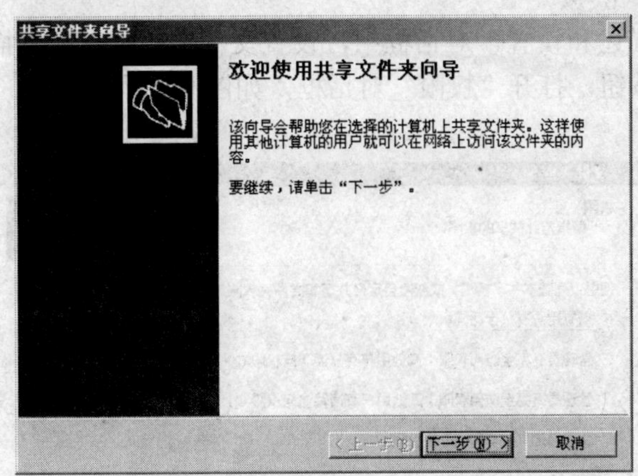

图 9.5 “共享文件夹向导”对话框

（6）在“共享文件夹向导”对话框中，单击“下一步”按钮，打开“文件夹路径”对话框，如图 9.6 所示。

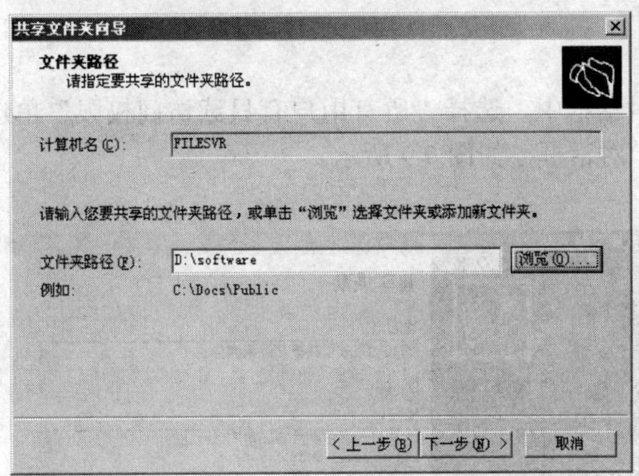

图 9.6 “文件夹路径”对话框

（7）在“文件夹路径”对话框中，单击“浏览”按钮，选择“D:\software”，单击“下一步”按钮，打开“名称、描述和设置”对话框，如图 9.7 所示。

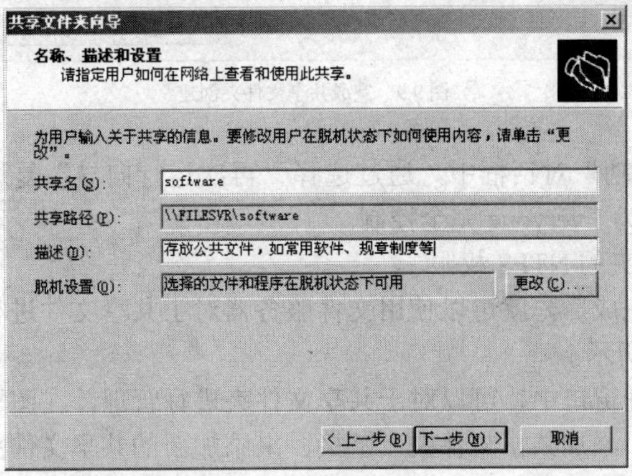

图 9.7 “名称、描述和设置”对话框

（8）在“名称、描述和设置”对话框中，设置文件夹的共享名、描述和脱机设置等内容后，单击“下一步”按钮，打开“权限”对话框，如图 9.8 所示。

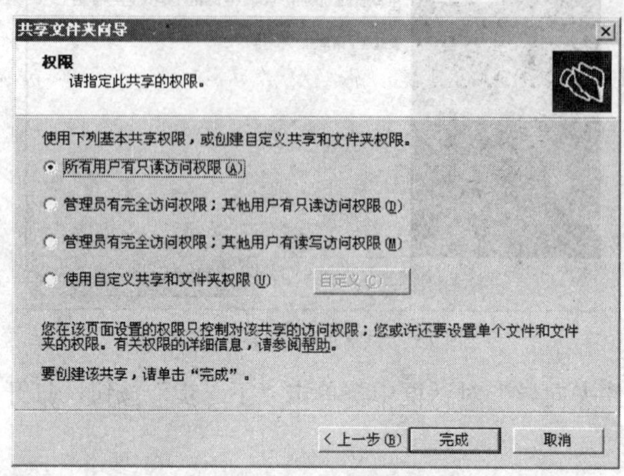

图 9.8 “权限”对话框

（9）在“权限”对话框中，选择“所有用户有只读访问权限”单选项，单击“完成”按钮，打开“共享成功”对话框，如图 9.9 所示。

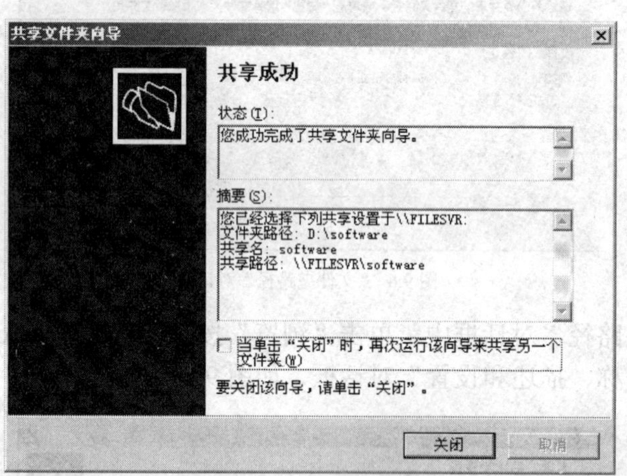

图 9.9 完成共享文件夹创建

（10）在“共享成功”对话框中，通过选择“再次运行向导”复选项，创建共享文件夹“D:\share”，共享权限为 Everyone 完全控制。

2．配置共享文件夹的 NTFS 权限

文件服务器安装完成后，就可以使用文件服务器对于共享文件进行管理了，文件服务器的管理界面如图 9.10 所示。

在文件服务器管理窗口中，可以对于共享文件夹进行管理，在图 9-9 中列出了已有的共享文件夹，可以通过“添加共享文件夹”链接，来添加新的共享文件夹，添加过程可以参考文件服务器的安装过程。

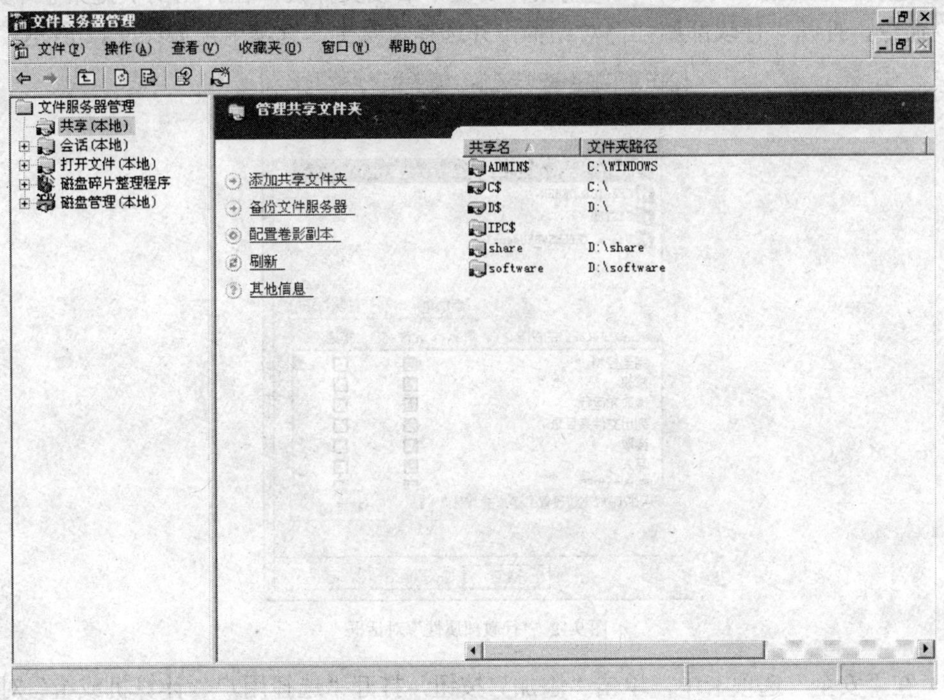

图 9.10 “文件服务器管理”窗口

在添加共享文件夹的过程中，已经设置了共享文件夹的共享权限，NTFS 权限需要通过文件的属性窗口进行设置，以 share 文件夹下的“行政部”子文件夹为例，具体设置步骤如下。

（1）在“文件服务器管理”窗口中，选中要设置属性的共享文件夹，这里选择 share 文件夹，用鼠标右键单击 share 文件夹，选择“打开”命令，打开“share 文件夹”窗口，如图 9.11 所示。

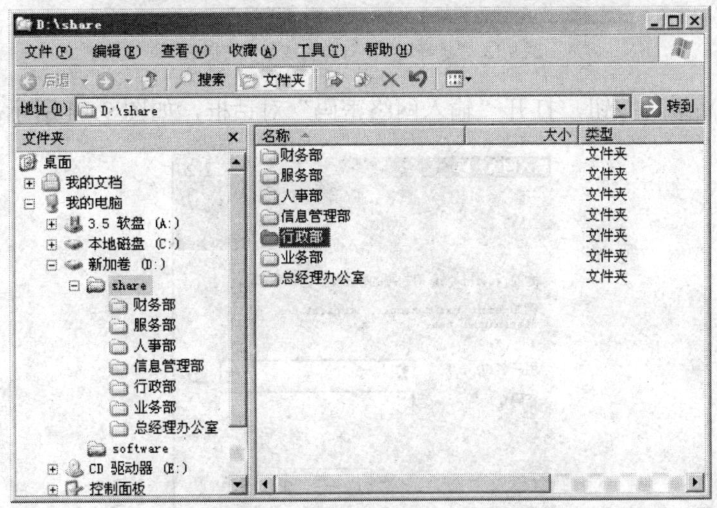

图 9.11 共享文件夹 share 窗口

（2）选择“行政部”子文件夹，用鼠标右键单击该文件夹，在弹出的快捷菜单中，选择“属性”命令，打开“行政部属性”对话框，并选择“安全”选项卡，如图 9.12 所示。

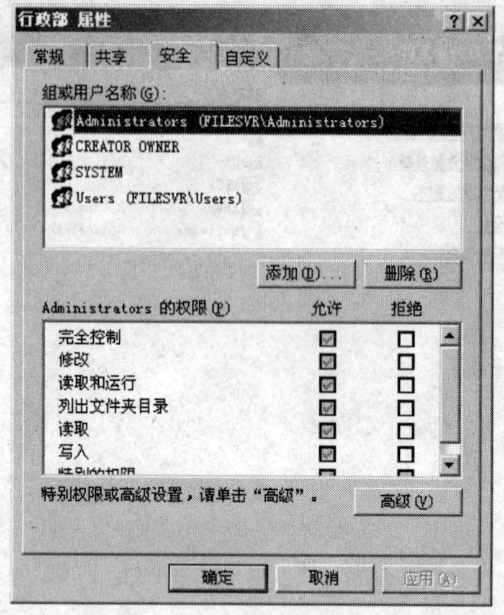

图 9.12 “行政部属性”对话框

（3）在“安全”选项卡中，单击“添加”按钮，打开“选择用户、计算机或组”对话框，如图 9.13 所示。

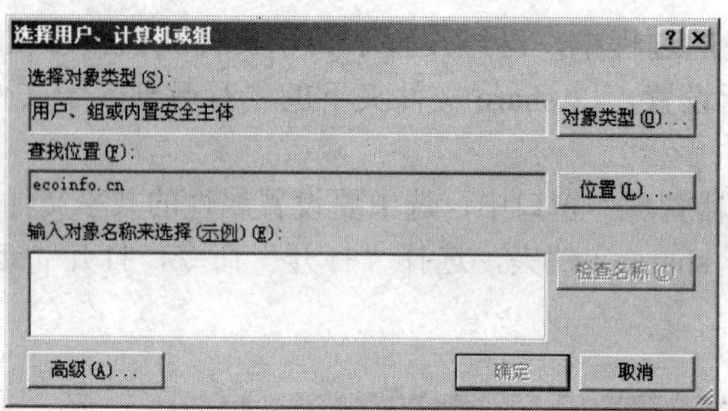

图 9.13 “选择用户、计算机或组”对话框

（4）单击“高级”按钮，打开“输入网络密码”对话框，如图 9.14 所示。

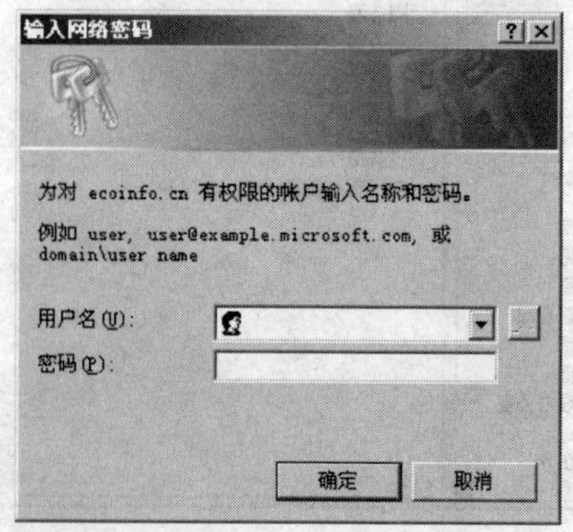

图 9.14 “输入网络密码”对话框

（5）输入用户名“administrator”和相应的密码，单击“确定”按钮，打开高级查询界面，在名称栏中，输入要查找的组名 Administration，单击“立即查找”按钮，可在搜索结果中列出符合条件的组，如图 9.15 所示。

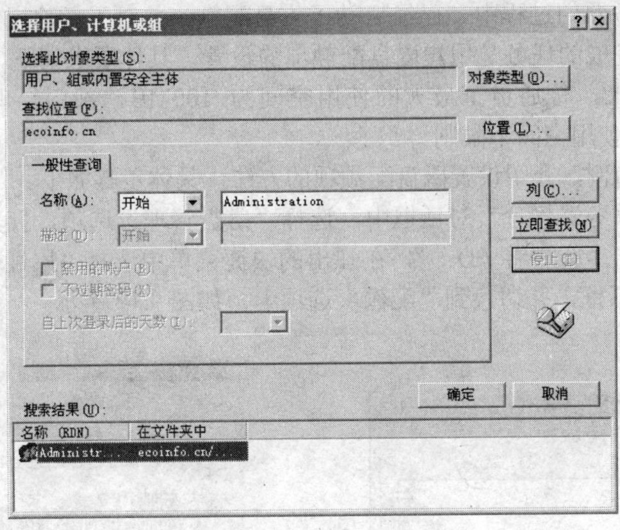

图 9.15　高级查询界面

在单击“立即查找”按钮进行搜索时，还需要再一次输入用户名和密码。

（6）选择搜索结果中列出的组，单击“确定”按钮后，可以回到“选择用户、计算机或组”对话框，再次单击“确定”按钮，回到“安全”选项卡，可以看到已经添加的组 Administration，将权限设置为“读取”，即完成了对于 Administration 组的 NTFS 权限的设置，按照相同的方法可以设置部门经理和总经理的 NTFS 权限，设置完成后如图 9.16 所示。

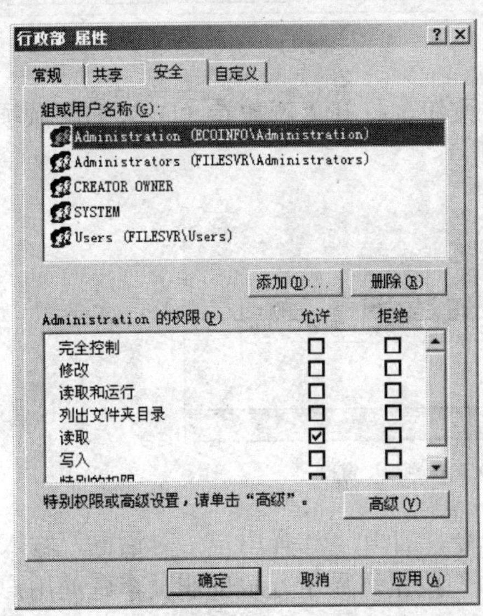

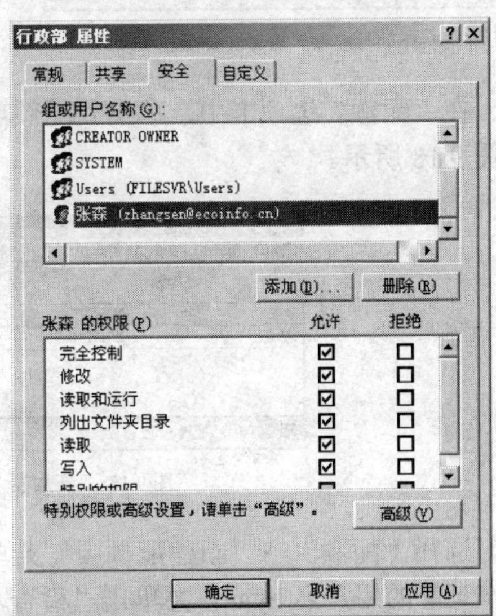

图 9.16　行政部 NTFS 权限设置

至此对于 share 文件夹下“行政部”子文件的 NTFS 权限设置就已经完成，其他文件夹的 NTFS 权限设置方法与此相同。

3．设置磁盘配额

在安装文件服务器的过程中，已经启动了磁盘配额，并对于新建用户的默认磁盘配额进行了设定。这里要完成的任务是用户磁盘配额项的设置，具体要求如下。

在文件服务器上，普通员工最大的使用空间为 100MB，部门经理最大的使用空间为 1000MB，总经理的使用空间不限制。

下面以行政部为例，介绍设置磁盘配额项的方法，具体步骤如下。

（1）在“文件服务器管理”对话框中，选择“磁盘管理”选项，打开“磁盘管理”对话框，用鼠标右键单击“新加卷（D:）”，在弹出的快捷菜单中选择“属性”命令，打开“新加卷（D:）属性”对话框，并切换到“配额”选项卡，如图 9.17 所示。

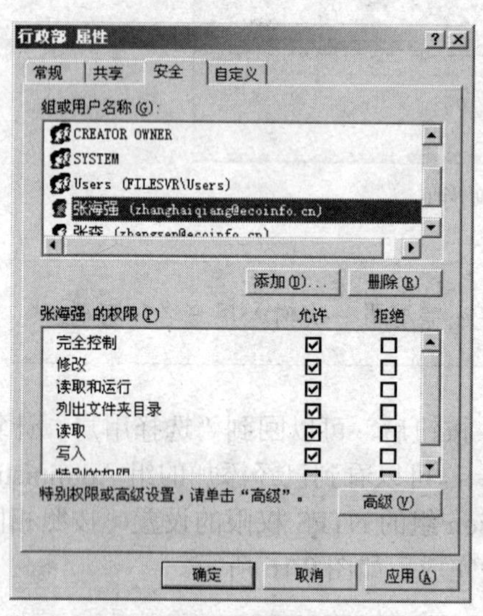

图 9.16 行政部 NTFS 权限设置（续）

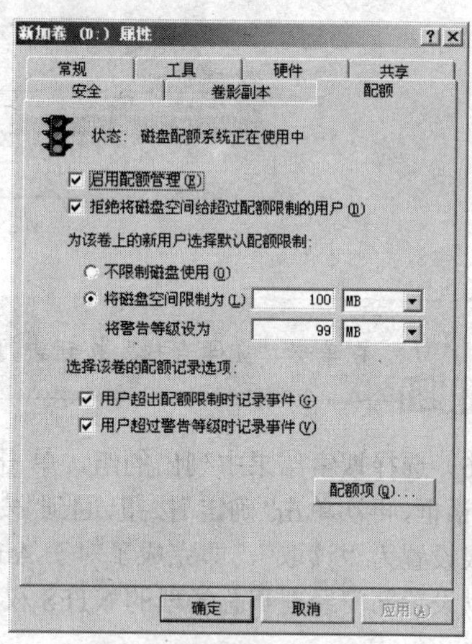

图 9.17 “配额”选项卡

（2）在“配额”选项卡中，单击“配额项”按钮，打开“新加卷（D:）的配额项”对话框，如图 9.18 所示。

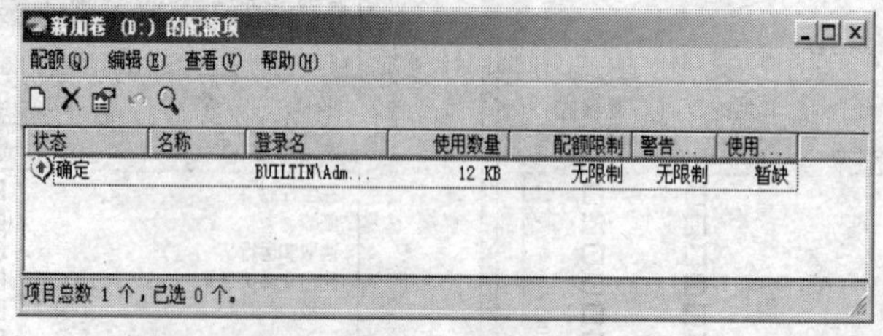

图 9.18 “新加卷（D:）的配额项”窗口

（3）选择“配额”→“新建配额项”菜单命令，打开“选择用户”对话框，输入行政部职员“李延”的用户名 liyan，并单击“检查名称”按钮，显示行政部职员李延的用户名，如图 9.19 所示。

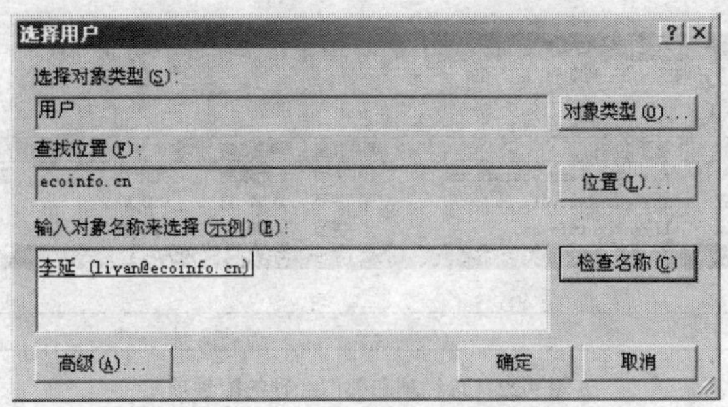

图 9.19 “选择用户”对话框

要点说明

在单击“检查名称”按钮进行检查时，还需要输入合法的域用户名和密码。这里使用 administrator。

（4）单击“确定”按钮，打开“添加新配额项”对话框，输入磁盘空间限制和警告等级，普通员工的磁盘空间限制为 100MB，警告等级设置为 99MB，如图 9.20 所示。

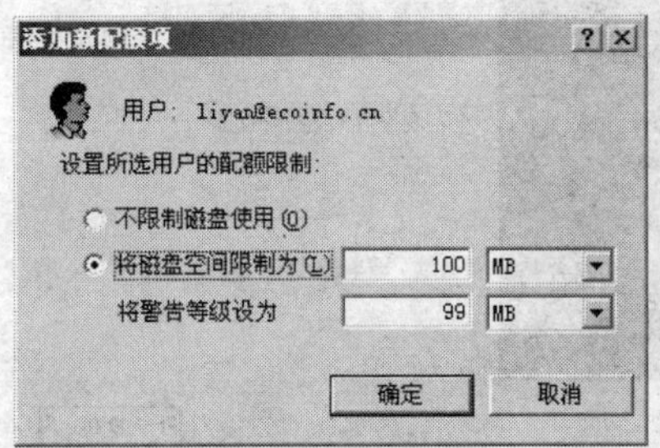

图 9.20 “添加新配额项”对话框

（5）单击“确定”按钮，完成配额项的创建，如图 9.21 所示。

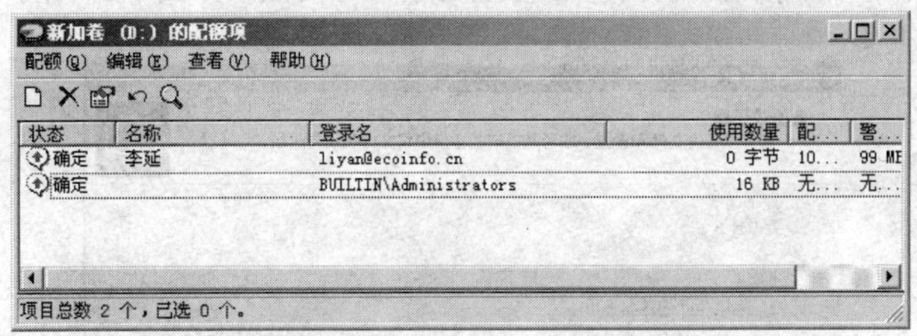

图 9.21 普通员工的配额项

（6）重复执行上面的步骤，选择不同的用户，可以完成其他用户的配额项设置，设置完成的配额项如图 9.22 所示。

4．文件夹备份

对于重要的文件夹需要进行配备，备份选择“常规备份+差异备份”的策略，并按照任务计划自动备份。下面以共享文件夹 software 设置为例，介绍如何进行备份设置。设置 software 文件夹在每周一的 12：00 执行备份操作，具体操作步骤如下。

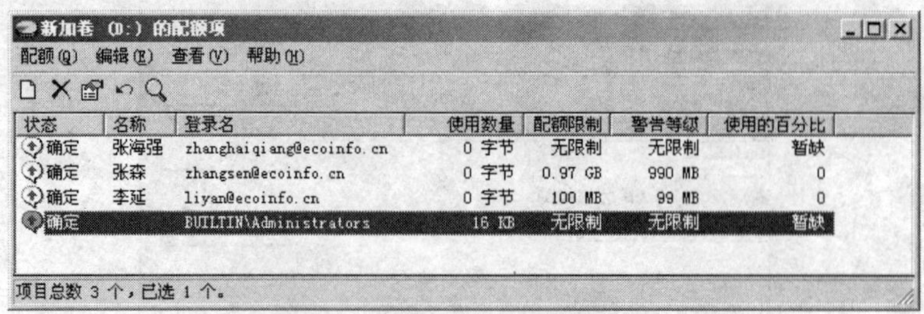

图 9.22 总经理和部门经理的配额项

（1）在“文件服务器管理”中，选择共享文件夹选项，并在右侧窗口中选择“备份文件服务器”选项，打开“备份或还原向导”对话框，如图 9.23 所示。

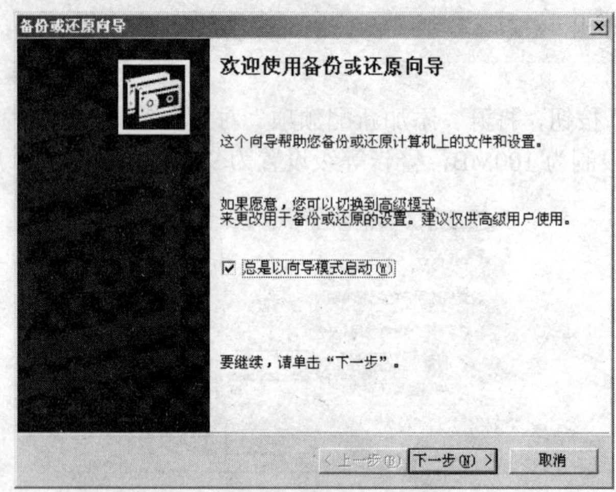

图 9.23 备份或还原向导

（2）单击“下一步”按钮，打开“备份或还原”对话框，如图 9.24 所示。

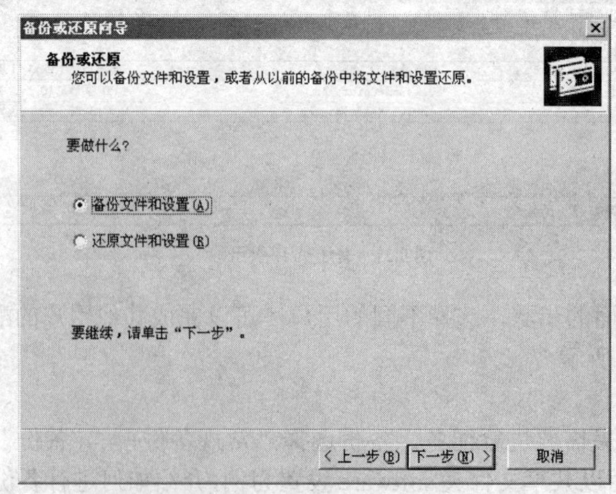

图 9.24 “备份或还原”对话框

（3）选择操作的类型，这里选择“备份文件和设置”单选项，单击“下一步”按钮，打开“要备份的内容”对话框，如图 9.25 所示。

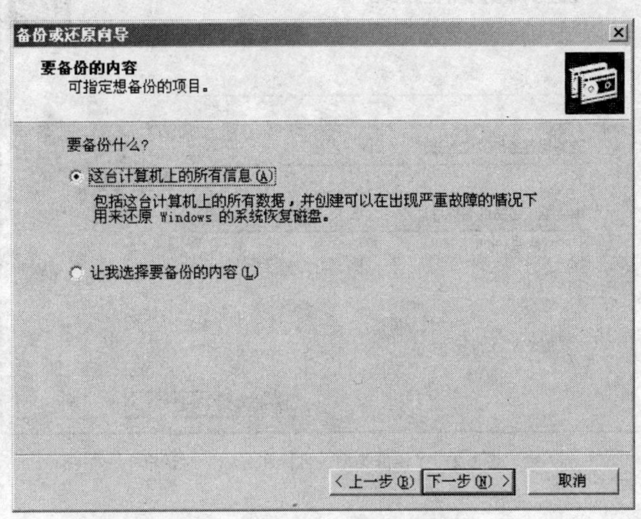

图 9.25 “要备份的内容”对话框

备份内容可以选择备份计算机上的所有信息，或者自定义要备份的内容。

（4）选择要备份的内容，这里选择“让我选择要备份的内容”单选项，打开“要备份的项目”对话框，如图 9.26 所示。

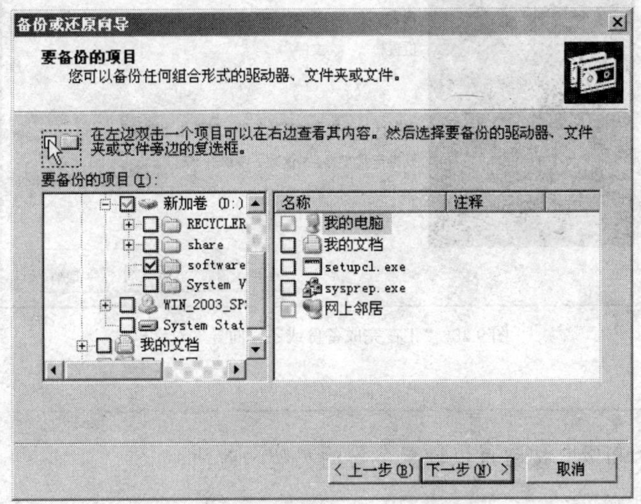

图 9.26 “要备份的项目”对话框

（5）在左侧的目录树中，找到要备份的文件夹 software，并选中该文件夹，单击“下一步”按钮，打开“备份类型、目标和名称”对话框，如图 9.27 所示。

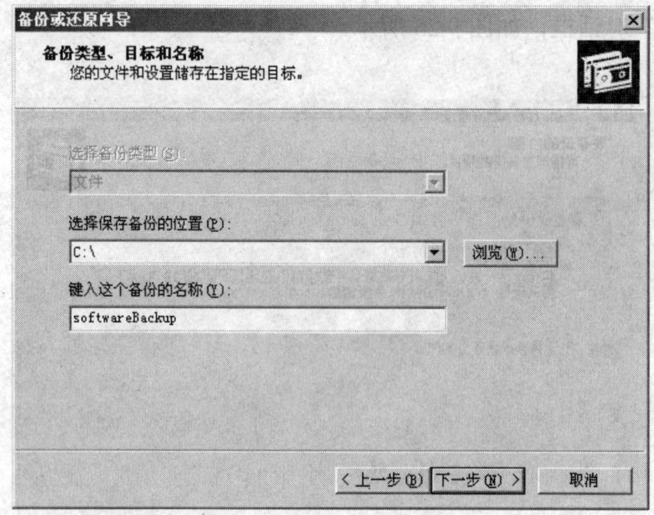

图 9.27 “备份类型、目标和名称”对话框

(6) 选择保存备份的位置，这里选择“C:\”，键入备份文件的名称，这里键入“softwareBackup”，单击“下一步”按钮，打开“正在完成备份或还原向导”对话框，如图 9.28 所示。

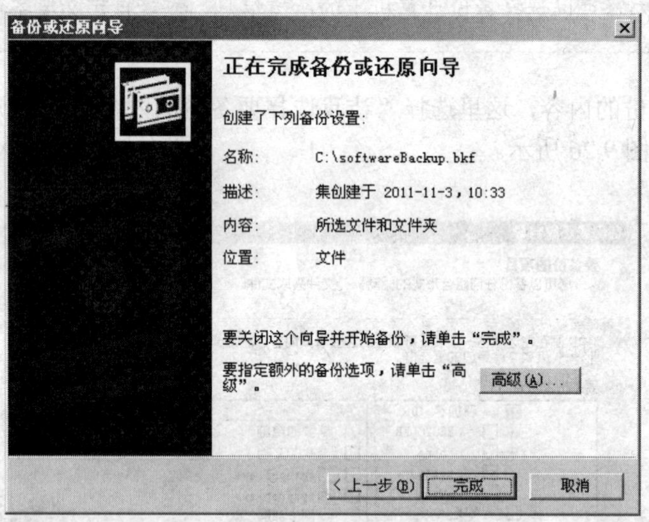

图 9.28 “正在完成备份或还原向导”对话框

通过“高级”按钮可以设置备份的类型和时间。

(7) 单击“完成”按钮，则完成了对于 software 的一次备份，备份进度如图 9.29 所示。

(8) 单击“报告”按钮，可以查看备份报告，如图 9.30 所示。

(9) 备份完成后，可以在备份的目标文件夹下看到备份的文件，如图 9.31 所示。

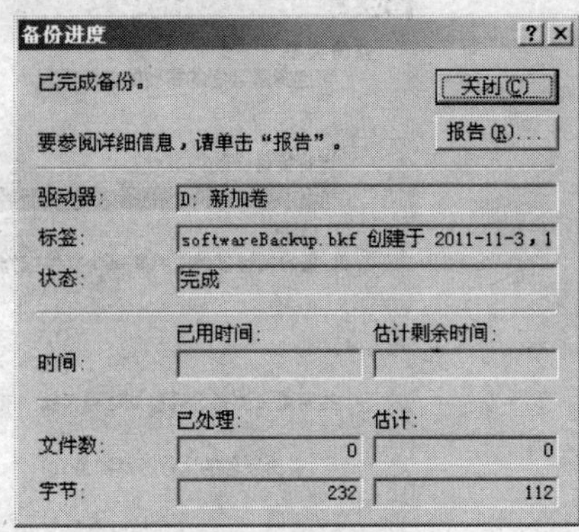

图 9.29 “备份进度”对话框

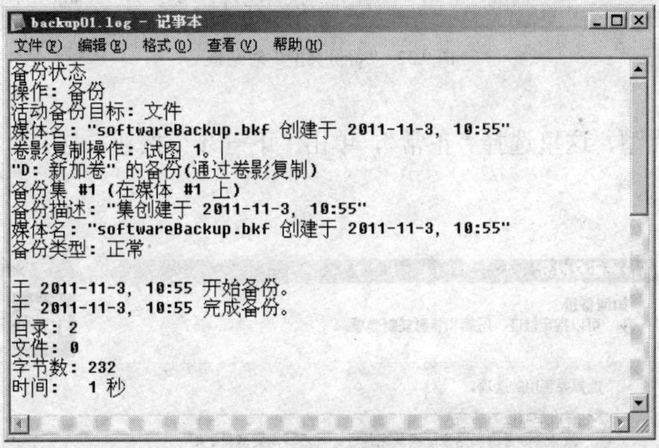

图 9.30　备份报告

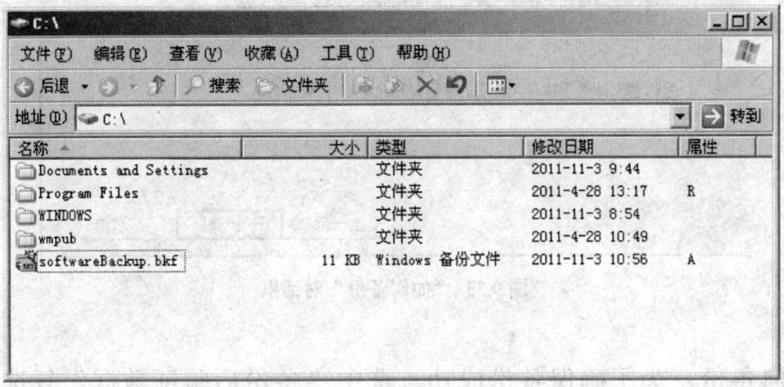

图 9.31　software 文件的备份文件

按照任务要求需要对文件进行常规备份+差异备份，并按照任务计划自动执行，所以，需要再次按照上面的步骤运行“备份或还原向导”，并在“完成备份或还原”对话框中，单击

“高级”按钮，打开“备份类型”对话框，如图 9.32 所示。

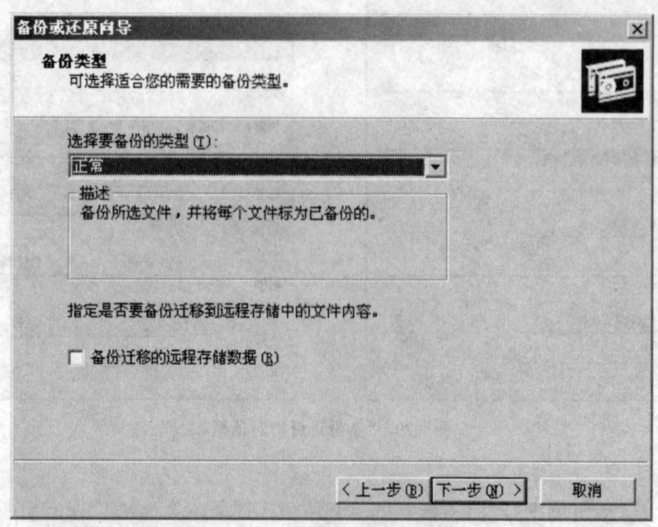

图 9.32 “备份类型”对话框

（1）选择备份类型，这里选择“正常”，单击“下一步”按钮，打开“如何备份”对话框，如图 9.33 所示。

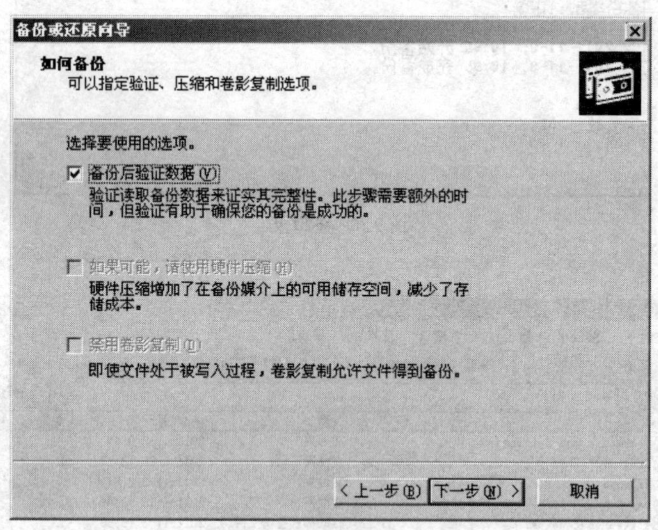

图 9.33 “如何备份”对话框

（2）选择如何备份，为了确保备份成功，选中“备份后验证数据”复选项，单击“下一步”按钮，打开“备份选项”对话框，如图 9.34 所示。

（3）选择对于已有备份执行的操作，这里选择“替换现有备份”单选项，单击“下一步”按钮，打开“备份时间”对话框，如图 9.35 所示。

（4）单击“设定备份计划”按钮，打开“计划作业”对话框，如图 9.36 所示。

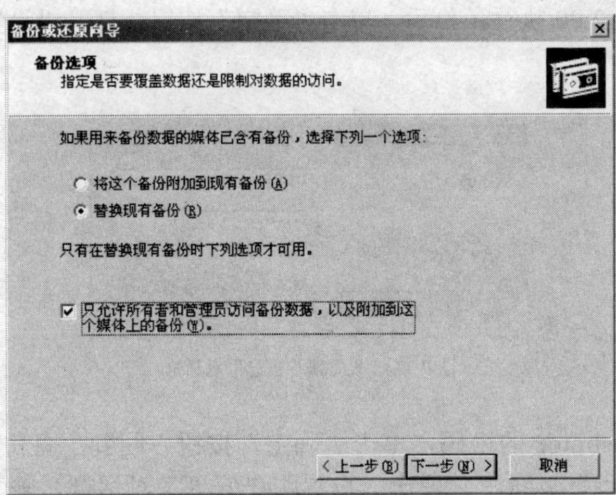

图 9.34 “备份选项”对话框

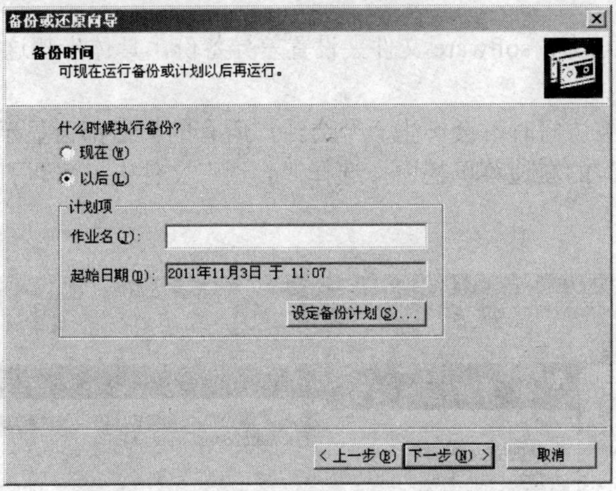

备份或还原向导
备份时间
可现在运行备份或计划以后再运行。
什么时候执行备份?
现在(W)
以后(L)
计划项
作业名(J):
起始日期(D): 2011年11月3日 于 11:07
设定备份计划(S)...
< 上一步(B)
下一步(N) >
取消

图 9.35 “备份时间”对话框

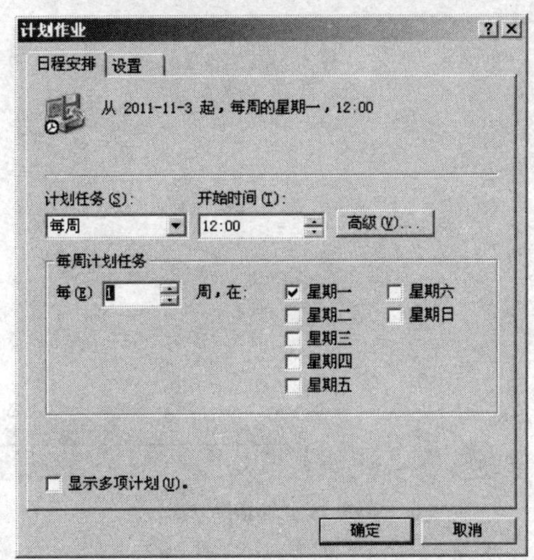

图 9.36 “计划作业”对话框

（5）设置每周一 12:00 执行备份后，单击“确定”按钮，打开“设置账户信息”对话框，如图 9.37 所示。

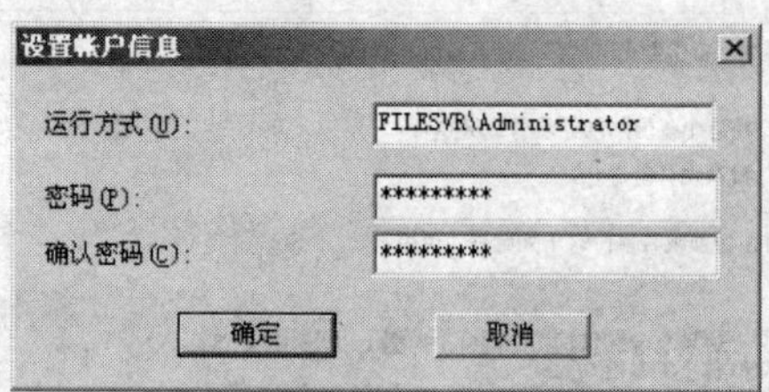

图 9.37 “设置账户信息”对话框

（6）输入 Administrator 的密码，单击“确定”按钮，回到“备份时间”对话框，输入作业名，单击“下一步”按钮，会弹出“设置账户信息”对话框，输入 Administrator 的密码，即可打开“完成备份或还原向导”对话框，单击“完成”按钮，即可完成常规备份计划的设置。

按照相同的方法可以对 software 文件夹设置差异备份，具体步骤这里不再赘述。

5．会话管理

当有共享文件夹被访问时，会产生一个会话，所有的会话都会显示在“会话”窗口中，在“文件服务器管理”的左边菜单栏中，选择“会话”文件夹，可以打开“会话”窗口，如图 9.38 所示。

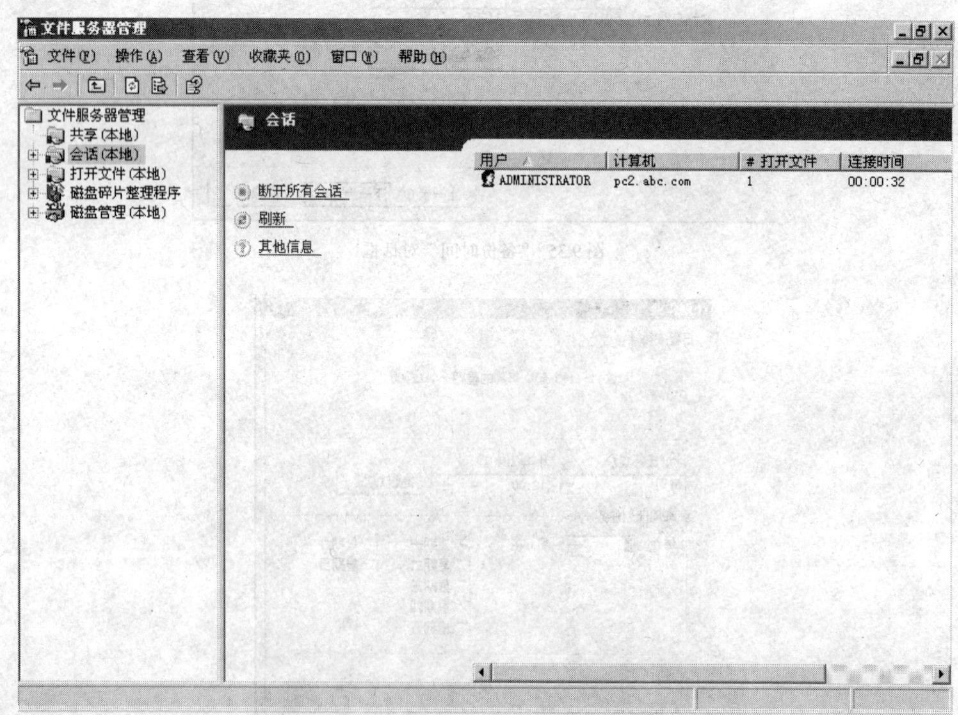

图 9.38 “会话”窗口

在“会话”窗口中，可以对已有的会话进行相关的操作。如在图 9.38 中，可以看到用户

Administrator 正在访问本机的共享资源。会话中各项信息的含义如表 9.3 所示。

表 9.3　会话中的各项信息含义表

列	描　述
用户	列出与计算机连接的网络用户
计算机	显示连接用户的计算机名称
类型	显示网络连接类型：Windows、NetWare 或者 Macintosh
# 打开文件	显示此计算机中由该用户打开的资源数
连接时间	显示从建立该会话开始，经过的小时和分钟数
空闲时间	显示从该用户最后启动某个动作开始，经过的小时和分钟数
来宾	指定该用户是否作为来宾连接到此计算机上

任务小结

本任务中，主要完成了文件服务器的安装，设置了文件服务器的磁盘配额，设定了文件服务器上重要文件夹的备份策略。

思考与实战训练

1. 请解释什么是文件服务器？
2. 文件服务上的备份类型包括哪些？
3. 如何设置磁盘配额？

任务十　安装和配置打印机服务器

【问题提出】

根据公司需求，需要采购 4 台打印设备（HP laserjet 1020）。4 台设备分别安装在打印服务器 printsrv1、printsrv2、printsrv3、printsrv4 上，printsrv1 供总经理办公室和行政部使用，printsrv2 供财务部使用，printsrv3 供服务部和业务部使用，printsrv4 供人事部、信息管理部使用。

总经理、部门经理和普通员工的优先级分别规划为 90、50 和 1，还要规划逻辑打印机的权限，如表 10.1 所示。

表 10.1　打印机权限

服 务 器 名	打印机共享名	优　先　级	打 印 权 限
printsrv1	HP1100_1_1	90	总经理打印
printsrv1	HP1100_1_2	50	部门经理打印

续表

服务器名	打印机共享名	优先级	打印权限
printsrv1	HP1100_1_3	1	全局组 Administration 打印
printsrv2	HP1100_2_1	50	部门经理打印
printsrv2	HP1100_2_2	1	全局组 Finance 打印
printsrv3	HP1100_3_1	50	部门经理打印
printsrv3	HP1100_3_2	1	全局组 services、Business 打印
printsrv4	HP1100_4_1	50	部门经理打印
printsrv4	HP1100_4_2	1	全局组 Information、Ministry 打印

【目标】

- 安装打印服务器。
- 配置打印服务器。

【前提条件】

- 配备 4 台打印机（HP laserjet 1100）。
- 4 台连接打印机的计算机。

操作　安装和配置打印服务器

【知识链接】

打印服务器就是可以让打印机实现网络打印，在同一个局域网里使用一台打印机，其他想使用此打印机的用户通过添加网络打印机的方式连接到打印机服务器，直接将打印内容发送到打印服务器上实现打印。打印机服务器可以满足多个用户同时使用打印机打印文件，互相不影响。

【问题的提出】

根据公司对于打印服务器的规划，需要首先安装打印服务器，并规划逻辑打印机，并给每一个逻辑打印机设置打印的优先级别和权限。

【目标】

- 安装打印服务器。
- 设置逻辑打印机。

【操作】

要点说明

安装打印服务器之前，需要确保硬件设备已经连接完好。

1．安装打印服务器

在 Windows Server 2003 中使用打印服务，需要先安装打印服务器，下面具体介绍一下打印服务器的安装过程。具体安装步骤如下。

（1）选择“开始”→“管理您的服务器”命令，打开“管理您的服务器”窗口，如图 10.1 所示。

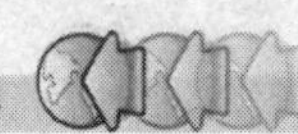

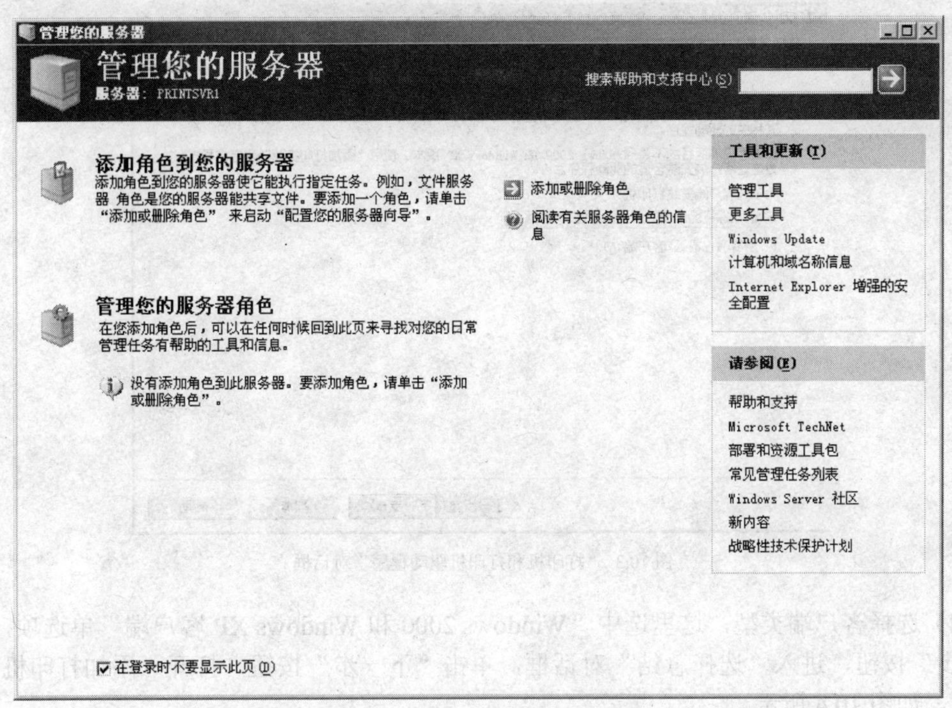

图 10.1 “管理您的服务器”窗口

（2）在“管理您的服务器”窗口，单击“添加或删除角色”链接，打开“预备步骤”对话框，单击“下一步”按钮，打开“服务器角色”对话框，如图 10.2 所示。

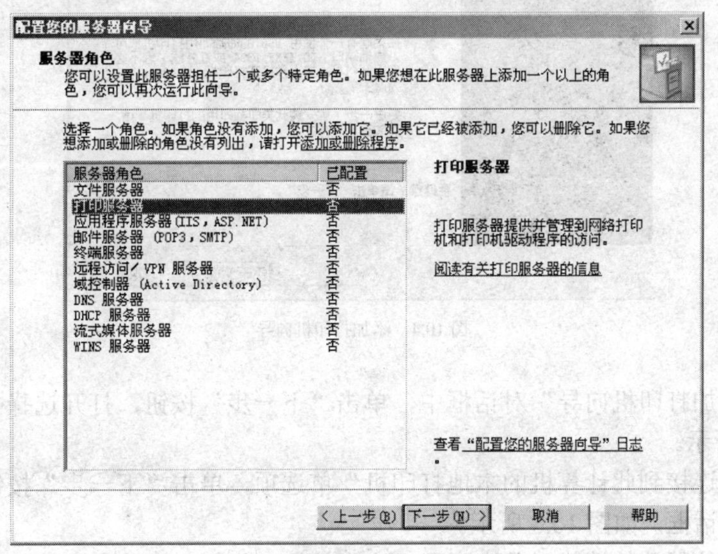

图 10.2 “服务器角色”对话框

（3）在“服务器角色”对话框中，选择“打印服务器”选项，单击“下一步”按钮，打开“打印机和打印机驱动程序”对话框，如图 10.3 所示。

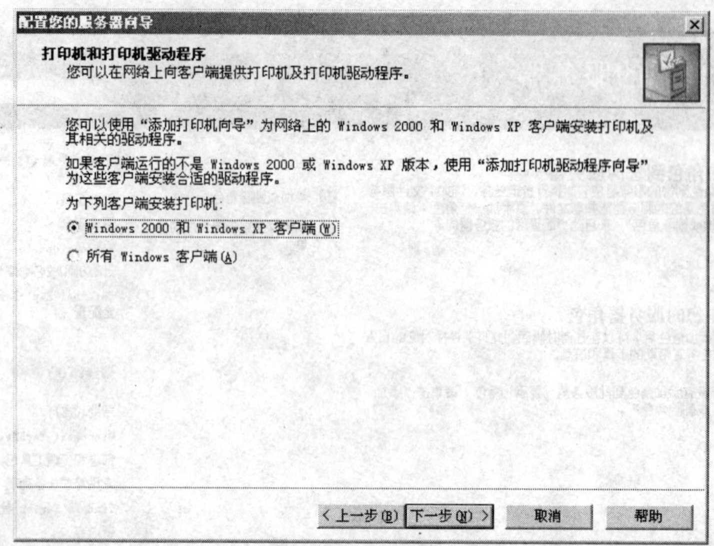

图 10.3 “打印机和打印机驱动程序”对话框

（4）选择客户端类型，这里选中“Windows 2000 和 Windows XP 客户端”单选项，单击“下一步”按钮，进入“选择总结”对话框，单击“下一步”按钮，打开“添加打印机向导”对话框，如图 10.4 所示。

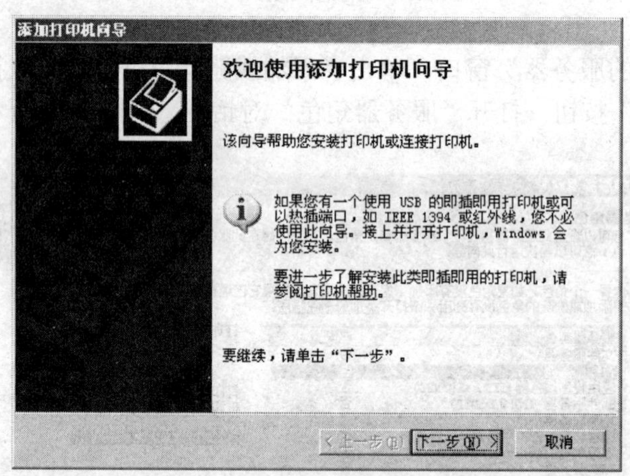

图 10.4 添加打印机向导

（5）在“添加打印机向导”对话框中，单击“下一步”按钮，打开选择打印机类型对话框，如图 10.5 所示。

（6）选择“连接到此计算机的本地打印机”单选项，单击“下一步”按钮，打开“选择打印机端口”对话框，如图 10.6 所示。

（7）选择系统默认的端口，单击“下一步”按钮，打开“安装打印机软件”对话框，如图 10.7 所示。

（8）选择打印机生产厂商和打印机型号，单击“下一步”按钮，打开“命名打印机”对话框，如图 10.8 所示。

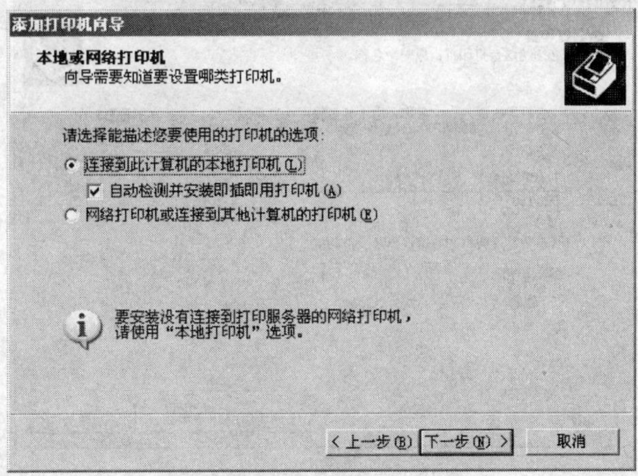

图 10.5　打印机类型对话框

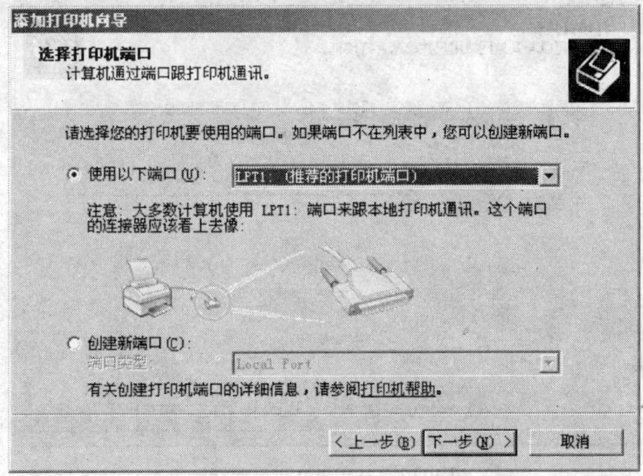

图 10.6　“选择打印机端口”对话框

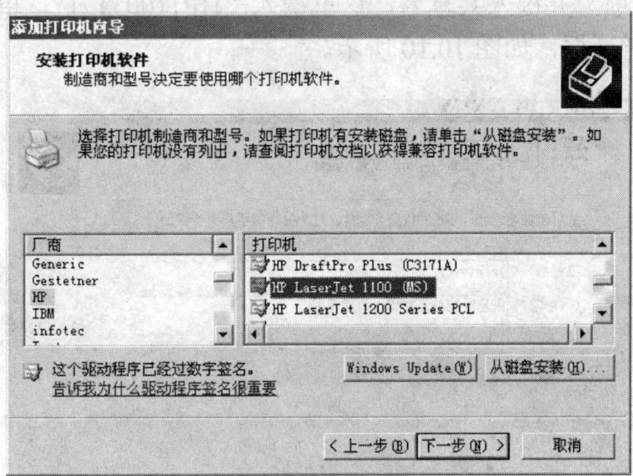

图 10.7　“安装打印机软件”对话框

（9）键入打印机名称，这里选择默认名称，并选择设置当前打印机为默认打印机，单击“下一步”按钮，打开“打印机共享”对话框，如图 10.9 所示。

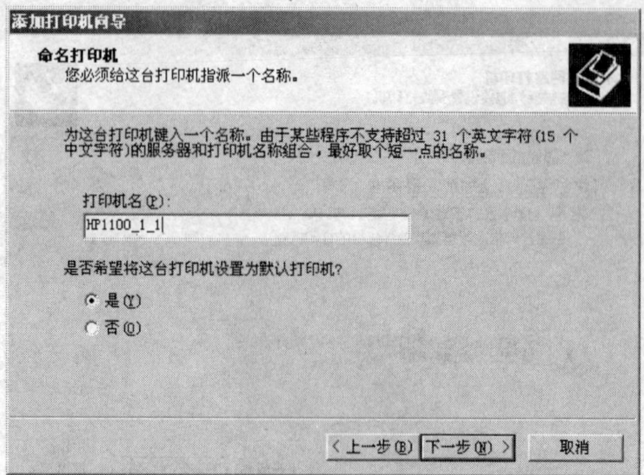

图 10.8 “命名打印机”对话框

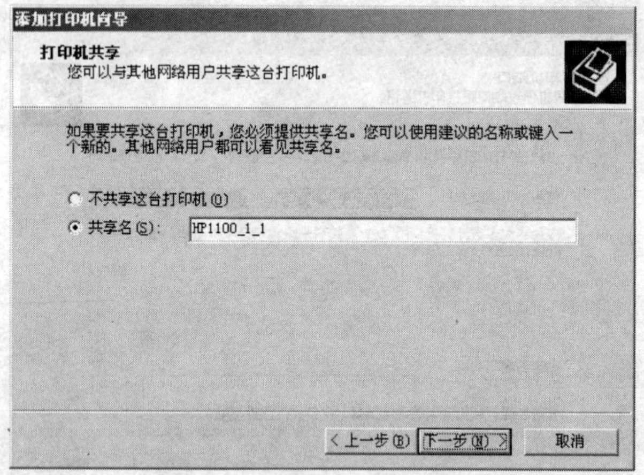

图 10.9 “打印机共享”对话框

（10）选择共享选项，并键入共享名，这里键入“HP1100_1_1”，单击“下一步”按钮，打开“位置和注释”对话框，如图 10.10 所示。

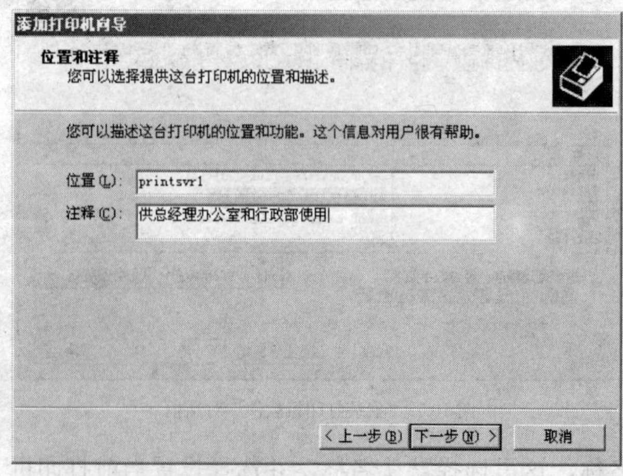

图 10.10 “位置和注释”对话框

（11）在“位置”栏中，键入打印机所在计算机的名称，在“注释”栏中键入当前打印机的用途，单击“下一步”按钮，打开“打印测试页”对话框，如图 10.11 所示。

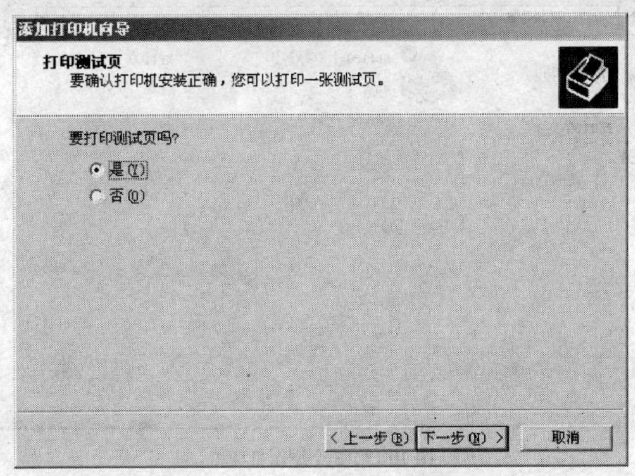

图 10.11　“打印测试页”对话框

（12）选择要打印测试页，单击“下一步”按钮，打开“正在完成添加打印机向导”对话框，如图 10.12 所示。

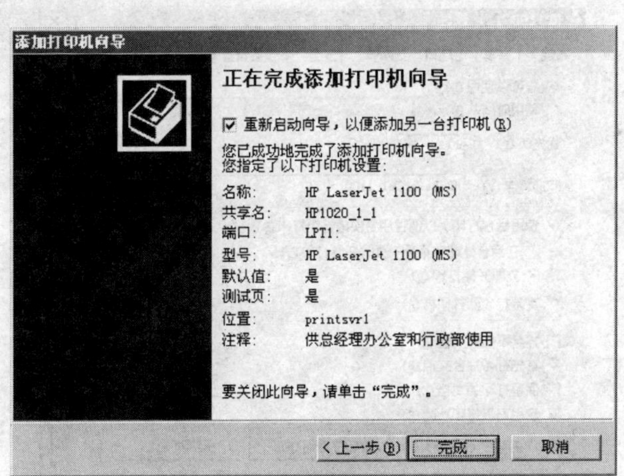

图 10.12　完成添加打印机向导

（13）确认打印机信息无误后，勾选掉“重新启动向导，以便添加另一台打印机”复选项，单击“完成”按钮，即可完成打印服务器的安装。

（14）通过“管理您的服务器”窗口中，添加打印机选项，再添加两个逻辑打印机，安装步骤和上面内容一致，端口要选择同一个物理接口，共享名分别为 HP1100_1_2 和 HP1100_1_3，安装完成后，3 个逻辑打印机如图 10.13 所示。

2．设置逻辑打印机的优先级别和权限

这里以设置逻辑打印机 HP1100_1_1 为例介绍设置过程，HP1100_1_1 是总经理办公室的逻辑打印机，优先级别是 90，权限是总经理打印。具体设置步骤如下。

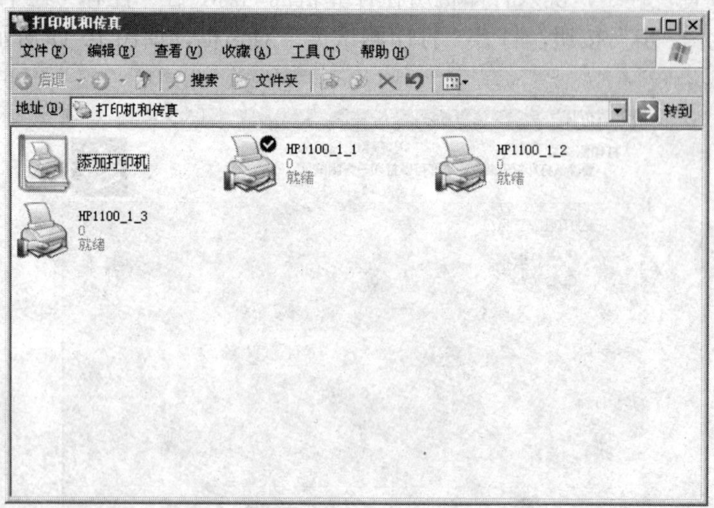

图 10.13　3 个逻辑打印机

（1）选择“开始”→“打印机和传真”命令，进入“打印机和传真”窗口，用鼠标右键单击逻辑打印机 HP1100_1_1，在弹出的快捷菜单中选择“属性”命令，打开“HP1100_1_1 属性”对话框，切换到“高级”选项卡，如图 10.14 所示。

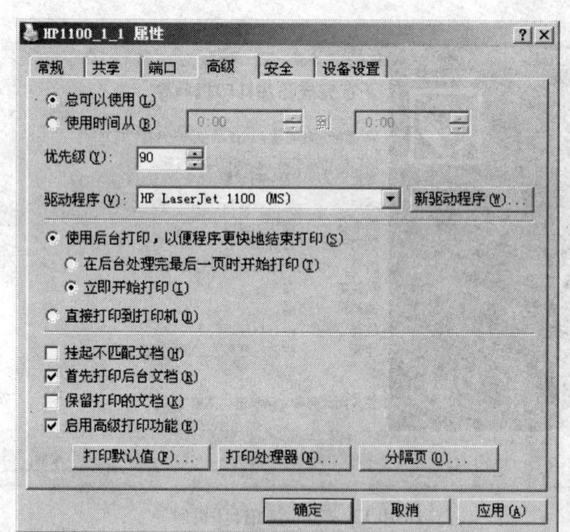

图 10.14 “高级”选项卡

（2）设置优先级为 90，切换到“安全”选项卡，如图 10.15 所示。

（3）删除用户 Everyone 并添加用户总经理张海强，赋予其打印的权限，设置完成后如图 10.16 所示。

（4）其余的两个逻辑打印机按照相同的方法进行设置即可。

3．添加网络打印机

打印服务器安装完成后，其他的客户端主机可以通过添加网络打印机的方式，使用该打印机。添加网络打印机的具体步骤如下。

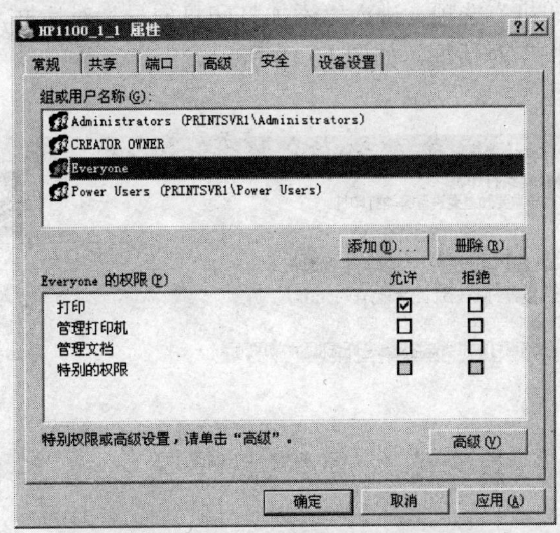

图 10.15 “安全”选项卡

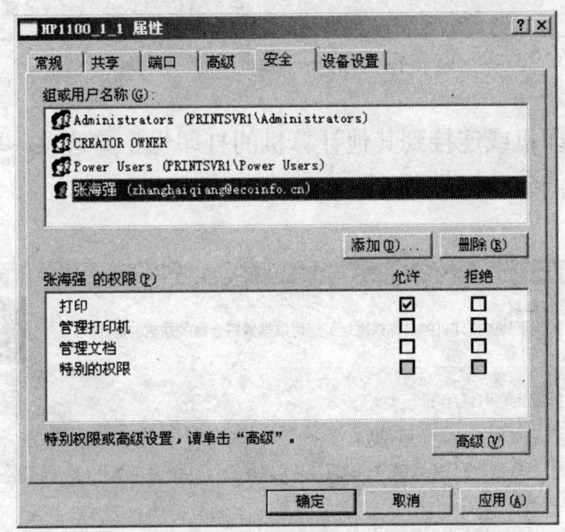

图 10.16 添加用户张海强

（1）在客户端主机上，选择“开始”→“打印机和传真”命令，打开“打印机和传真”窗口，如图 10.17 所示。

图 10.17 打印机和传真

（2）双击“添加打印机”选项，进入“添加打印机向导”对话框，单击“下一步”按钮，打开“本地或网络打印机”对话框，如图 10.18 所示。

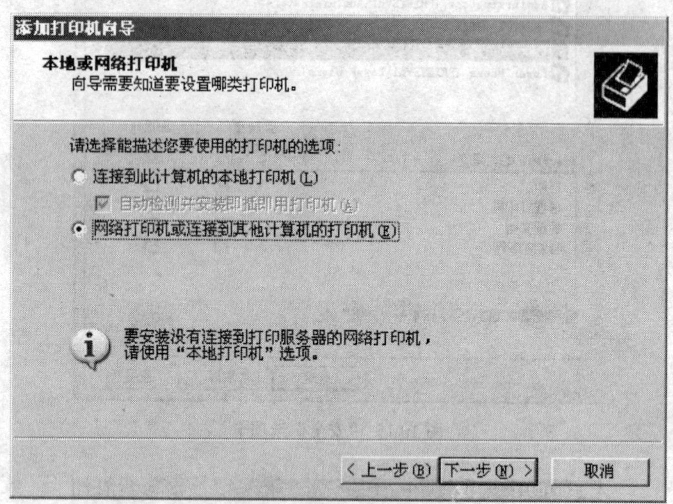

图 10.18 “本地或网络打印机”对话框

（3）选择“网络打印机或连接到其他计算机的打印机”单选项，单击“下一步”按钮，打开“指定打印机”对话框，如图 10.19 所示。

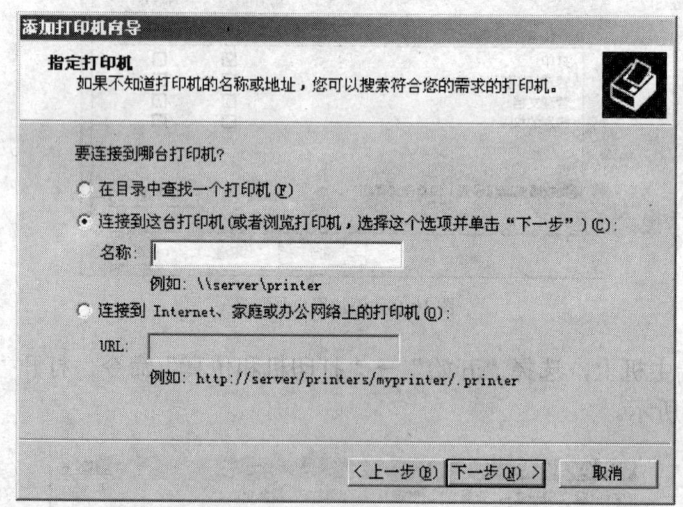

图 10.19 指定打印机

连接打印机的方式有 3 种，可以根据实际情况进行选择，这里选择“连接到这台打印机”单选项，如不知道要连接打印机的名字，可以直接单击“下一步”按钮，浏览网络中的所有共享打印机，直接选择。

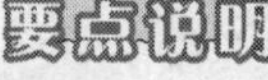

（4）选择连接打印机的方式，这里选择“连接到这台打印机”单选项，并在名称栏中键入打印服务器名和共享打印机名，这里键入“\\Printsvr1\HP1100_1_1”，单击“下一步”按钮，用户验证窗口如图 10.20 所示。

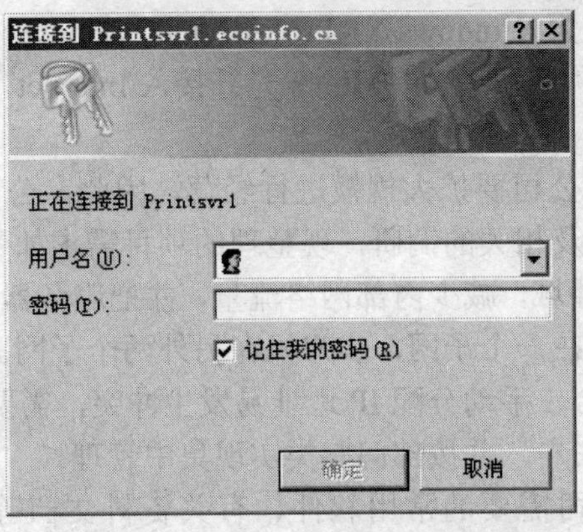

图 10.20　用户验证窗口

（5）输入用户名和密码，如 Administrator，单击“确定”按钮，回到添加打印机向导窗口，单击“完成”按钮，即可完成添加网络打印机。

任务小结

在本任务中，主要完成了打印服务器的安装，并为每一台物理打印机规划了逻辑打印机，并为每台逻辑打印机设置了打印的优先级别和权限，并介绍了连接共享打印机的方法。

思考与实战训练

1. 什么是打印服务器？
2. 请描述设置本地打印机的步骤。
3. 什么是逻辑打印机？

项目实训

晗视电子商务公司是一个领先的电子商务服务公司，下面拥有董事会、财务部、销售部、技术支持部和客户服务部员工人数共 200 人。为了满足市场的需要，公司决定重新部署企业网络。

1．公司现状

公司前期拥有 80 台计算机的规模，由于前期网络环境下办公的用户较小，是以工作组环境构建局域网，通过简单在计算机上建立共享，实现资源共享。公司现仅运行一个提供电子商务运营的 WEB 网站和一台代理服务器，服务器运行的操作系统是 Windows Server 2003 企业版，客户端主要操作系统为 Windows XP Professional/Windows Vista/Windows 7，内网带宽是 100Mbit/s，此外，公司申请了一条 20Mbit/s 光纤接入 Internet。

2．项目需求

为了满足市场的需求，公司要扩大规模进行经营，因此，公司决定重新部署公司的网络环境，结合公司自身的情况及相关的调研，现整理的项目需求如下。

- 为了实现更小的广播域，减少内部网络流量，并把服务器和客户机隔离，要将内部网络划分为 3 个子网，服务器在一个子网，客户机在另外两个子网。
- 客户机数量近 200 台，手动分配 IP 地址易发生冲突，需要自动分配 IP 地址。
- 员工需要一人一个账户，并按部门归类实现集中管理。
- 为了工作方便，公司需要的常用软件、有关资料文档等要共享到一台专门的服务器中（文件服务器）进行集中管理控制。考虑到信息资料安全，对共享资源不同账户，其访问权限要有不同。比如：对某些资源，财会员工可以读取、编辑、删除和创建文件，而销售员工只能读取其中的文件，财会经理有修改的权限；在共享存储区内对存储容量要有所限制；对于重要的资料要实现自动定期备份；能够记录、审核员工登录和访问文件服务器的行为。
- 为了提高公司的知名度，除原来电子商务网站外，还需要一个宣传企业的 WEB 站点。原电子商务网站注册的域名是 htxs.net,主机名是 www.htxs.net。Web 服务器放置在公司机房，网站允许匿名访问，允许通过 Internet 和公司内部用户访问。
- 公司需要开通一个 FTP 站点，以便公司员工在外能上传下载相关文档，特别是网络管理员，通过它对服务器进行维护更新。FTP 站点的域名为 ftp.htxs.net。
- 要实现集中管理账户、集中管理共享资源必须构建域网络模式，为此需配套 DNS 服务器，使得用户能正常进入到域和访问域中允许访问的资源。

【技能目标】

- 掌握 Windows Server 2003 环境下系统管理技术和服务器配置技术。
- 学会小型企业局域网的设计构建细节和实施流程。

实训一　项目规划

操作一　规划网络拓扑结构

根据公司为了实现更小的广播域，减少内部网络流量，并把服务器和客户机隔离，要将内部网络划分为 3 个子网，服务器在一个子网，客户机在另外两个子网的要求，网络拓扑结构的规划如图 11.1 所示。

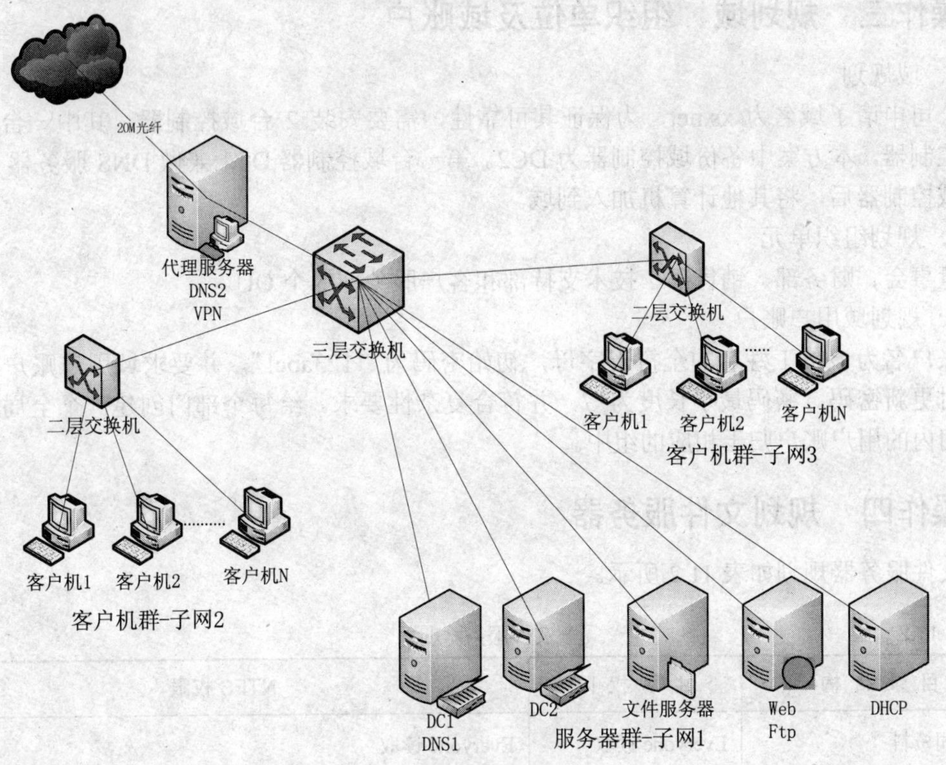

图 11.1　公司网络的网络拓扑结构

操作二　规划 IP 地址

该项目的 IP 地址规划如表 11.1 所示。

表 11.1　规划 IP 地址

网　段	计　算　机	IP 地址/子网掩码	默 认 网 关	首选 DNS
子网 1：192.168.1.0/24	DC1+DNS1	192.168.1.2/24	192.168.1.1	192.168.1.2
	DC2	192.168.1.3/24	192.168.1.1	192.168.1.2
	DHCP	192.168.1.4/24	192.168.1.1	192.168.1.2
	WEB+FTP	192.168.1.5/24	192.168.1.1	192.168.1.2
	文件服务器	192.168.1.6/24	192.168.1.1	192.168.1.2
	Proxy DNS2 VPN	内网卡：192.168.1.1/24		
		外网卡：ISP 提供		
子网 2：192.168.2.0/24	客户机群 1	192.168.2.X	192.168.2.1	192.168.1.2
子网 3：192.168.3.0/24	客户机群 2	192.168.3.X	192.168.3.1	192.168.1.2

操作三　规划域、组织单位及域账户

1．域规划

公司申请了域名为 xs.net，为保证其可靠性，需要安装 2 台域控制器，其中一台作为备份域控制器，本方案中备份域控制器为 DC2。第一台域控制器 DC1 兼做 DNS 服务器 DNS1。安装域控制器后，将其他计算机加入到域。

2．规划组织单元

董事会、财务部、销售部、技术支持部和客户服务部 5 个 OU。

3．规划域用户账户

账户名为该员工姓名的全拼音字母，初始密码为“123abc!”，并要求域用户账户在下次登录时更新密码。密码最小长度为 7，并符合复杂性要求。给每个部门创建一个全局组，并将部门内的用户账户归于相应的组中。

操作四　规划文件服务器

文件服务器规划如表 11.2 所示。

表 11.2　　文件服务器规划

目录结构	共享权限	NTFS 权限
D:\公司资料	Everyone 读取	Everyone 读取
D:\公司资料\制度文件	Everyone 读取	Everyone 读取、总经理完全控制
D:\部门文档	Everyone 完全控制	Everyone 列文件目录、总经理完全控制
D:\部门文档\董事会	无	全局组“董事会”读取、部门经理、总经理修改
D:\部门文档\销售部	无	全局组“销售部”读取、部门经理、总经理修改
D:\部门文档\销售部\张三	无	全局组“销售部”读取；张三完全控制、部门经理、总经理修改

操作五　规划 WEB 和 FTP 站点

建立电子商务业务网站和企业形象宣传网站两个 WEB 站点，将 2 个 WEB 站点和 1 个 FTP 站点运行在一台服务器上，使用 IIS 搭建 WEB 站点和 FTP 站点。3 个站点的完全合格域名分别为 www.xs.net、www1.xs.net 和 ftp.xs.net。

第一台域控制器 DC1 兼做局域网的，需要在 DNS 其区域 xs.net 中添加 WEB 站点和 FTP 站点 3 条主机记录，对应的 IP 地址为 192.168.1.5。

为了使外网的 Internet 用户能访问站点，需要将 www、www1 和 ftp 服务发布到 Internet。将私有 IP 地址的内网站点发布到 Internet 上有多种解决方案，如在网关上做端口映射；用“ISA”、“科迈易网通”、“信使网络通”等专门软件穿透内外网，实现从公网访问私网服务

器的目的。

实训二 创建域

操作一 安装活动目录

要求：按照“任务二”操作一的步骤安装活动目录。

（1）设置 IP 地址。

（2）在 DC1 上安装活动目录。

操作二 添加额外需控制器

要求：按照“任务二”操作二的步骤在 xs.net 域中添加额外的域控制器 DC2。

（1）设置 IP 地址。

（2）在 DC1 上安装活动目录。

操作三 验证活动目录

要求：按照“任务二”操作三的步骤验证活动目录安装的正确性。

（1）验证 SRV 记录，即 DNS。

（2）验证 SRV 记录在 NSLOOKUP 命令工具中执行是否正常。

（3）验证系统卷 SYSVOL。

（4）验证目录数据库和日志文件。

（5）验证共享。

（6）查看事件日志文件。

实训三 按部门创建组织单位、用户账户及组账户

要求：按照“任务二”操作五的步骤创建 OU 用户账户及组账户。

（1）在域中，创建组织单位（OU）。

（2）在组织单位（OU）中，创建用户组。

（3）创建域用户账户，本例中，以行政部为例创建域用户账户。

实训四 配置域安全策略

要求：按照“任务三”中操作二的步骤配置账户策略。

（1）必须符合复杂性要求。

（2）设置密码长度。

（3）账户锁定。

实训五 安装与配置 DHCP 服务器

操作一 安装 DHCP 服务器并授权

要求：按照“任务四”中操作一步骤安装 DHCP 服务器并授权。

（1）设置 IP 地址。

（2）安装“DHCP 服务器”（DHCP Server 服务）。

（3）将该 DHCP 服务器添加到网络上已经被授权的服务器列表中。

操作二 创建、配置和指派作用域

要求：按照“任务四”中操作二的步骤安装 DHCP 服务器并授权。

（1）创建一个作用域，并根据规划确定 IP 地址范围。

（2）配置你的计算机，使之自动获取 IP 地址（合作伙伴的计算机执行此操作）。

操作三 创建和测试客户机保留地址

要求：按照“任务四”中操作三中的步骤创建和测试客户机保留地址。

（1）记录你的机器的 MAC 地址。

（2）配置 DHCP，使之为合伙者的计算机指定 IP 地址。

（3）获取新的 IP 地址，并确认 DHCP 服务器将 IP 地址指定给了你的计算机。

实训六 配置 DNS 服务器

操作一 安装“域名系统服务器服务”

要求：按照“任务五”操作一中的步骤安装 DNS2 服务器。

安装 DNS 服务器。

操作二 授权域代理

要求：按照“任务五”操作二中的步骤授权域代理。

（1）启动 DNS 控制台。

（2）连接到 DNS 服务器。

（3）配置 DNS 服务器。

操作三 创建正向查找和反向查找区域

要求：按照“任务五”操作三中的步骤创建正向和反向查找区域。

（1）创建正向查找区域。

（2）新建子域。

（3）新建主机。

（4）创建反向查找区域。

（5）新建指针。

操作四　启动动态更新功能

要求：按照“任务五”操作四中的步骤启动动态更新功能。

实训七　安装和配置 Web 服务器

操作一　创建 Web 站点

要求：按照“任务六”操作一中的步骤创建 Web 站点。

（1）新建 Web 站点。

（2）配置 Web 站点。

（3）创建新的 Web 站点。

操作二　配置 Web 站点的安全性

要求：按照“任务六”操作二中的步骤配置 Web 站点的安全性。

（1）配置非匿名访问 Web 站点。

（2）配置网站的 IP 地址和域名限制。

实训八　安装和配置 FTP 服务器

操作一　创建 FTP 服务

要求：按照“任务七”操作一中的步骤创建 FTP 服务。

（1）安装 FTP 服务。

（2）配置 FTP 站点。

操作二　配置 Web 站点的安全性

要求：按照“任务七”操作二中的步骤配置 FTP 站点的安全性。

（1）配置非匿名访问 FTP 站点。

（2）配置 FTP 站点的目录安全性。

实训九　安装和配置文件服务器

要求：按“任务九”安装和配置文件服务器操作一的步骤，根据此项目需求，安装和配置文件服务器。

（1）安装文件服务器。

（2）配置共享文件夹的 NTFS 权限。

（3）设置磁盘配额。

（4）文件夹备份。

（5）会话管理。